ANÁLISE DE SOBREVIVÊNCIA APLICADA

Blucher

Enrico Antônio Colosimo
Departamento de Estatística, UFMG

Suely Ruiz Giolo
Departamento de Estatística, UFPR

Análise de sobrevivência aplicada

© 2006   Enrico Antônio Colosimo
            Suely Ruiz Giolo

1ª edição – 2006
4ª reimpressão – 2020
Editora Edgard Blücher Ltda.

Blucher

Rua Pedroso Alvarenga, 1245, 4º andar
04531-012 – São Paulo – SP – Brasil
Tel 55 11 3078-5366
contato@blucher.com.br
www.blucher.com.br

É proibida a reprodução total ou parcial por quaisquer
meios, sem autorização escrita da editora.

Todos os direitos reservados pela Editora
Edgard Blücher Ltda.

FICHA CATALOGRÁFICA

Colosimo, Enrico Antônio
    Análise de sobrevivência aplicada / Enrico
Antônio Colosimo, Suely Ruiz Giolo. – São Paulo:
Blucher, 2006.

Bibliografia.
ISBN 978-85-212-0384-1

1. Análise de sobrevivência (Biometria)
2. Estatística I. Giolo, Suely Ruiz. II. Título.

05-8936   CDD-519.5

Índice para catálogo sistemático:
1. Análise de sobrevivência: Estatística aplicada   519.5

Política editorial do
PROJETO FISHER

O PROJETO FISHER, uma iniciativa da Associação Brasileira de Estatística, ABE, tem como finalidade publicar textos básicos de Estatística em língua portuguesa.

A concepção do projeto se fundamenta nas dificuldades encontradas por professores dos diversos programas de bacharelado em Estatística no Brasil em adotar textos para as disciplinas que ministram.

A inexistência de livros com as características mencionadas, aliada ao pequeno número de exemplares em outro idioma existente em nossas bibliotecas impedem a utilização de material bibliográfico de uma forma sistemática pelos alunos, gerando o hábito de acompanhamento das disciplinas exclusivamente através de notas de aula.

Em particular, as áreas mais carentes são: Amostragem, Análise de Dados Categorizados, Análise Multivariada, Análise de Regressão, Análise de Sobrevivência, Controle de Qualidade, Estatística Bayesiana, Inferência Estatística, Planejamento de Experimentos, etc.

Embora os textos que se pretende publicar possam servir para usuários da Estatística em geral, o foco deverá estar concentrado nos alunos do bacharelado. Nesse contexto, os livros devem ser elaborados procurando manter um alto nível de motivação, clareza de exposição, utilização de exemplos preferencialmente originais e não devem prescindir do rigor formal. Além disso, devem conter um número suficiente de exercícios e referências biliográficas e apresentar indicações sobre implementação computacional das técnicas abordadas.

A submissão de propostas para possível publicação deverá ser acompanhada de uma carta com informações sobre o objetivo de livro, conteúdo, comparação com outros textos, pré-requisitos necessários para sua leitura e disciplina onde o material foi testado.

ABE - Associação Brasileira de Estatística

Conteúdo

Prefácio   xiii

1 Conceitos Básicos e Exemplos   1

  1.1   Introdução 1

  1.2   Objetivo e Planejamento dos Estudos 3

  1.3   Caracterizando Dados de Sobrevivência 6

      1.3.1   Tempo de Falha 7

      1.3.2   Censura e Dados Truncados 8

  1.4   Representação dos Dados de Sobrevivência 12

  1.5   Exemplos de Dados de Sobrevivência 13

      1.5.1   Dados de Hepatite 13

      1.5.2   Dados de Malária 14

      1.5.3   Dados de Leucemia Pediátrica 15

      1.5.4   Dados de Sinusite em Pacientes Infectados pelo HIV   16

      1.5.5   Dados de Aleitamento Materno 18

      1.5.6   Dados Experimentais utilizando Camundongos . . . 18

      1.5.7   Dados de Câncer de Mama 19

      1.5.8   Dados de Tempo de Vida de Mangueiras 19

  1.6   Especificando o Tempo de Sobrevivência 20

      1.6.1   Função de Sobrevivência 20

      1.6.2   Função de Taxa de Falha 22

      1.6.3   Função de Taxa de Falha Acumulada 23

viii   *CONTEÚDO*

      1.6.4   Tempo Médio e Vida Média Residual 24

      1.6.5   Relações entre as Funções 25

  1.7   Exercícios 26

2 Técnicas Não-Paramétricas   29

  2.1   Introdução 29

  2.2   Estimação na Ausência de Censura 32

  2.3   O Estimador de Kaplan-Meier 34

  2.4   Outros Estimadores Não-Paramétricos 42

      2.4.1   Estimador de Nelson-Aalen 43

      2.4.2   Estimador da Tabela de Vida ou Atuarial 45

      2.4.3   Comparação dos Estimadores de $S(t)$ 47

  2.5   Estimação de Quantidades Básicas 48

      2.5.1   Exemplo: Reincidência de Tumor Sólido 51

  2.6   Comparação de Curvas de Sobrevivência 55

      2.6.1   Análise dos Dados da Malária 59

      2.6.2   Outros Testes 61

  2.7   Exercícios 63

3 Modelos Probabilísticos   69

  3.1   Introdução 69

  3.2   Modelos em Análise de Sobrevivência 70

      3.2.1   Distribuição Exponencial 70

      3.2.2   Distribuição de Weibull 72

      3.2.3   Distribuição Log-normal 75

      3.2.4   Distribuição Log-logística 77

      3.2.5   Distribuições Gama e Gama Generalizada 79

      3.2.6   Outros Modelos Probabilísticos 81

  3.3   Estimação dos Parâmetros dos Modelos 83

      3.3.1   O Método de Máxima Verossimilhança 84

      3.3.2   Exemplos de Aplicações 87

CONTEÚDO   ix

    3.4   Intervalos de Confiança e Testes de Hipóteses   90

        3.4.1   Intervalos de Confiança   91

        3.4.2   Testes de Hipóteses   93

    3.5   Escolha do Modelo Probabilístico   95

        3.5.1   Métodos Gráficos   96

        3.5.2   Comparação de Modelos 100

    3.6   Exemplos 101

        3.6.1   Exemplo 1 - Pacientes com Câncer de Bexiga 101

        3.6.2   Exemplo 2 - Tratamento Quimioterápico 108

    3.7   Exercícios 111

4 Modelos de Regressão Paramétricos   115

    4.1   Introdução 115

    4.2   Modelo Linear para Dados de Sobrevivência 116

        4.2.1   Modelo de Regressão Exponencial 118

        4.2.2   Modelo de Regressão Weibull 121

        4.2.3   Modelo de Tempo de Vida Acelerado 122

    4.3   Adequação do Modelo Ajustado 123

        4.3.1   Resíduos de Cox-Snell 124

        4.3.2   Resíduos Padronizados 125

        4.3.3   Resíduos Martingal 126

        4.3.4   Resíduos Deviance 127

    4.4   Interpretação dos Coeficientes Estimados 127

    4.5   Exemplos 129

        4.5.1   Sobrevida de Pacientes com Leucemia Aguda 129

        4.5.2   Grupos de Pacientes com Leucemia Aguda 134

        4.5.3   Análise dos Dados de Aleitamento Materno 140

    4.6   Exercícios 153

5 Modelo de Regressão de Cox   155

    5.1   Introdução 155

5.2	O Modelo de Cox	156
5.3	Ajustando o Modelo de Cox	159
	5.3.1 Método de Máxima Verossimilhança Parcial	160
5.4	Interpretação dos Coeficientes	162
5.5	Estimando Funções Relacionadas a $\lambda_0(t)$	164
5.6	Adequação do Modelo de Cox	165
	5.6.1 Avaliação da Qualidade Geral do Modelo Ajustado	166
	5.6.2 Avaliação da Proporcionalidade	166
	5.6.3 Avaliação de outros Aspectos do Modelo de Cox	172
5.7	Exemplos	175
	5.7.1 Análise de um Estudo sobre Câncer de Laringe	175
	5.7.2 Análise dos Dados de Aleitamento Materno	183
	5.7.3 Análise dos Dados de Leucemia Pediátrica	190
5.8	Comentários sobre o Modelo de Cox	198
5.9	Exercícios	199

6 Extensões do Modelo de Cox — **201**

6.1	Introdução	201
6.2	Modelo de Cox com Covariáveis Dependentes do Tempo	202
6.3	Modelo de Cox Estratificado	204
6.4	Análise dos Dados de Pacientes HIV	206
	6.4.1 Descrição dos Dados	206
	6.4.2 Modelagem Estatística	208
6.5	Modelo de Cox Estratificado nos Dados de Leucemia	210
6.6	Estudo sobre Hormônio de Crescimento	215
	6.6.1 Resultados do Modelo de Cox Estratificado	219
6.7	Exercícios	223

7 Modelo Aditivo de Aalen — **225**

7.1	Introdução	225
7.2	Modelo Aditivo de Aalen	227

CONTEÚDO

7.3	Estimação	228
7.4	Teste para os Efeitos das Covariáveis	232
7.5	Diagnóstico do Modelo	234
7.6	Análise dos Dados de Câncer de Laringe	234
7.7	Análise dos Dados de Pacientes com HIV	239
	7.7.1 Considerações Finais	244
7.8	Exercícios	244

8 Censura Intervalar e Dados Grupados — 245

8.1	Introdução	245
8.2	Técnicas Não-Paramétricas	248
	8.2.1 Exemplo de Câncer de Mama	250
8.3	Modelos Paramétricos	254
	8.3.1 Análise dos Dados de Câncer de Mama	255
8.4	Modelo Semiparamétrico	258
	8.4.1 Modelo de Cox para os Dados de Câncer de Mama	260
8.5	Dados Grupados	264
8.6	Aproximações para a Verossimilhança Parcial	264
8.7	Modelos de Regressão Discretos	268
	8.7.1 Modelo de Taxas de Falha Proporcionais	269
	8.7.2 Modelo Logístico	270
8.8	Aplicação: Ensaio de Vida de Mangueiras	271
8.9	Modelos Discretos ou Aproximações?	278
8.10	Exercícios	280

9 Análise de Sobrevivência Multivariada — 281

9.1	Introdução	281
9.2	Fragilidade em um Contexto Univariado	283
9.3	Fragilidade em um Contexto Multivariado	285
	9.3.1 Modelo de Fragilidade Compartilhado	285
9.4	Generalizações do Modelo de Fragilidade	287

9.4.1 Modelo de Fragilidade Estratificado	287
9.4.2 Modelo de Fragilidade com Associações Complexas	288
9.4.3 Modelo de Fragilidade Multiplicativo	288
9.4.4 Modelo de Fragilidade Aditivo	288
9.4.5 Modelo de Fragilidade Dependente do Tempo	290
9.5 Distribuições para a Variável de Fragilidade	290
9.6 Modelo de Fragilidade Gama	292
9.7 Estimação no Modelo de Fragilidade Gama	293
9.7.1 Estimação via Algoritmo EM	294
9.7.2 Estimação via Verossimilhança Penalizada	299
9.7.3 Estimação Bayesiana via MCMC	301
9.8 Testando a Fragilidade	301
9.8.1 Testando o Efeito das Covariáveis	303
9.9 Diagnóstico dos Modelos de Fragilidade	303
9.10 Modelando Eventos Recorrentes	304
9.10.1 Formulação de Andersen e Gill (AG)	305
9.10.2 Formulação de Wei, Lin e Weissfeld (WLW)	307
9.10.3 Formulação de Prentice, Williams e Peterson (PWP)	308
9.10.4 Considerações sobre os Modelos Marginais	309
9.11 Exemplos	310
9.11.1 Fragilidade no Estudo de Leucemia Pediátrica	310
9.11.2 Estudo com Animais da Raça Nelore	312
9.12 Exercícios	317

Apêndice — **319**

Referências Bibliográficas — **355**

Prefácio

Este livro é o resultado de um esforço conjunto dos autores no sentido de oferecer um material didático sobre análise de dados de sobrevivência. Foi escrito, em especial, para servir de texto em cursos de graduação em Estatística. Entretanto, com uma bibliografia auxiliar, também pode ser utilizado tanto em cursos de pós-graduação em Estatística, quanto, com o devido cuidado, em cursos de Estatística ministrados para alunos e profissionais de outras áreas, tais como as áreas médica e biológica.

Existem algumas publicações, em português, sobre este tema, dentre elas, Bolfarine et al. (1991), Colosimo (2001), Louzada-Neto et al. (2002) e Carvalho et al. (2005). A primeira se concentra, essencialmente, em apresentar os modelos paramétricos, a segunda, que é parte integrante de alguns capítulos deste livro, apresenta diversos tópicos em comum com a terceira. A última, é direcionada, em especial, aos profissionais das áreas de epidemiologia e saúde. Este livro apresenta aspectos que o diferenciam das publicações citadas. No geral, ele abrange os tópicos abordados nas quatro publicações, mas, em alguns casos, a apresentação é feita de forma mais detalhada como é o caso, por exemplo, das técnicas de diagnóstico dos modelos. Apresenta, também, tópicos adicionais, dentre eles, o modelo aditivo de Aalen e a análise de dados de censura intervalar e grupados.

Dos nove capítulos que compõem o livro, os dois primeiros são dedidados à apresentação de conceitos básicos e técnicas não-paramétricas utilizadas na análise de dados de sobrevivência. Nos Capítulos 3 e 4, são apresentados os principais modelos probabilísticos e de regressão utilizados no contexto de sobrevivência. O Capítulo 5 é dedicado ao modelo de regressão de Cox. No Capítulo 6, são apresentadas extensões do modelo de Cox e, no Capítulo 7, é apresentado o modelo aditivo de Aalen. Modelos para a análise de dados de sobrevivência intervalar e grupados são tratados no Capítulo 8. A análise de sobrevivência multivariada, em especial os modelos de fragilidade, é tratada no Capítulo 9.

As técnicas e métodos apresentados no decorrer dos capítulos são ilustrados por meio de exemplos provenientes, na sua maioria, de situações clínicas. Dentre os diversos pacotes estatísticos que disponibilizam as técnicas de análise de sobrevivência, foi adotado, neste livro, o pacote estatístico R. Este pacote é de distribuição livre e, sendo assim, o leitor pode obtê-lo, gratuitamente, no endereço eletrônico http://www.r-project.org. Os comandos utilizados neste pacote para obtenção dos resultados são sempre descritos no decorrer dos capítulos ou no apêndice do texto, podendo também ser encontrados em http://www.ufpr.br/~giolo/Livro.

Neste livro, os autores optaram por não utilizar a linguagem de processos de contagem. Esta linguagem, embora elegante e eficaz nas provas de resultados importantes em análise de sobrevivência, torna o texto difícil de ser lido por alunos de graduação, que é a principal audiência deste material. Livros importantes que fazem uso desta linguagem são, dentre outros, os de Fleming e Harrington (1991) e Andersen et al. (1993). A análise de sobrevivência em uma perspectiva bayseana também não foi abordada neste livro. O leitor interessado pode, contudo, consultar, por exemplo, Ibrahim et al. (2001) e Congdon (2001).

Vários alunos de graduação e de pós-graduação tiveram acesso a este material, ou parte dele, em disciplinas ministradas pelos autores nas Universidades Federais de Minas Gerais e do Paraná. Ficam registrados nossos agradecimentos a todos que contribuíram, de forma direta ou indireta, na produção deste material. Agradecemos, também, àqueles que nos cederam os conjuntos de dados utilizados no decorrer dos capítulos. Alguns nomes, no entanto, não podem deixar de aparecer. O Capítulo 7 e parte do Capítulo 8 são partes da dissertação de mestrado na UFPE da Profa. Tarciana Liberal Pereira e da tese de doutorado na ESALQ/USP da Profa. Liciana V. A. S. Chalita, respectivamente. A contribuição de ambas foi importante para a existência desses capítulos. Não poderíamos, também, deixar de mencionar a Profa. Clarice Garcia Borges Demétrio, da ESALQ/USP, e o Prof. Silvano Cesar da Costa, da Universidade Estadual de Londrina, que incentivaram os autores a produzir este livro em conjunto.

A versão atual deste livro foi preparada utilizando o editor de textos LaTeX e não se encontra livre de erros e imperfeições. Desse modo, comentários, críticas e sugestões dos leitores são bem-vindos.

Enrico Antônio Colosimo   *Suely Ruiz Giolo*
enricoc@est.ufmg.br   *giolo@ufpr.br*

Capítulo 1

Conceitos Básicos e Exemplos

1.1 Introdução

A análise de sobrevivência é uma das áreas da estatística que mais cresceu nas últimas duas décadas do século passado. A razão deste crescimento é o desenvolvimento e aprimoramento de técnicas estatísticas combinado com computadores cada vez mais velozes. Uma evidência quantitativa deste sucesso é o número de aplicações de análise de sobrevivência em medicina. Bailar III e Mosteller (1992, Capítulo 3) verificaram que o uso de métodos de análise de sobrevivência cresceu de 11%, em 1979, para 32%, em 1989, nos artigos do conceituado periódico *The New England Journal of Medicine*. Esta foi a área da estatística, segundo os autores, que mais se destacou no período avaliado. Os dois artigos mais citados em toda a literatura estatística no período de 1987 a 1989 foram, segundo Stigler (1994), o do estimador de Kaplan-Meier para a função de sobrevivência (Kaplan e Meier, 1958) e o do modelo de Cox (Cox, 1972).

Em análise de sobrevivência, a variável resposta é, geralmente, o tempo até a ocorrência de um evento de interesse. Este tempo é denominado **tempo de falha**, podendo ser o tempo até a morte do paciente, bem como até a cura ou recidiva de uma doença. Em estudos de câncer, é usual o registro das datas correspondentes ao diagnóstico da doença, à

Capítulo 1. Conceitos Básicos e Exemplos

remissão (após o tratamento, o paciente fica livre dos sintomas da doença), à recorrência da doença (recidiva) e à morte do paciente. O tempo de falha pode ser, por exemplo, do diagnóstico até a morte ou da remissão até a recidiva.

A principal característica de dados de sobrevivência é a presença de **censura**, que é a observação parcial da resposta. Isto se refere a situações em que, por alguma razão, o acompanhamento do paciente foi interrompido, seja porque o paciente mudou de cidade, o estudo terminou para a análise dos dados ou, o paciente morreu de causa diferente da estudada. Isto significa que toda informação referente à resposta se resume ao conhecimento de que o tempo de falha é superior àquele observado. Sem a presença de censura, as técnicas estatísticas clássicas, como análise de regressão e planejamento de experimentos, poderiam ser utilizadas na análise deste tipo de dados, provavelmente usando uma transformação para a resposta. Suponha, por exemplo, que o interesse seja o de comparar o tempo médio de vida de três grupos de pacientes. Se não houver censuras, pode-se usar as técnicas usuais de análise de variância para se fazer tal comparação. No entanto, se houver censuras, que é o mais provável, tais técnicas não podem ser utilizadas pois elas necessitam de todos os tempos de falha. Desta forma, faz-se necessário o uso dos métodos de análise de sobrevivência que possibilitam incorporar na análise estatística a informação contida nos dados censurados.

O termo análise de sobrevivência refere-se basicamente a situações médicas envolvendo dados censurados. Entretanto, condições similares ocorrem em outras áreas em que se usam as mesmas técnicas de análise de dados. Em engenharia, são comuns os estudos em que produtos ou componentes são colocados sob teste para se estimar características relacionadas aos seus tempos de vida, tais como o tempo médio ou a probabilidade de um certo produto durar mais do que 5 anos. Exemplos podem ser encontrados em Nelson (1990a), Meeker e Escobar (1998) e Freitas e Colosimo (1997). Os

1.2. Objetivo e Planejamento dos Estudos 3

engenheiros denominam esta área de confiabilidade. O mesmo ocorre em ciências sociais, em que várias situações de interesse têm como resposta o tempo entre eventos (Allison, 1984; Elandt-Johnson e Johnson, 1980). Criminalistas estudam o tempo entre a liberação de presos e a ocorrência de crimes; estudiosos do trabalho se concentram em mudanças de empregos, desempregos, promoções e aposentadorias; demógrafos, com nascimentos, mortes, casamentos, divórcios e migrações. O crescimento observado no número de aplicações em medicina também pode ser observado nessas outras áreas.

Este texto foi motivado por ilustrações essencialmente na área clínica. Desta forma, os exemplos e colocações são conduzidos para esta área. No entanto, enfatiza-se que as técnicas estatísticas são de ampla utilização em outras áreas do conhecimento, como mencionado anteriormente.

Este capítulo é dedicado à apresentação de conceitos básicos e definições de funções importantes para a análise de dados de sobrevivência. Os objetivos e planejamento de alguns estudos clínicos e industriais são discutidos na Seção 1.2. A caracterização e representação dos dados de sobrevivência são apresentadas nas Seções 1.3 e 1.4. Vários exemplos de aplicação das técnicas de análise de sobrevivência são descritos na Seção 1.5. A Seção 1.6 finaliza o capítulo apresentando as principais funções de interesse na análise de dados de sobrevivência, bem como algumas relações matemáticas importantes entre elas.

1.2 Objetivo e Planejamento dos Estudos

Os estudos clínicos são investigações científicas realizadas com o objetivo de verificar uma determinada hipótese de interesse. Estas investigações são conduzidas coletando dados e analisando-os por meio de métodos estatísticos. Em geral, estes estudos podem ser divididos nas seguintes três etapas:

4   *Capítulo 1. Conceitos Básicos e Exemplos*

1. Formulação da hipótese de interesse.

2. Planejamento e coleta dos dados.

3. Análise estatística dos dados para testar a hipótese formulada.

Estas etapas são comuns em qualquer estudo envolvendo análise estatística de dados. No presente texto, o interesse envolve situações em que a variável resposta é o tempo até a ocorrência de um evento de interesse, como descrito na Seção 1.1.

A primeira etapa de um estudo clínico é gerada pela curiosidade científica do pesquisador. Identificar fatores de risco ou prognóstico para uma doença é um objetivo que aparece com freqüência em estudos clínicos. A comparação de drogas ou diferentes opções terapêuticas é outro objetivo usualmente encontrado neste tipo de estudo.

Os textos técnicos estatísticos concentram todo o esforço na terceira etapa, ou seja, na análise estatística dos dados, mesmo admitindo a importância de um adequado planejamento do estudo. Este texto não é diferente dos demais. No entanto, o restante desta seção é dedicado a uma breve descrição desta segunda etapa.

Em análise de sobrevivência, a resposta é por natureza longitudinal. O delineamento de estudos com respostas dessa natureza pode ser observacional ou experimental, assim como ele pode ser retrospectivo ou prospectivo. As quatro formas básicas de estudos clínicos são: descritivo, caso-controle, coorte e clínico aleatorizado. Os três primeiros são observacionais e o quarto é experimental, pois existe a intervenção do pesquisador ao alocar, de forma aleatória, tratamento ao paciente. O uso das técnicas de análise de sobrevivência é mais freqüente nos estudos de coorte e ensaios clínicos. Entretanto, o seu uso é também possível nos demais estudos, desde que os tempos até a ocorrência do evento de interesse possam ser claramente definidos e obtidos.

1.2. Objetivo e Planejamento dos Estudos

O estudo envolvendo somente uma amostra, usualmente de doentes, é descritivo, pois não existe um grupo de comparação. Nestes estudos o objetivo é freqüentemente a identificação de fatores de prognóstico para a doença em estudo. Os outros tipos de estudo são comparativos. Isto significa que o objetivo do estudo é a comparação de dois ou mais grupos.

O estudo caso-controle é usualmente retrospectivo. Dois grupos, um de doentes (casos) e outro de não-doentes (controles), são comparados em relação à exposição a um ou mais fatores de interesse. Este estudo é simples, de baixo custo e rápido, pois a informação já se encontra disponível. No entanto, ele sofre algumas limitações por estar sujeito a alguns tipos de vícios. Esses vícios estão relacionados à informação disponível sobre a história da exposição, assim como a incerteza sobre a escolha do grupo controle. Uma discussão mais profunda sobre este tipo de estudo foge do escopo deste livro. No entanto, devido a sua grande utilização, existem várias bibliografias sobre o assunto, entre elas, Breslow e Day (1980) e Rothman e Greenland (1998).

As limitações dos estudos caso-controle podem ser vencidas pelos estudos conhecidos por coorte. Em um estudo de coorte, dois grupos, um exposto e outro não-exposto ao fator de interesse, são acompanhados por um período de tempo registrando-se a ocorrência da doença ou evento de interesse. A vantagem deste estudo sobre o caso-controle é poder avaliar a comparabilidade dos grupos no início do estudo e identificar as variáveis de interesse a serem medidas. Por outro lado, é um estudo longo e mais caro, pois os indivíduos são acompanhados por um período de tempo muitas vezes superior a um ano. Também não é um estudo indicado para doenças consideradas raras. Uma referência importante sobre esses estudos é Breslow e Day (1987).

A forma mais consagrada de pesquisa clínica é o estudo clínico aleatorizado, que é importante por ser experimental. Isto significa que existe a intervenção direta do pesquisador ao alocar, de forma aleatória, tratamento

6 *Capítulo 1. Conceitos Básicos e Exemplos*

ao paciente. Este procedimento garante a comparabilidade dos grupos. Este estudo é bastante analisado na literatura e pode-se citar os seguintes livros, entre outros, Pocock (1983) e Friedman et al. (1998).

Na Seção 1.5 são descritos alguns exemplos reais analisados ao longo do texto. Dentre eles, existem estudos descritivos, de coorte e clínico aleatorizado.

Os estudos industriais são usualmente de campo ou realizados na própria empresa simulando situações de campo. No entanto, existem alguns estudos industriais planejados com o objetivo de reduzir o tempo de vida das unidades sob teste e, desta forma, obter dados amostrais mais rápidos. Esses estudos são denominados de testes de vida acelerados. Os itens amostrais são estressados para falhar mais rápido e por meio de modelos de regressão obtêm-se as estimativas para as quantidades de interesse nas condições de uso utilizando extrapolações. Uma discussão mais profunda sobre estes testes pode ser encontrada em Nelson (1990a) e Freitas e Colosimo (1997).

Uma extensão destes testes é o de degradação, que pode ser ou não acelerado. Nestes testes, uma variável numérica associada ao tempo de falha é registrada ao longo do período de acompanhamento. A partir dos valores desta variável, é possível obter as estimativas de interesse mesmo em situações em que nenhuma falha tenha sido registrada. Estes testes estão ganhando espaço na literatura técnica de engenharia. Mais informações sobre eles podem ser encontradas em Meeker e Escobar (1998) e Oliveira e Colosimo (2004).

1.3   Caracterizando Dados de Sobrevivência

Os conjuntos de dados de sobrevivência são caracterizados pelos tempos de falha e, muito freqüentemente, pelas censuras. Estes dois componentes constituem a resposta. Em estudos clínicos, um conjunto de covariáveis é também, geralmente, medido em cada paciente. Os seguintes elementos

1.3. Caracterizando Dados de Sobrevivência

constituem o tempo de falha: o tempo inicial, a escala de medida e o evento de interesse (falha). Estes três elementos devem ser claramente definidos e, juntamente com a censura, são discutidos em detalhes a seguir.

1.3.1 Tempo de Falha

O tempo de início do estudo deve ser precisamente definido. Os indivíduos devem ser comparáveis na origem do estudo, com exceção de diferenças medidas pelas covariáveis. Em um estudo clínico aleatorizado, a data da aleatorização é a escolha natural para a origem do estudo. A data do início do tratamento de doenças ou do diagnóstico também são outras escolhas possíveis.

A escala de medida é quase sempre o tempo real ou "de relógio", apesar de existirem outras alternativas. Em testes de engenharia podem surgir outras escalas de medida, como o número de ciclos, a quilometragem de um carro ou qualquer outra medida de carga.

O terceiro elemento é o evento de interesse. Estes eventos são, na maioria dos casos, indesejáveis e, como já mencionado, chamados de falha. É importante, em estudos de sobrevivência, definir de forma clara e precisa o que vem a ser a falha. Em algumas situações, a definição de falha já é clara, tais como morte ou recidiva, mas em outras pode assumir termos ambíguos. Por exemplo, fabricantes de produtos alimentícios desejam saber informações sobre o tempo de vida de seus produtos expostos em balcões frigoríficos de supermercados. O tempo de falha vai do tempo inicial de exposição (chegada ao supermercado) até o produto ficar "inapropriado ao consumo". Este evento deve ser claramente definido antes do estudo ter seu início. Por exemplo, o produto fica inapropriado para o consumo quando atingir mais do que uma determinada concentração de microorganismos por mm^2 de área do produto.

O evento de interesse (falha) pode ainda ocorrer devido a uma única causa ou devido a duas ou mais. Situações em que causas de falha com-

8   *Capítulo 1. Conceitos Básicos e Exemplos*

petem entre si são denominadas na literatura de *riscos competitivos* (Prentice et al., 1978). Apenas as que consideram uma única causa de falha são abordadas neste texto.

1.3.2   Censura e Dados Truncados

Os estudos clínicos que envolvem uma resposta temporal são freqüentemente prospectivos e de longa duração. Mesmo sendo longos, os estudos clínicos de sobrevivência usualmente terminam antes que todos os indivíduos no estudo venham a falhar. Uma característica decorrente destes estudos é, então, a presença de observações incompletas ou parciais. Estas observações, denominadas censuras, podem ocorrer por uma variedade de razões, dentre elas, a perda de acompanhamento do paciente no decorrer do estudo e a não ocorrência do evento de interesse até o término do experimento. Note que toda informação obtida sobre estes indivíduos é que o tempo até a ocorrência do evento, para cada um deles, é superior ao tempo registrado até o último acompanhamento.

Ressalta-se o fato de que, mesmo censurados, todos os resultados provenientes de um estudo de sobrevivência devem ser usados na análise estatística. Duas razões justificam tal procedimento: (i) mesmo sendo incompletas, as observações censuradas fornecem informações sobre o tempo de vida de pacientes; (ii) a omissão das censuras no cálculo das estatísticas de interesse pode acarretar conclusões viciadas.

Alguns mecanismos de censura são diferenciados em estudos clínicos. Censuras do tipo I ocorrem naqueles estudos que ao serem finalizados após um período pré-estabelecido de tempo registram, em seu término, alguns indivíduos que ainda não apresentaram o evento de interesse. Censuras do tipo II resultam de estudos os quais são finalizados após a ocorrência do evento de interesse em um número pré-estabelecido de indivíduos. Um terceiro mecanismo de censura, o do tipo aleatório, é o que mais ocorre na prática médica. Isto acontece quando um paciente é retirado no decorrer

1.3. Caracterizando Dados de Sobrevivência

do estudo sem ter ocorrido a falha, ou também, por exemplo, se o paciente morrer por uma razão diferente da estudada.

Uma representação simples do mecanismo de censura aleatória é feita usando duas variáveis aleatórias. Considere T uma variável aleatória representando o tempo de falha de um paciente e C, uma outra variável aleatória independente de T, representando o tempo de censura associado a este paciente. O que se observa para este paciente é, portanto,

$$t = \min(T, C)$$

e
$$\delta = \left\{ \begin{array}{ll} 1 & \text{se} \quad T \leq C \\ 0 & \text{se} \quad T > C. \end{array} \right.$$

Suponha que os pares (T_i, C_i), para $i = 1, \ldots, n$, formam uma amostra aleatória de n pacientes. Observe que se todo $C_i = C$, uma constante fixa sob o controle do pesquisador, tem-se a censura do tipo I. Ou seja, a censura do tipo I é um caso particular da aleatória. Observe que neste caso, a variável aleatória t tem uma probabilidade maior do que zero em $t = C$. Isto significa que, no caso de censura do tipo I, t é uma variável aleatória mista com um componente contínuo e outro discreto. A Figura 1.1 ilustra os mecanismos de censura descritos.

Os mecanismos de censura apresentados na Figura 1.1 são conhecidos por censura à direita, pois o tempo de ocorrência do evento de interesse está à direita do tempo registrado. Esta é a situação freqüentemente encontrada em estudos envolvendo dados de sobrevivência. No entanto, outras duas formas de censura podem ocorrer: censura à esquerda e intervalar.

A censura à esquerda ocorre quando o tempo registrado é maior do que o tempo de falha. Isto é, o evento de interesse já aconteceu quando o indivíduo foi observado. Um estudo para determinar a idade em que as crianças aprendem a ler em uma determinada comunidade pode ilustrar a situação de censura à esquerda. Quando os pesquisadores começaram a pesquisa algumas crianças já sabiam ler e não lembravam com que idade

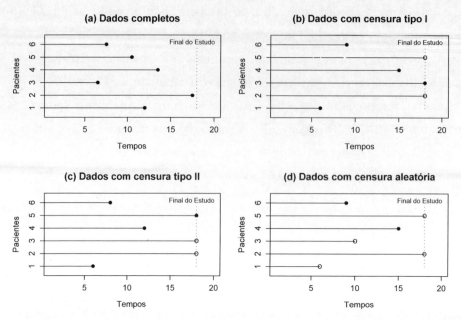

Figura 1.1: Ilustração de alguns mecanismos de censura em que • representa a falha e ○ a censura. (a) todos os pacientes experimentaram o evento antes do final do estudo, (b) alguns pacientes não experimentaram o evento até o final do estudo, (c) o estudo foi finalizado após a ocorrência de um número pré-estabelecido de falhas e (d) o acompanhamento de alguns pacientes foi interrompido por alguma razão e alguns pacientes não experimentaram o evento até o final do estudo.

isto tinha acontecido, caracterizando, desta forma, observações censuradas à esquerda. Neste mesmo estudo, pode ocorrer simultaneamente censura à direita para crianças que não sabiam ler quando os dados foram coletados. Os tempos de vida neste caso são chamados de duplamente censurados (Turnbull, 1974).

A intervalar é um tipo mais geral de censura que acontece, por exemplo, em estudos em que os pacientes são acompanhados em visitas periódicas e é conhecido somente que o evento de interesse ocorreu em um certo intervalo de tempo. Pelo fato de o tempo de falha T não ser conhecido exatamente, mas sim pertencer a um intervalo, isto é, $T \in (L, U]$, tais dados são denominados por *sobrevivência intervalar* ou, mais usualmente, por *dados de censura intervalar*. Lindsey et al. (1998) observam que tempos exatos de falha, bem como censuras à direita e à esquerda, são casos especiais de dados de sobrevivência intervalar com $L = U$ para tempos exatos de falha, $U = \infty$ para censuras à direita e $L = 0$ para censuras à esquerda.

Uma outra característica de alguns estudos de sobrevivência é o truncamento que é muitas vezes confundido com censura. Truncamento é caracterizado por uma condição que exclui certos indivíduos do estudo. Nestes estudos, os pacientes não são acompanhados a partir do tempo inicial, mas somente após experimentarem um certo evento. Por exemplo, isto acontece se, para estimação da distribuição do tempo de vida dos moradores de uma certa localidade, for usada uma amostra retirada do banco de dados da previdência local. Desta forma, somente moradores que atingiram a aposentadoria fazem parte da amostra. Estas observações são conhecidas por truncadas à esquerda. Em estudos de AIDS, a data da infecção é uma origem de tempo bastante utilizada e o evento de interesse pode ser o desenvolvimento da AIDS. Neste caso, o número de pacientes infectados é desconhecido. Então, indivíduos já infectados e que ainda não desenvolveram a doença são desconhecidos para o pesquisador e não são incluídos na amostra. Neste caso, somente pacientes que têm comprovada a doença fazem parte da amostra. Estas observações são chamadas de truncadas à direita. Outros exemplos de truncamento podem ser encontrados em Nelson (1990b), Kalbfleisch e Lawless (1992) e Klein e Moeschberger (2003).

A presença de censuras traz problemas para a análise estatística. A censura do tipo II é, em princípio, mais tratável que os outros tipos. Métodos exatos de inferência estatística existem para a censura do tipo II, mas para situações bem simples que raramente acontecem em estudos clínicos (Lawless, 2003). Na prática, faz-se uso de resultados assintóticos para se realizar a análise estatística dos dados de sobrevivência. Esses resultados não exigem o reconhecimento do mecanismo de censura e, desse modo, as mesmas técnicas estatísticas são utilizadas na análise de dados oriundos dos três mecanismos de censura.

Neste texto, a atenção está voltada aos dados de sobrevivência com censura à direita, que é a situação encontrada com mais freqüência em estudos, tanto em medicina quanto em engenharia e ciências sociais. Um tratamento geral para dados censurados e truncados pode ser encontrado em Turnbull (1976) e Klein e Moeschberger (2003). No caso particular de dados de sobrevivência com censura intervalar, algumas técnicas especializadas de análise são apresentadas no Capítulo 8. Desta forma, quando for simplesmente mencionada a palavra *censura* entenda-se, neste texto, censura à direita.

1.4 Representação dos Dados de Sobrevivência

Os dados de sobrevivência para o indivíduo i ($i = 1, \cdots, n$) sob estudo são representados, em geral, pelo par (t_i, δ_i) sendo t_i o tempo de falha ou de censura e δ_i a variável indicadora de falha ou censura, isto é,

$$\delta_i = \begin{cases} 1 & \text{se } t_i \text{ é um tempo de falha} \\ 0 & \text{se } t_i \text{ é um tempo censurado.} \end{cases}$$

Desta forma, a variável aleatória resposta em análise de sobrevivência é representada por duas colunas no banco de dados.

Na presença de covariáveis medidas no i-ésimo indivíduo, tais como, dentre outras, $\mathbf{x}_i = (\text{sexo}_i, \text{idade}_i, \text{tratamento}_i)$, os dados ficam representados por $(t_i, \delta_i, \mathbf{x}_i)$. No caso particular de dados de sobrevivência intervalar, tem-se, ainda, a representação $(\ell_i, u_i, \delta_i, \mathbf{x}_i)$ em que ℓ_i e u_i são, respectivamente, os limites inferior e superior do intervalo observado para o i-ésimo indivíduo.

1.5 Exemplos de Dados de Sobrevivência

Existem vários exemplos de aplicação das técnicas de análise de sobrevivência. Na área médica, elas são muito utilizadas na identificação de fatores de prognóstico para uma doença, bem como na comparação de tratamentos. Em oncologia, qualquer nova terapêutica ou droga para o combate ao câncer requer um estudo em que a resposta de interesse seja, geralmente, o tempo de sobrevivência dos pacientes. Esta resposta é denominada sobrevida global pelos oncologistas. Estudos epidemiológicos da AIDS são outros exemplos em que as técnicas de análise de sobrevivência vêm sendo usadas com freqüência. Jacobson et al. (1993) mostram um estudo típico nesta área.

A seguir são descritos brevemente alguns dos exemplos utilizados no restante do texto para ilustrar as técnicas estatísticas descritas. Estes exemplos são situações reais provenientes de assessorias estatísticas dos autores, assim como alguns de literatura técnica na área médica. Os dados encontram-se no Apêndice.

1.5.1 Dados de Hepatite

Um estudo clínico aleatorizado foi realizado para investigar o efeito da terapia com esteróide no tratamento de hepatite viral aguda (Gregory et al., 1976). Vinte e nove pacientes com esta doença foram aleatorizados para receber um placebo ou o tratamento com esteróide. Cada paciente foi acompanhado por 16 semanas ou até a morte (evento de interesse) ou até a perda de acompanhamento. Os tempos de sobrevivência observados, em semanas, para os dois grupos são apresentados na Tabela 1.1. O símbolo + indica censura.

Este exemplo, que é caracterizado pela censura do tipo aleatória, é utilizado no Capítulo 2 para ilustrar as técnicas não-paramétricas para dados de sobrevivência.

14   *Capítulo 1. Conceitos Básicos e Exemplos*

Tabela 1.1: Tempos, em semanas, observados no estudo de hepatite.

Grupos	Tempos de sobrevivência
Controle	1+, 2+, 3, 3, 3+, 5+, 5+, 16+, 16+, 16+, 16+, 16+, 16+, 16+, 16+
Esteróide	1, 1, 1, 1+, 4+, 5, 7, 8, 10, 10+, 12+, 16+, 16+, 16+

1.5.2   Dados de Malária

Um estudo experimental realizado com camundongos para verificar a eficácia da imunização pela malária foi conduzido no Centro de Pesquisas René Rachou, Fiocruz, MG. Nesse estudo, quarenta e quatro camundongos foram aleatoriamente divididos em três grupos e todos foram infectados pela malária (*Plasmodium berguei*). Os camundongos do grupo 1 foram imunizados 30 dias antes da infecção. Além da infecção pela malária, os camundongos dos grupos 1 e 3 foram, também, infectados pela esquistossomose (*Schistossoma mansoni*). A resposta de interesse nesse estudo foi o tempo decorrido desde a infecção pela malária até a morte do camundongo. Este tempo foi medido em dias e o estudo foi acompanhado por 30 dias. Os tempos de sobrevivência observados para os três grupos encontram-se na Tabela 1.2. O símbolo + indica censura.

Tabela 1.2: Tempos, em dias, observados no estudo da malária.

Grupos (total)	Tempos de sobrevivência
Grupo 1 (16)	7, 8, 8, 8, 8, 12, 12, 17, 18, 22, 30+, 30+, 30+, 30+, 30+, 30+
Grupo 2 (15)	8, 8, 9, 10, 10, 14, 15, 15, 18, 19, 21, 22, 22, 23, 25
Grupo 3 (13)	8, 8, 8, 8, 8, 8, 9, 10, 10, 10, 11, 17, 19

Este exemplo, caracterizado pela censura do tipo I, é utilizado no Capítulo 2 para ilustrar as técnicas não-paramétricas para dados de sobre-

1.5.3 Dados de Leucemia Pediátrica

Esses dados foram obtidos a partir de um estudo de crianças com leucemia, desenvolvido pelo Grupo Cooperativo Mineiro para Tratamento de Leucemias Agudas. Este é um estudo descritivo. A leucemia aguda é a neoplasia de maior incidência na população com menos de 15 anos de idade. Calcula-se que, nesta faixa etária, a incidência anual gire em torno de 5 a 6 casos novos por 100 mil crianças, sendo a grande maioria dos casos de Leucemia Linfoblástica Aguda (LLA).

Apesar do progresso alcançado no tratamento, em particular, da leucemia linfoblástica, as leucemias agudas continuam sendo a causa mais comum de morte por neoplasia. O objetivo do tratamento médico de uma criança com LLA é obter longos períodos de sobrevida livre da doença, o que, muitas vezes, significa sua *cura*. Os avanços terapêuticos obtidos nos últimos 25 anos têm sido grandes na LLA. Na década de 60, menos de 1% das crianças com LLA sobreviviam mais de 5 anos após o diagnóstico. Atualmente, com a intensificação da quimioterapia para os grupos com prognóstico mais desfavorável, 60 a 70% do total de crianças com diagnóstico de LLA são sobreviventes de longo prazo e encontram-se provavelmente *curadas*. Nos grupos de melhor prognóstico, as proporções de *cura* já se situam no patamar de 90%.

Com o objetivo de entender melhor quais fatores afetam o tempo de sobrevivência de uma criança brasileira com LLA, um grupo de 128 crianças, com idade inferior a 15 anos, foi acompanhado no período de 1988 a 1992, em alguns hospitais de Belo Horizonte. A variável resposta de interesse foi o tempo a partir da remissão (ausência da doença) até a recidiva ou morte (a que ocorrer primeiro). Das 128 crianças, 120 entraram em remissão, e são estas que formam o conjunto de dados em estudo. Os fatores registrados para cada criança e que compõem o banco de dados são os seguintes:

16   *Capítulo 1. Conceitos Básicos e Exemplos*

idade, peso, estatura, contagem de leucócitos, porcentagem de linfoblastos, porcentagem de vacúolos, fator de risco e indicador de sucesso da remissão.

No Capítulo 5, os dados desse estudo são analisados por meio do modelo de Cox. No Capítulo 6, estes são utilizados para ilustrar o modelo de Cox estratificado. Informações adicionais sobre o estudo podem ser encontradas em Viana et al. (1994) e Colosimo et al. (1992).

1.5.4 Dados de Sinusite em Pacientes Infectados pelo HIV

O estudo da epidemia da AIDS é uma área de intensa pesquisa e vários trabalhos já estão registrados na literatura. A maioria deles tem como foco principal de atenção o tempo de vida de pacientes. Um estudo desenvolvido pela Profa. Denise Gonçalves do Departamento de Otorrinolaringologia da UFMG teve como interesse a ocorrência de manifestações otorrinolaringológicas em pacientes HIV positivos. O objetivo mais específico, e que é explorado neste texto, é verificar a hipótese de que a infecção pelo HIV aumenta o risco de ocorrência de sinusite.

Nesse estudo foram utilizadas informações provenientes de 91 pacientes HIV positivo e 21 HIV negativo, somando assim 112 pacientes estudados. Estes pacientes foram acompanhados no período compreendido entre março de 1993 e fevereiro de 1995. A classificação do paciente quanto à infecção pelo HIV seguiu os critérios do CDC (*Centers of Disease Control*, 1987). Os pacientes foram classificados como: HIV soronegativo (não possuem o HIV), HIV soropositivo assintomático (possuem o vírus mas não desenvolveram o quadro clínico de AIDS), com ARC, *AIDS Related Complex* (apresentam baixa imunidade e outros indicadores clínicos que antecedem o quadro clínico de AIDS), ou com AIDS (já desenvolveram infecções oportunistas que definem AIDS, segundo os critérios do CDC de 1987). Esta é a principal covariável a ser considerada no estudo. Ela é dependente do tempo, pois os pacientes mudam de classificação ao longo do estudo. Esta característica requer técnicas especializadas que são apresentadas no

1.5. Exemplos de Dados de Sobrevivência

Capítulo 6. Outras covariáveis neste estudo, como contagem de células CD4 e CD8, também são dependentes do tempo. No entanto, elas foram somente medidas no início do estudo e, ainda, ocorreu a falta de registro de ambas as contagens para em torno de 37% dos pacientes. Desse modo, elas não foram incluídas nas análises.

A cada consulta, a classificação do paciente foi reavaliada. Cada paciente foi acompanhado através de consultas trimestrais. A freqüência mediana de consultas foi 4. A resposta de interesse foi o tempo, em dias, contado a partir da primeira consulta até a ocorrência de sinusite. O objetivo foi identificar fatores de risco para esta manifestação. Os possíveis fatores de risco incluídos no estudo estão listados na Tabela 1.3.

Tabela 1.3: Covariáveis medidas no estudo de ocorrência de sinusite.

Idade do Paciente	Foi medida em anos
Sexo do Paciente	0 - Masculino
	1 - Feminino
Grupos de Risco	1 - Paciente HIV Soronegativo
	2 - Paciente HIV Soropositivo Assintomático
	3 - Paciente com ARC
	4 - Paciente com AIDS
Atividade Sexual	1 - Homossexual
	2 - Bissexual
	3 - Heterossexual
Uso de Droga Injetável	1 - Sim
	2 - Não
Uso de Cocaína por Aspiração	1 - Sim
	2 - Não

Foram registrados 23 valores perdidos para as covariáveis Atividade Sexual, Uso de Droga e Uso de Cocaína. Mais informações sobre este

18   Capítulo 1. Conceitos Básicos e Exemplos

estudo podem ser encontradas em Gonçalves (1995) e Colosimo e Vieira
(1996).

1.5.5   Dados de Aleitamento Materno

As Organizações Internacionais de Saúde recomendam o leite materno como
a única fonte de alimentação para crianças entre 4 e 6 meses de idade.
Identificar fatores determinantes do aleitamento materno em diferentes populações é, portanto, fundamental para alcançar tal recomendação.

Os professores Eugênio Goulart e Cláudia Lindgren do Departamento de
Pediatria da UFMG realizaram um estudo no Centro de Saúde São Marcos,
localizado em Belo Horizonte, com o objetivo principal de conhecer a prática
do aleitamento materno de mães que utilizam este centro, assim como os
possíveis fatores de risco ou de proteção para o desmame precoce. Um
inquérito epidemiológico composto por questões demográficas e comportamentais foi aplicado a 150 mães de crianças menores de 2 anos de idade. A
variável resposta de interesse foi estabelecida como sendo o tempo máximo
de aleitamento materno, ou seja, o tempo contado a partir do nascimento
até o desmame completo da criança.

Uma análise estatística utilizando modelos paramétricos e semiparamétricos é realizada nos Capítulos 4 e 5 para estes dados. Desta forma, pode-se
comparar os resultados obtidos usando-se ambos os modelos.

1.5.6   Dados Experimentais utilizando Camundongos

Um estudo laboratorial foi realizado para investigar o efeito protetor do
fungo *Saccharomycs boulardii* em ratos debilitados imunologicamente. O
estudo utilizou 93 ratos provenientes do mesmo biotério. Inicialmente, o
sistema imunológico dos ratos foi debilitado quimicamente e, a seguir, 4
tratamentos (controle e o fungo nas dosagens: 10mg, 1mg e 0,1mg) foram
alocados aleatoriamente a cada animal. Como resposta de interesse foi considerado o tempo de vida, medido em dias, após a aplicação do tratamento.

1.5. Exemplos de Dados de Sobrevivência

O estudo teve por objetivo comparar os tratamentos controlando pelo peso inicial do rato. Uma característica desses dados é a presença de empates. Existem 61 tempos de censura e 13 tempos de falha distintos entre as 32 mortes observadas durante o período do estudo. A possibilidade de ajustar um modelo de regressão discreto para um conjunto de dados com vários empates é discutida no Capítulo 8.

1.5.7 Dados de Câncer de Mama

Com o objetivo de pesquisar duas terapias: (a) somente radioterapia e (b) radioterapia em conjunto com quimioterapia, um estudo retrospectivo foi realizado com 94 mulheres com diagnóstico precoce de câncer de mama. Um total de 46 delas recebeu a primeira terapia e as demais receberam a segunda. As pacientes foram acompanhadas a cada 4-6 meses e, em cada visita, foram registrados: a ocorrência da retração da mama (nenhuma, moderada ou severa) e o tempo até o aparecimento de uma retração moderada ou severa da mama. Como as visitas foram realizadas em alguns tempos aleatórios, não se sabe com exatidão quando a primeira retração da mama ocorreu; sabe-se somente que esta ocorreu entre duas das visitas realizadas. Por outro lado, o que se sabe a respeito das pacientes que não apresentaram retração da mama até a última visita é que o evento não ocorreu até aquele momento e que, caso venha a ocorrer, será a partir daquele momento em diante. Este exemplo é analisado no Capítulo 8, em que é abordada a análise de dados de sobrevivência intervalar. Informações adicionais sobre este estudo podem ser encontradas em Klein e Moeschberger (2003).

1.5.8 Dados de Tempo de Vida de Mangueiras

No período de 1972 a 1992, um ensaio em delineamento em blocos ao acaso foi conduzido no Departamento de Horticultura da ESALQ/USP. O objetivo foi verificar a resistência das mangueiras a uma praga denominada seca da mangueira, que mata a planta. O interesse concreto era identificar novas mangueiras obtidas a partir de enxertos, resistentes à seca da mangueira. Um experimento fatorial completamente aleatorizado foi realizado com 6 copas enxertadas sobre 7 porta-enxertos (fatorial 6×7). Todas as 42 combinações foram replicadas em 5 blocos diferentes, totalizando 210 unidades experimentais. O estudo teve início em 1971 e a resposta de interesse foi o tempo de vida das mangueiras. O experimento foi visitado 12 vezes durante o período do estudo e foi registrada a condição de cada unidade experimental (viva ou morta). Os dados provenientes desse estudo são de natureza intervalar, ou seja, o evento de interesse (morte da mangueira) acontece entre duas visitas consecutivas e o tempo exato da morte é desconhecido. Este exemplo é analisado no Capítulo 8, que é dedicado a dados de sobrevivência intervalar e grupados. Mais informações sobre este estudo podem ser encontradas em Chalita et al. (1999) e Giolo et al. (2009).

1.6   Especificando o Tempo de Sobrevivência

A variável aleatória não-negativa T, usualmente contínua, que representa o tempo de falha, é geralmente especificada em análise de sobrevivência pela sua função de sobrevivência ou pela função de taxa de falha. Estas duas funções, e funções relacionadas, que são extensivamente usadas na análise de dados de sobrevivência são apresentadas a seguir.

1.6.1   Função de Sobrevivência

Esta é uma das principais funções probabilísticas usadas para descrever estudos de sobrevivência. A função de sobrevivência é definida como a probabilidade de uma observação não falhar até um certo tempo t, ou seja, a probabilidade de uma observação sobreviver ao tempo t. Em termos probabilísticos, isto é escrito como:

$$S(t) = P(T \geq t).$$

1.6. Especificando o Tempo de Sobrevivência

Em conseqüência, a função de distribuição acumulada é definida como a probabilidade de uma observação não sobreviver ao tempo t, isto é, $F(t) = 1 - S(t)$.

Na Figura 1.2 pode ser observada a forma típica de duas funções de sobrevivência. Estas curvas que, nesse caso, representam as funções de sobrevivência de dois grupos de pacientes, o grupo 1, tratado com a droga A e o grupo 2, com a droga B, fornecem informações importantes. Note, por exemplo, que o tempo de vida dos pacientes do grupo 1 é superior ao dos pacientes do grupo 2 na maior parte do tempo de acompanhamento. Para os pacientes do grupo 1, o tempo para o qual cerca de 50% (tempo mediano) deles morrem é de 20 anos, enquanto que, para os pacientes do grupo 2, este tempo é menor (10 anos). Outra informação importante e possível de ser retirada desta figura é o percentual de pacientes que ainda estão vivos até um determinado tempo de interesse. Por exemplo, para os pacientes do grupo 1, cerca de 90% deles ainda estão vivos após 10 anos do início do estudo, enquanto que, para os do grupo 2, apenas 50%.

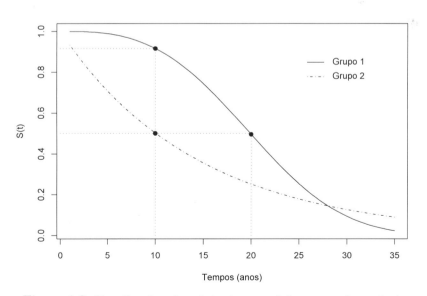

Figura 1.2: Funções de sobrevivência para dois grupos de pacientes.

1.6.2 Função de Taxa de Falha

A probabilidade da falha ocorrer em um intervalo de tempo $[t_1, t_2)$ pode ser expressa em termos da função de sobrevivência como:

$$S(t_1) - S(t_2).$$

A taxa de falha no intervalo $[t_1, t_2)$ é definida como a probabilidade de que a falha ocorra neste intervalo, dado que não ocorreu antes de t_1, dividida pelo comprimento do intervalo. Assim, a taxa de falha no intervalo $[t_1, t_2)$ é expressa por:

$$\frac{S(t_1) - S(t_2)}{(t_2 - t_1) S(t_1)}. \tag{1.1}$$

De forma geral, redefinindo o intervalo como $[t, t + \Delta t)$, a expressão (1.1) assume a seguinte forma:

$$\lambda(t) = \frac{S(t) - S(t + \Delta t)}{\Delta t \, S(t)}.$$

Assumindo Δt bem pequeno, $\lambda(t)$ representa a taxa de falha instantânea no tempo t condicional à sobrevivência até o tempo t. Observe que as taxas de falha são números positivos, mas sem limite superior. A função de taxa de falha $\lambda(t)$ é bastante útil para descrever a distribuição do tempo de vida de pacientes. Ela descreve a forma em que a taxa instantânea de falha muda com o tempo.

A função de taxa de falha de T é, então, definida como:

$$\lambda(t) = \lim_{\Delta t \to 0} \frac{P(t \le T < t + \Delta t \mid T \ge t)}{\Delta t}. \tag{1.2}$$

A Figura 1.3 mostra três funções de taxa de falha. A função crescente indica que a taxa de falha do paciente aumenta com o transcorrer do tempo. Este comportamento mostra um efeito gradual de envelhecimento. A função constante indica que a taxa de falha não se altera com o passar do tempo. A função decrescente mostra que a taxa de falha diminui à medida que o tempo passa.

1.6. Especificando o Tempo de Sobrevivência

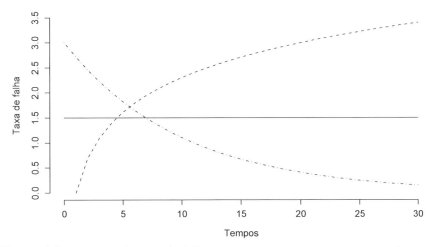

Figura 1.3: Funções de taxa de falha - - crescente, — constante e ---- decrescente.

Sabe-se, ainda, que a taxa de falha para o tempo de vida de seres humanos é uma combinação das curvas apresentadas na Figura 1.3 em diferentes períodos de tempo. Ela é conhecida como *curva da banheira* e tem uma taxa de falha decrescente no período inicial, representando a mortalidade infantil, constante na faixa intermediária e crescente na porção final. Uma representação desta curva é mostrada na Figura 1.4.

A função de taxa de falha é mais informativa do que a função de sobrevivência. Diferentes funções de sobrevivência podem ter formas semelhantes, enquanto as respectivas funções de taxa de falha podem diferir drasticamente. Desta forma, a modelagem da função de taxa de falha é um importante método para dados de sobrevivência.

1.6.3 Função de Taxa de Falha Acumulada

Outra função útil em análise de dados de sobrevivência é a função de taxa de falha acumulada. Esta função, como o próprio nome sugere, fornece a taxa de falha acumulada do indivíduo e é definida por:

$$\Lambda(t) = \int_0^t \lambda(u)\, du.$$

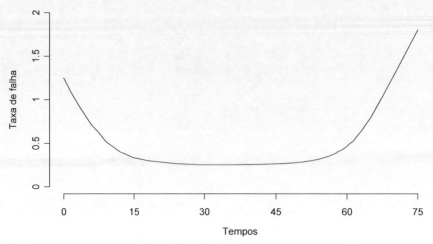

Figura 1.4: Representação da função de taxa de falha conhecida por *curva da banheira*.

A função de taxa de falha acumulada, $\Lambda(t)$, não tem uma interpretação direta, mas pode ser útil na avaliação da função de maior interesse que é a de taxa de falha, $\lambda(t)$. Isto acontece essencialmente na estimação não-paramétrica em que $\Lambda(t)$ apresenta um estimador com propriedades ótimas e $\lambda(t)$ é difícil de ser estimada.

1.6.4 Tempo Médio e Vida Média Residual

Outras duas quantidades de interesse em análise de sobrevivência são: o tempo médio de vida e a vida média residual. A primeira é obtida pela área sob a função de sobrevivência. Isto é,

$$t_m = \int_0^\infty S(t)\,dt.$$

Já a vida média residual é definida condicional a um certo tempo de vida t. Ou seja, para indivíduos com idade t esta quantidade mede o tempo médio restante de vida e é, então, a área sob a curva de sobrevivência à direita do tempo t dividida por $S(t)$. Isto é,

1.6. Especificando o Tempo de Sobrevivência 25

$$\text{vmr}(t) = \frac{\int_t^\infty (u-t)f(u)du}{S(t)} = \frac{\int_t^\infty S(u)du}{S(t)}$$

sendo $f(\cdot)$ a função de densidade de T. Observe que $\text{vmr}(0) = t_m$.

1.6.5 Relações entre as Funções

Para T uma variável aleatória contínua e não-negativa, tem-se, em termos das funções definidas anteriormente, algumas relações matemáticas importantes entre elas, a saber:

$$\lambda(t) \;=\; \frac{f(t)}{S(t)} = -\frac{d}{dt}\Big(\log S(t) \Big),$$

$$\Lambda(t) = \int_0^t \lambda(u)\,du = -\log S(t)$$

e

$$S(t) = \exp\{-\Lambda(t)\} = \exp\left\{ -\int_0^t \lambda(u)\,du \right\}.$$

Tais relações mostram que o conhecimento de uma das funções, por exemplo $S(t)$, implica no conhecimento das demais, isto é, de $F(t)$, $f(t)$, $\lambda(t)$ e $\Lambda(t)$.

Outras relações envolvendo estas funções são as seguintes:

$$S(t) = \frac{\text{vmr}(0)}{\text{vmr}(t)} \exp\left\{ -\int_0^t \frac{du}{\text{vmr}(u)} \right\}$$

e

$$\lambda(t) = \left(\frac{d\,\text{vmr}(t)}{dt} + 1 \right) / \text{vmr}(t).$$

1.7 Exercícios

1. Suponha que seis ratos foram expostos a um material cancerígeno. Os tempos até o desenvolvimento do tumor de um determinado tamanho são registrados para os ratos. Os ratos A, B e C desenvolveram os tumores em 10, 15 e 25 semanas, respectivamente. O rato D morreu acidentalmente sem tumor na vigésima semana de observação. O estudo terminou com 30 semanas sem os ratos E e F apresentarem tumor.

   (a) Defina cuidadosamente a resposta do estudo.

   (b) Identifique o tipo de resposta (falha ou censura) observado para cada um dos ratos no estudo.

2. Um número grande de indivíduos foi acompanhado para estudar o aparecimento de um certo sintoma. Os indivíduos foram incluídos ao longo do estudo e foi considerada como resposta de interesse a idade em que este sintoma apareceu pela primeira vez. Para os seis indivíduos selecionados e descritos a seguir, identifique o tipo de censura apresentado.

   (a) O primeiro indivíduo entrou no estudo com 25 anos já apresentando o sintoma.

   (b) Outros dois indivíduos entraram no estudo com 20 e 28 anos e não apresentaram o sintoma até o encerramento do estudo.

   (c) Outros dois indivíduos entraram com 35 e 40 anos e apresentaram o sintoma no segundo e no sexto exames, respectivamente, após terem entrado no estudo. Os exames foram realizados a cada dois anos.

   (d) O último indivíduo selecionado entrou no estudo com 36 anos e mudou da cidade depois de 4 anos sem ter apresentado o sintoma.

1.7. Exercícios

3. Mostre que $\lambda(t) = \dfrac{f(t)}{S(t)} = -\dfrac{d}{dt}\Big(\log S(t)\Big).$

4. Mostre que $\Lambda(t) = \int_0^t \lambda(u)du = -\log S(t).$

5. Mostre que $\mathrm{vmr}(t) = \dfrac{\int_t^\infty (u-t)f(u)du}{S(t)} = \dfrac{\int_t^\infty S(u)du}{S(t)}.$

   $\Big(\text{Sugestão: utilize uma integral por partes sabendo que } f(u)du = -\frac{d}{du}S(u)\Big).$

6. Suponha que a taxa de falha da variável aleatória tempo de falha T seja expressa pela função linear $\lambda(t) = \beta_0 + \beta_1 t$, com β_0 e $\beta_1 > 0$. Obtenha $S(t)$ e $f(t)$.

7. Suponha que a vida média residual de T seja dada por $\mathrm{vmr}(t) = t+10$. Obtenha $E(T)$, $\lambda(t)$ e $S(t)$.

8. Em cada um dos exemplos descritos na Seção 1.5, identifique o tempo inicial, a escala de medida e o evento de interesse.

Capítulo 2

Técnicas Não-Paramétricas

2.1 Introdução

Os objetivos de uma análise estatística envolvendo dados de sobrevivência estão geralmente relacionados, em medicina, à identificação de fatores de prognóstico para uma certa doença ou à comparação de tratamentos em um estudo clínico enquanto controlado por outros fatores. Vários exemplos podem ser encontrados na literatura médica. No estudo de leucemia pediátrica, por exemplo, apresentado na Seção 1.5.3, leucometria registrada no diagnóstico (contagem de células brancas) e idade são conhecidos fatores de prognóstico para o tempo de vida de crianças com leucemia.

Por mais complexo que seja o estudo, as respostas às perguntas de interesse são dadas a partir de um conjunto de dados de sobrevivência, e o passo inicial de qualquer análise estatística consiste em uma descrição dos dados. A presença de observações censuradas é, contudo, um problema para as técnicas convencionais de análise descritiva, envolvendo média, desvio-padrão e técnicas gráficas, como histograma, box-plot, entre outros. Os problemas gerados por observações censuradas podem ser ilustrados numa situação bem simples em que se tenha interesse na construção de um histograma. Se a amostra não contiver observações censuradas, a construção do histograma consiste na divisão do eixo do tempo em um certo número

30   Capítulo 2. Técnicas Não-Paramétricas

de intervalos e, em seguida, conta-se o número de ocorrências de falhas em
cada intervalo. Entretanto, quando existem censuras, não é possível construir um histograma, pois não se conhece a freqüência exata associada a
cada intervalo.

Entretanto, algumas técnicas usuais podem ser utilizadas com o devido cuidado. Por exemplo, em uma análise descritiva inicial dos dados, é
comum o exame do gráfico de dispersão de cada covariável contínua com
a resposta. Este gráfico possibilita uma avaliação, por meio da nuvem de
pontos, de uma possível relação linear entre elas ou a adequação de um
modelo proposto. A presença de observações censuradas gera dificuldades
na interpretação deste gráfico, mas com um certo cuidado continua gerando
informações descritivas sobre a relação entre as variáveis. A Figura 2.1 apresenta um gráfico envolvendo o tempo entre a remissão e a recidiva (tempo
de sobrevivência em anos) e a raiz quadrada da leucometria ao diagnóstico
(contagem de células brancas iniciais) para os dados de leucemia pediátrica
apresentados na Seção 1.5.3. A transformação raiz quadrada é usual em
covariáveis como esta que apresentam uma escala de medida muito ampla.
Cox e Snell (1981) apresentam uma transformação similar em uma situação
envolvendo esta mesma covariável. Os símbolos diferentes na Figura 2.1 são
utilizados para diferenciar falha e censura.

A natureza da associação entre a leucometria e o tempo de sobrevivência
pode ser visualizada no gráfico apresentado na Figura 2.1. A nuvem de pontos referente às falhas é densa para os tempos menores de sobrevivência e
os pontos vão lentamente diminuindo para os maiores. A forma do gráfico é
controlada pela associação entre a leucometria e o tempo de sobrevivência
e pela informação de que a distribuição desta última tende a ser assimétrica
à direita. A leucometria tem uma associação negativa com o tempo de sobrevivência, ou seja, os tempos são menores para os valores mais altos de
leucometria. Se todos os pacientes entram ao mesmo tempo no estudo e
são acompanhados pelo mesmo período de tempo, tem-se, então, mais ob-

2.1. Introdução

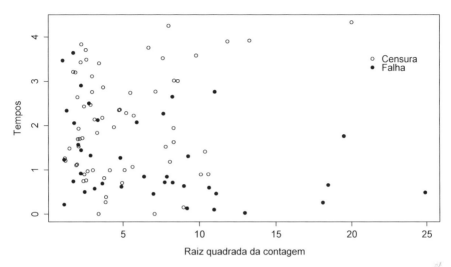

Figura 2.1: Gráfico de dispersão do tempo de sobrevivência versus a raiz quadrada da contagem inicial de leucócitos para os dados de leucemia pediátrica.

servações censuradas entre os pacientes com contagem baixa do que entre aqueles com contagem alta. Entretanto, se a entrada dos pacientes for uniforme durante o período de estudo e independente da leucometria, espera-se uma proporção aproximadamente igual de observações censuradas em todos os valores de leucometria. O exemplo mostrado na Figura 2.1 vem de um estudo deste tipo e a figura indica que as observações censuradas e as não-censuradas estão misturadas para todos os valores de leucometria.

Nos textos básicos de estatística, uma análise descritiva consiste essencialmente em encontrar medidas de tendência central e variabilidade. Como a presença de censuras invalida este tipo de tratamento aos dados de sobrevivência, o principal componente da análise descritiva envolvendo dados de tempo de vida é a função de sobrevivência. Nesta situação, o procedimento inicial é encontrar uma estimativa para a função de sobrevivência e, então, a partir dela, estimar as estatísticas de interesse que usualmente são o tempo médio ou mediano, alguns percentis ou certas frações de falhas em tempos fixos de acompanhamento. Nas Seções 2.2 a 2.4 são apresentados alguns estimadores não-paramétricos para a função de sobrevivência, dentre eles, o conhecido estimador de Kaplan-Meier. Algumas quantidades de interesse, como a mediana e a média, são obtidas a partir desta função e estão apresentadas na Seção 2.5. Na Seção 2.6 são apresentados os testes não-paramétricos para a comparação de duas ou mais funções de sobrevivência.

2.2 Estimação na Ausência de Censura

Nesta seção é tratada a estimação das funções de sobrevivência e de taxa de falha em uma situação sem censura. A função de taxa de falha é difícil de ser estimada em termos não-paramétricos. A dificuldade é a mesma de se estimar a função de densidade. Alguns textos apresentam uma estimativa para esta função como sendo a variação da função de taxa de falha acumulada. No entanto, esta estimativa não é boa, principalmente para amostras de tamanho pequeno. A Figura 2.2 apresenta um histograma que mostra a distribuição dos tempos de falha associados a um certo grupo de indivíduos. Este histograma foi obtido a partir de uma amostra de 54 observações não-censuradas.

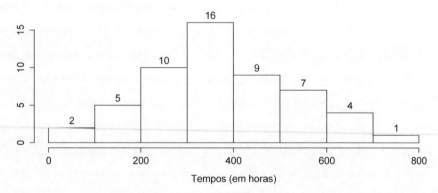

Figura 2.2: Histograma dos tempos de falha de um certo grupo de indivíduos.

Uma estimativa para a taxa de falha no período compreendido entre 400 e 500 horas é dada por:

2.2. Estimação na Ausência de Censura

$$\widehat{\lambda}([400,500)) = \frac{n^{\underline{o}} \text{ de falhas no período } [400,500)}{n^{\underline{o}} \text{ que não falharam até } t = 400} = \frac{9}{21} = 0,429. \quad (2.1)$$

Em palavras, a taxa de falha é de $42,9\%$ durante o período de 100 horas, compreendido entre 400 e 500 horas a partir do início do estudo. Isto significa que, entre 100 indivíduos que sobreviverem até 400 horas, espera-se que 57 $(100 - 43)$ sobrevivam mais 100 horas. A taxa de falha pode também ser expressa como $42,9\%/100$ horas ou $0,429\%/$hora. Usando o mesmo tipo de cálculo para os outros intervalos de tempo, obtêm-se os resultados mostrados na Tabela 2.1. Desta tabela, pode-se notar que a taxa de falha é crescente.

Tabela 2.1: Estimativas das taxas de falha e das probabilidades de sobrevivência para os dados do histograma mostrado na Figura 2.2.

Intervalo	Taxa de Falha (%/hora)	Sobrevivência (%)
0 ⊢ 100	0,037	100,0
100 ⊢ 200	0,096	96,3
200 ⊢ 300	0,213	87,0
300 ⊢ 400	0,432	68,5
400 ⊢ 500	0,429	38,9
500 ⊢ 600	0,583	22,2
600 ⊢ 700	0,800	9,3
700 ⊢ 800	1,000	1,9

A probabilidade de sobrevivência no tempo $t = 400$ horas é, por sua vez, estimada por:

$$\begin{aligned} \widehat{S}(400) &= \frac{n^{\underline{o}} \text{ de indivíduos que não falharam até o tempo } t = 400}{\text{número de indivíduos no estudo}} \\ &= \frac{21}{54} = 0,389. \end{aligned}$$

Em palavras, este número significa que 39% destes indivíduos sobrevivem mais do que 400 horas. Repetindo o mesmo tipo de cálculo para cada tempo de falha, obtêm-se os resultados mostrados na Tabela 2.1. A partir desses resultados, informações importantes sobre o tempo de vida dos indivíduos em estudo podem ser obtidas.

A forma utilizada para calcular as estimativas para as taxas de falha foi bastante intuitiva. Uma forma alternativa é usar a expressão dada em (1.1), que apresenta a taxa de falha em termos da função de sobrevivência. Assim, tem-se:

$$\widehat{\lambda}([400, 500)) = \frac{\widehat{S}(400) - \widehat{S}(500)}{(500 - 400)\,\widehat{S}(400)} = \frac{0,389 - 0,222}{(100)\,0,389} = 0,0043/\text{hora}$$

ou 0,43%/hora.

É importante observar que as taxas de falha estimadas neste exemplo e apresentadas na Tabela 2.1 foram para os intervalos definidos na Figura 2.2. Desta forma, estas taxas não são instantâneas como prescrito na definição (1.2) de $\lambda(t)$. A partir do banco de dados com os valores reais, existem propostas de estimadores para $\lambda(t)$ (Klein e Moeschberger, 2003).

2.3 O Estimador de Kaplan-Meier

No exemplo da Seção 2.2, foram estimadas as funções de sobrevivência e de taxa de falha para um estudo em que todas as observações falharam, ou seja, não existiram censuras. Na prática, entretanto, o conjunto de dados amostrais de tempos de falha apresenta censuras, o que requer técnicas estatísticas especializadas para acomodar a informação contida nestas observações. A observação censurada informa que o tempo até a falha é maior do que aquele que foi registrado.

Nesta seção é apresentado o conhecido estimador de Kaplan-Meier para a função de sobrevivência, que é, sem dúvida, o mais utilizado em estudos clínicos e vem ganhando cada vez mais espaço em estudos de confiabilidade.

2.3. O Estimador de Kaplan-Meier

O estimador conhecido por Nelson-Aalen, proposto por Nelson (1972) e suas propriedades estudadas por Aalen (1978) é apresentado na Seção 2.4.1. Este estimador e o de Kaplan-Meier apresentam essencialmente as mesmas características. Um terceiro estimador, o da tabela de vida ou atuarial, por ser uma das mais antigas técnicas estatísticas utilizadas para estimar características associadas à distribuição dos tempos de falha, também é apresentado na Seção 2.4.2.

O estimador não-paramétrico de Kaplan-Meier, proposto por Kaplan e Meier (1958) para estimar a função de sobrevivência, é também chamado de estimador limite-produto. Ele é uma adaptação da função de sobrevivência empírica que, na ausência de censuras, é definida como:

$$\widehat{S}(t) = \frac{n^{\underline{o}} \text{ de observações que não falharam até o tempo } t}{n^{\underline{o}} \text{ total de observações no estudo}}. \qquad (2.2)$$

$\widehat{S}(t)$ é uma função escada com degraus nos tempos observados de falha de tamanho $1/n$, em que n é o tamanho da amostra. Se existirem empates em um certo tempo t, o tamanho do degrau fica multiplicado pelo número de empates.

O estimador de Kaplan-Meier, na sua construção, considera tantos intervalos de tempo quantos forem o número de falhas distintas. Os limites dos intervalos de tempo são os tempos de falha da amostra. A seguir é apresentada a idéia intuitiva deste estimador para depois mostrar a sua expressão geral, assim como foi proposto por seus autores.

Considere os tempos de sobrevivência do grupo esteróide dos dados de hepatite apresentados na Seção 1.5.1 e reproduzidos na Tabela 1.1. O procedimento para se obter a estimativa de Kaplan-Meier envolve uma seqüência de passos, em que o próximo depende do anterior. Isto significa, por exemplo, que:

$$S(5) = P(T \geq 5) = P(T \geq 1, T \geq 5) = P(T \geq 1)P(T \geq 5 \mid T \geq 1).$$

Desta forma, para o indivíduo sobreviver por 5 semanas, ele vai precisar sobreviver, em um primeiro passo, à primeira semana e depois sobreviver à quinta semana, sabendo-se que ele sobreviveu à primeira. Os tempos de 1 e 5 semanas foram tomados por serem os dois primeiros tempos distintos de falha nos dados do grupo esteróide. Os passos são gerados a partir de intervalos definidos pela ordenação dos tempos de falha de forma que cada um deles começa em um tempo observado e termina no próximo tempo. A Tabela 2.2 apresenta os tempos ordenados e mostra a existência de 6 intervalos, iniciando com $[0,1)$, até o sexto intervalo que é $[10,16)$. O limite superior deste último intervalo é definido como sendo 16 por ser este o maior tempo de acompanhamento do estudo.

Tabela 2.2: Estimativas de Kaplan-Meier para o grupo esteróide.

t_j	Intervalos	d_j	n_j	$\widehat{S}(t_j+)$
0	$[0, 1)$	0	14	1,000
1	$[1, 5)$	3	14	0,786
5	$[5, 7)$	1	9	0,698
7	$[7, 8)$	1	8	0,611
8	$[8, 10)$	1	7	0,524
10	$[10, 16)$	1	6	0,437

Todos os indivíduos estavam vivos em $t = 0$ e se mantêm até a primeira morte que ocorre em $t = 1$ semana. Então, a estimativa de $S(t)$ deve ser 1 neste intervalo compreendido entre 0 e 1 semana. No valor correspondente a 1 semana, a estimativa deve cair devido a três mortes que ocorrem neste tempo. No segundo intervalo, $[1,5)$, existem, então, 14 indivíduos que estavam vivos (sob risco) antes de $t = 1$ e 3 morrem. Desta forma, a estimativa da probabilidade condicional de morte neste intervalo é $3/14$ e a probabilidade de sobreviver é $1 - 3/14$. Isto pode ser escrito como:

$$\widehat{S}(1+) = \widehat{P}(T \geq 0)\widehat{P}(T > 1 | T \geq 0) = (1)(11/14) = 0,786.$$

Assim, sucessivamente, para qualquer t, $S(t)$ pode ser escrito em termos de

2.3. O Estimador de Kaplan-Meier

probabilidades condicionais. Suponha que existam n pacientes no estudo e $k(\leq n)$ falhas distintas nos tempos $t_1 < t_2 < \ldots < t_k$. Considerando $S(t)$ uma função discreta com saltos, isto é, probabilidade maior que zero somente nos tempos de falha $t_j, j = 1, \ldots, k$, tem-se que:

$$S(t_j) = (1 - q_1)(1 - q_2) \ldots (1 - q_j), \tag{2.3}$$

em que q_j é a probabilidade de um indivíduo morrer no intervalo $[t_{j-1}, t_j)$ sabendo que ele não morreu até t_{j-1} e considerando $t_0 = 0$. Ou seja, pode-se escrever q_j como:

$$q_j = P(T \in [t_{j-1}, t_j) | T \geq t_{j-1}). \tag{2.4}$$

Desta forma, a expressão geral de $S(t)$ é escrita em termos de probabilidades condicionais. O estimador de Kaplan-Meier se reduz, então, a estimar q_j que, adaptado da expressão (2.2), é dado por:

$$\widehat{q}_j = \frac{\text{n}^{\underline{o}} \text{ de falhas em } t_{j-1}}{\text{n}^{\underline{o}} \text{ de observações sob risco em } t_{j-1}}, \tag{2.5}$$

para $j = 1, \ldots, k + 1$, em que $t_{k+1} = \infty$.

A expressão geral do estimador de Kaplan-Meier pode ser apresentada após estas considerações preliminares. Formalmente, considere:

► $t_1 < t_2 \cdots < t_k$, os k tempos distintos e ordenados de falha,

► d_j o número de falhas em t_j, $j = 1, \ldots, k$, e

► n_j o número de indivíduos sob risco em t_j, ou seja, os indivíduos que não falharam e não foram censurados até o instante imediatamente anterior a t_j.

O estimador de Kaplan-Meier é, então, definido como:

$$\widehat{S}(t) = \prod_{j\,:\,t_j < t} \left(\frac{n_j - d_j}{n_j} \right) = \prod_{j\,:\,t_j < t} \left(1 - \frac{d_j}{n_j} \right). \tag{2.6}$$

Uma justificativa simples para a expressão (2.6) do estimador de Kaplan-Meier vem da decomposição de $S(t)$ em termos dos q_j's apresentada em (2.3). O estimador de Kaplan-Meier é obtido a partir de (2.6) se os q_j's forem estimados por d_j/n_j que foi expresso em palavras em (2.5). No artigo original, Kaplan e Meier justificam a expressão (2.6) mostrando que ela é o estimador de máxima verossimilhança de $S(t)$. Os principais passos desta prova são indicados a seguir. Suponha, como feito anteriormente, que d_j observações falham no tempo t_j, para $j = 1, \ldots, k$, e m_j observações são censuradas no intervalo $[t_j, t_{j+1})$, nos tempos $t_{j1}, \ldots, t_{jm_j}$. A probabilidade de falha no tempo t_j é, então,

$$S(t_j) - S(t_j+),$$

com $S(t_j+) = \lim_{\Delta t \to 0+} S(t_j + \Delta t)$, $j = 1, \ldots, k$. Por outro lado, a contribuição para a função de verossimilhança de um tempo de sobrevivência censurado em $t_{j\ell}$, para $\ell = 1, \ldots, m_j$, é:

$$P(T > t_{j\ell}) = S(t_{j\ell}+).$$

A função de verossimilhança pode, então, ser escrita como:

$$L(S(\cdot)) = \prod_{j=0}^{k} \left\{ \left[S(t_j) - S(t_j+) \right]^{d_j} \prod_{\ell=1}^{m_j} S(t_{j\ell}+) \right\}.$$

Pode-se mostrar que $S(t)$ que maximiza $L(S(\cdot))$ é exatamente a expressão (2.6). Esta definição do estimador de máxima verossimilhança é uma generalização do conceito usual utilizado em modelos paramétricos em que se tem tantos parâmetros quanto falhas distintas. Entretanto, o resultado de problemas como este, em que muitos parâmetros estão envolvidos, deve ser tratado com cuidado. Detalhes desta prova são encontrados em Kalbfleisch e Prentice (2002).

Naturalmente, o estimador de Kaplan-Meier se reduz à função de sobrevivência empírica (2.2) se não existirem censuras. Este estimador também mantém esta forma em estudos envolvendo os mecanismos de censura do

2.3. O Estimador de Kaplan-Meier

tipo I e II mas não atinge $\widehat{S}(t) = 0$, pois as últimas observações são censuradas.

A Tabela 2.2 mostra os cálculos das estimativas de Kaplan-Meier para a função de sobrevivência do grupo esteróide dos dados de hepatite. Observe que a última coluna desta tabela, correspondente às estimativas de Kaplan-Meier, são definidas à direita do degrau $(t+)$, pois $S(t)$ foi definida como contínua à esquerda. Assim, a estimativa de $S(5+)$ usando a expressão (2.6) fica:

$$\widehat{S}(5+) = (1 - 3/14)(1 - 1/9) = 0,698.$$

Observe que $\widehat{S}(6)$ é também igual a $0,698$, pois $\widehat{S}(t)$ é uma função escada com saltos somente nos tempos de falha.

A partir das estimativas apresentadas na Tabela 2.2, o mais prático é construir um gráfico, por meio do qual é possível responder a possíveis perguntas de interesse. Este gráfico é construído mantendo o valor de $\widehat{S}(t)$ constante entre os tempos de falha. A forma gráfica do estimador de Kaplan-Meier para os grupos esteróide e controle, é apresentada na Figura 2.3. As estimativas para o grupo controle são de simples cálculo, pois neste grupo existe somente um tempo distinto de falha. Em ambos os grupos, $\widehat{S}(t)$ não atinge o valor zero. Como foi dito, isto sempre acontece quando o maior tempo observado na amostra for uma censura.

As estimativas para o grupo esteróide apresentadas na Tabela 2.2, bem como as estimativas para o grupo controle e suas respectivas representações gráficas apresentadas na Figura 2.3, podem ser obtidas no pacote estatístico R por meio dos comandos apresentados a seguir:

```
> require(survival)
> tempos<-c(1,2,3,3,3,5,5,16,16,16,16,16,16,16,16,1,1,1,1,4,5,7,8,10,10,12,16,16,16)
> cens<-c(0,0,1,1,0,0,0,0,0,0,0,0,0,0,0,1,1,1,0,0,1,1,1,1,0,0,0,0,0)
> grupos<-c(rep(1,15),rep(2,14))
> ekm<- survfit(Surv(tempos,cens)~grupos)
> summary(ekm)
> plot(ekm, lty=c(2,1), xlab="Tempo (semanas)",ylab="S(t) estimada")
> legend(1,0.3,lty=c(2,1),c("Controle","Esteróide"),lwd=1, bty="n")
```

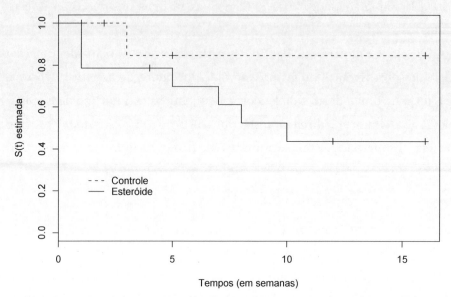

Figura 2.3: Estimativas de Kaplan-Meier para os grupos controle e esteróide dos dados de hepatite apresentados na Seção 1.5.1. Os tempos representados por + mostram onde ocorreram censuras em cada grupo.

As principais propriedades do estimador de Kaplan-Meier são basicamente as seguintes:

i) é não-viciado para amostras grandes,

ii) é fracamente consistente,

iii) converge assintoticamente para um processo gaussiano e

iv) é estimador de máxima verossimilhança de $S(t)$.

A consistência e normalidade assintótica de $\widehat{S}(t)$ foram provadas, sob certas condições de regularidade, por Breslow e Crowley (1974) e Meier (1975) e, no artigo original, Kaplan e Meier (1958) mostram que $\widehat{S}(t)$ é o estimador de máxima verossimilhança de $S(t)$.

Para que se possa construir intervalos de confiança e testar hipóteses para $S(t)$, é necessário, no entanto, avaliar a precisão do estimador de

2.3. O Estimador de Kaplan-Meier

Kaplan-Meier. Este estimador, assim como outros, está sujeito a variações que devem ser descritas em termos de estimações intervalares. A variância assintótica do estimador de Kaplan-Meier é estimada pela fórmula de Greenwood expressa por:

$$\widehat{Var}(\widehat{S}(t)) = \left[\widehat{S}(t)\right]^2 \sum_{j:t_j<t} \frac{d_j}{n_j(n_j-d_j)}. \tag{2.7}$$

A expressão (2.7) pode ser obtida a partir de propriedades do estimador de máxima verossimilhança. Estas propriedades são apresentadas no Capítulo 3 no contexto de modelos paramétricos. Os detalhes da prova de (2.7) podem ser encontrados em Kalbfleisch e Prentice (2002). A estimativa da variância de $\widehat{S}(5+)$, para o exemplo considerado, é, então, dada por:

$$\widehat{Var}(\widehat{S}(5+)) = (0,698)^2 \left[\frac{3}{(14)(11)} + \frac{1}{(9)(8)}\right] = 0,0163.$$

Como $\widehat{S}(t)$, para t fixo, tem distribuição assintótica Normal, segue que um intervalo aproximado de $100(1-\alpha)\%$ de confiança para $S(t)$ é dado por:

$$\widehat{S}(t) \pm z_{\alpha/2}\sqrt{\widehat{Var}\left(\widehat{S}(t)\right)},$$

em que $\alpha/2$ denota o $\alpha/2$-percentil da distribuição Normal padrão. O intervalo de 95% de confiança para $S(5+)$ é $0,698 \pm 1,96\sqrt{0,0163}$, ou seja, $(0,45;0,95)$. Para obtenção deste intervalo no R deve-se usar:

```
> ekm<- survfit(Surv(tempos,cens)~grupos,conf.type="plain")
> summary(ekm)
```

Entretanto, para valores extremos de t, este intervalo de confiança pode apresentar limite inferior negativo ou limite superior maior do que 1. Nesses casos, o problema é resolvido utilizando-se uma transformação para $S(t)$ como, por exemplo, $\widehat{U}(t) = \log[-\log(\widehat{S}(t))]$, sugerida por Kalbfleish e Prentice (2002), que tem variância assintótica estimada por:

$$\widehat{Var}(\widehat{U}(t)) = \frac{\displaystyle\sum_{j\,:\,t_j < t} \frac{d_j}{n_j(n_j - d_j)}}{\left[\displaystyle\sum_{j\,:\,t_j < t} \log\left(\frac{n_j - d_j}{n_j}\right)\right]^2} = \frac{\displaystyle\sum_{j\,:\,t_j < t} \frac{d_j}{n_j(n_j - d_j)}}{\left[\log \widehat{S}(t)\right]^2}.$$

Assim, um intervalo aproximado de $100(1-\alpha)\%$ de confiança para $S(t)$ é dado por:

$$\left[\widehat{S}(t)\right]^{\exp\left\{\pm z_{\alpha/2}\sqrt{\widehat{Var}(\widehat{U}(t))}\right\}}, \tag{2.8}$$

que assume valores no intervalo $[0,1]$ e resulta no intervalo $(0,38;0,88)$ de 95% de confiança para $S(5+)$ no exemplo dos dados de esteróide. Este intervalo é obtido no R por meio dos comandos:

```
> ekm<- survfit(Surv(tempos,cens)~grupos,conf.type="log-log")
> summary(ekm)
```

O leitor pode consultar o *help* do R para mais informações sobre os tipos de intervalos disponíveis. Os intervalos produzidos por *default* neste pacote usam a transformação $\widehat{U}(t) = \log[\widehat{S}(t)]$ sendo, os mesmos, obtidos equivalentemente por uma das duas linhas de comandos apresentadas a seguir:

```
> ekm<- survfit(Surv(tempos,cens)~grupos,conf.type="log")
> ekm<- survfit(Surv(tempos,cens)~grupos)
```

2.4   Outros Estimadores Não-Paramétricos

Como foi dito anteriormente, o estimador de Kaplan-Meier é, sem dúvida, o mais utilizado para se estimar $S(t)$ em análise de sobrevivência. Existem muitos pacotes estatísticos que disponibilizam este estimador e ele também é apresentado em vários textos de estatística básica. Entretanto, outros dois estimadores de $S(t)$ têm importância na literatura mais especializada

2.4. Outros Estimadores Não-Paramétricos 43

desta área. Eles são: o estimador de Nelson-Aalen e o estimador da tabela de vida. O primeiro, de Nelson-Aalen, é mais recente que o de Kaplan-Meier e apresenta, aparentemente, propriedades similares ao deste último. O segundo tem uma importância histórica, pois foi utilizado em informações provenientes de censos demográficos para, essencialmente, estimar características associadas ao tempo de vida dos seres humanos. Este estimador foi proposto por demógrafos e atuários no final do século XIX e utilizado basicamente em grandes amostras.

2.4.1 Estimador de Nelson-Aalen

Este estimador, como mencionado anteriormente, é mais recente do que o de Kaplan-Meier e baseia-se na função de sobrevivência expressa por:

$$S(t) = \exp\Big\{-\Lambda(t)\Big\},$$

em que $\Lambda(t)$ é a função de taxa de falha acumulada definida na Seção 1.6.3.

Um estimador para $\Lambda(t)$ foi inicialmente proposto por Nelson (1972) e retomado por Aalen (1978), que provou suas propriedades assintóticas usando processos de contagem. Este estimador é denominado na literatura por Nelson-Aalen e tem a seguinte forma:

$$\widetilde{\Lambda}(t) = \sum_{j:\, t_j < t} \left(\frac{d_j}{n_j}\right), \tag{2.9}$$

em que d_j e n_j são definidos como no estimador de Kaplan-Meier. Um estimador da variância de $\widetilde{\Lambda}(t)$, proposto por Aalen (1978), é dado por:

$$\widehat{Var}(\widetilde{\Lambda}(t)) = \sum_{j:\, t_j < t} \left(\frac{d_j}{n_j^2}\right). \tag{2.10}$$

Um estimador alternativo para esta variância proposto por Klein (1991) é:

$$\widehat{Var}(\widetilde{\Lambda}(t)) = \sum_{j:\, t_j < t} \frac{(n_j - d_j)\, d_j}{n_j^3},$$

mas, por apresentar menor vício, o estimador (2.10) é preferível a este último.

Desse modo, e com base no estimador de Nelson-Aalen, um estimador para a função de sobrevivência é expresso por:

$$\widetilde{S}(t) = \exp\left\{-\widetilde{\Lambda}(t)\right\}.$$

A variância desse estimador, devido a Aalen e Johansen (1978), pode ser estimada por:

$$\widehat{Var}(\widetilde{S}(t)) = \left[\widetilde{S}(t)\right]^2 \sum_{j:\, t_j < t} \left(\frac{d_j}{n_j^2}\right),$$

ou, alternativamente, substituindo-se $\widehat{S}(t)$ por $\widetilde{S}(t)$ na expressão (2.7).

O estimador $\widetilde{S}(t)$ e o de Kaplan-Meier apresentam, na maioria das vezes, estimativas muito próximas para $S(t)$. Bohoris (1994) mostrou que $\widetilde{S}(t) \geq \widehat{S}(t)$ para todo t, ou seja, as estimativas obtidas por meio do estimador de Nelson-Aalen são maiores ou iguais às obtidas por meio do estimador de Kaplan-Meier. A Tabela 2.3 apresenta as estimativas de Nelson-Aalen para o grupo esteróide dos dados de hepatite. Observe que estas estimativas são bem próximas das de Kaplan-Meier mostradas na Tabela 2.2, mesmo neste caso em que a amostra é relativamente pequena.

Tabela 2.3: Estimativas de Nelson-Aalen para o grupo esteróide.

t_j	n_j	d_j	$\widetilde{\Lambda}(t_j+)$	$\widetilde{S}(t_j+)$	e.p.$(\widetilde{S}(t_j+))$	I.C.$(S(t_j+))_{95\%}$
0	14	0	0	1	–	–
1	14	3	0,214	0,807	0,0999	(0,633; 1,000)
5	9	1	0,325	0,722	0,1201	(0,521; 1,000)
7	8	1	0,450	0,637	0,1326	(0,424; 0,958)
8	7	1	0,593	0,553	0,1394	(0,337; 0,906)
10	6	1	0,760	0,468	0,1414	(0,259; 0,846)

O estimador de Kaplan-Meier tem a vantagem de estar disponível em

2.4. Outros Estimadores Não-Paramétricos

vários pacotes estatísticos, o que não acontece em geral com o de Nelson-Aalen. No pacote estatístico R, por exemplo, as estimativas de Nelson-Aalen para o grupo esteróide dos dados de hepatite apresentadas na Tabela 2.3 podem ser obtidas por meio dos comandos:

```
> require(survival)
> tempos<-c(1,2,3,3,3,5,5,16,16,16,16,16,16,16,16,1,1,1,1,4,5,7,8,10,10,12,16,16,16)
> cens<-c(0,0,1,1,0,0,0,0,0,0,0,0,0,0,0,1,1,1,0,0,1,1,1,1,0,0,0,0,0)
> grupos<-c(rep(1,15),rep(2,14))
> ss<-survfit(coxph(Surv(tempos[grupos==2],cens[grupos==2])~1,method="breslow"))
> summary(ss)
> racum<- -log(ss$surv)
> racum
```

Cabe aqui uma observação final sobre a função $\Lambda(t)$. Ela não tem interpretação probabilística mas tem utilidade na seleção de modelos. O gráfico da estimativa desta função, em papéis especiais, é utilizado para verificar a adequação de modelos paramétricos. Este ponto é discutido em mais detalhes no Capítulo 4.

2.4.2 Estimador da Tabela de Vida ou Atuarial

A construção de uma tabela de vida consiste em dividir o eixo do tempo em um certo número de intervalos. Suponha que o eixo do tempo seja dividido em s intervalos definidos pelos pontos de corte, $t_1, t_2, \ldots, t_s$. Isto é, $I_j = [t_{j-1}, t_j)$, para $j = 1, \ldots, s$, em que $t_0 = 0$ e $t_s = +\infty$. O estimador da tabela de vida apresenta a forma (2.3) do estimador de Kaplan-Meier, mas utiliza um estimador ligeiramente diferente para q_j, uma vez que, neste caso, tem-se para d_j e n_j que:

i) $d_j = $ nº de falhas no intervalo $[t_{j-1}, t_j)$ e

ii) $n_j = \left[\text{nº sob risco em } t_{j-1} \right] - \left[\frac{1}{2} \times \text{nº de censuras em } [t_{j-1}, t_j) \right]$.

Assim, a estimativa para q_j na tabela de vida é dada por:

$$\widehat{q}_j = \frac{\text{n}^{\underline{o}} \text{ de falhas no intervalo } [t_{j-1}, t_j)}{\left[\text{n}^{\underline{o}} \text{ sob risco em } t_{j-1}\right] - \left[\frac{1}{2} \times \text{n}^{\underline{o}} \text{ de cens. em } [t_{j-1}, t_j)\right]}. \qquad (2.11)$$

A explicação para o segundo termo do denominador da expressão (2.11) é que observações para as quais a censura ocorreu no intervalo $[t_{j-1}, t_j)$ são tratadas como se estivessem sob risco durante a metade do intervalo considerado.

Utilizando-se a expressão (2.3), o estimador da tabela de vida fica expresso por:

$$\widehat{S}(t) = \prod_{i=1}^{j}(1 - \widehat{q}_{i-1}), \qquad t \in I_j,$$

para $j = 1, \ldots, s$ e $\widehat{q}_0 = 0$. A representação gráfica da função de sobrevivência é uma escada, com valor constante em cada intervalo de tempo.

Suponha o exemplo da hepatite com os dados do grupo esteróide divididos em 4 intervalos: $[0, 5)$, $[5, 10)$, $[10, 15)$ e $[15, 16)$. A estimativa de q_2 correspondente ao intervalo $[5, 10)$ é:

$$\widehat{q}_2 = \frac{3}{9} = 0,33.$$

Isto significa que a probabilidade de morte até a $10^{\underline{a}}$ semana da terapia com esteróide para aqueles que sobreviveram à $5^{\underline{a}}$ semana é de 33,3%. O cálculo pode ser estendido da mesma forma para os outros intervalos e estes valores são mostrados na Tabela 2.4.

A estimativa para a função de sobrevivência no tempo $t = 10$ semanas é:

$$\widehat{S}(10) = (1 - 0,231)(1 - 0,333) = 0,513.$$

Isto significa que um paciente no grupo esteróide tem uma probabilidade de 51,3% de sobreviver a 10 semanas de tratamento. Na Tabela 2.4 estão também apresentados os valores estimados da função de sobrevivência para os outros intervalos de tempo.

Tabela 2.4: Estimativas da tabela de vida para o grupo esteróide.

Intervalo I_j	Nº sob risco	Nº de falhas	Nº de censuras	$\widehat{q}_j$	$(1 - \widehat{q}_j)$	$\widehat{S}(t)$
$[0, 5)$	14	3	2	0,231	0,769	1,0
$[5, 10)$	9	3	0	0,333	0,667	0,769
$[10, 15)$	6	1	2	0,200	0,800	0,513
$[15, 16)$	3	0	3	0,000	1,000	0,410

A variância assintótica de $\widehat{S}(t)$ é estimada, neste caso, por:

$$\widehat{Var}(\widehat{S}(t)) \cong \left[\widehat{S}(t)\right]^2 \sum_{\ell=1}^{j} \frac{\widehat{q}_\ell}{n_\ell \left(1 - \widehat{q}_\ell\right)}, \qquad t \in I_j,$$

para $j = 1, \ldots, s$.

2.4.3 Comparação dos Estimadores de $S(t)$

A grande diferença entre os estimadores de $S(t)$ está no número de intervalos utilizados para a construção de cada um deles. O estimador de Kaplan-Meier e o de Nelson-Aalen são sempre baseados em um número de intervalos igual ao número de tempos de falha distintos, enquanto que, na tabela de vida, os tempos de falha são agrupados em intervalos de forma arbitrária. Isto faz com que a estimativa obtida pelo estimador de Kaplan-Meier seja baseada freqüentemente em um número de intervalos maior que a estimativa obtida por meio da tabela de vida.

No exemplo discutido nesta seção, o eixo do tempo foi dividido em cinco intervalos de tempo, correspondendo a cada falha distinta, para o estimador de Kaplan-Meier, enquanto que, no estimador da tabela de vida foram utilizados quatro intervalos de tempo. É natural esperar que quanto maior o número de intervalos, melhor será a aproximação para a verdadeira distribuição do tempo de falha. Pode-se então perguntar: por que não usar cinco ou mais intervalos para o cálculo do estimador da tabela de vida? Isto poderia ser feito. No entanto, observa-se, na prática, que isto não acontece devido às suas origens. A justificativa reside no fato deste estimador ter sido proposto por demógrafos e atuários no século passado e usado sempre em grandes amostras (por exemplo, proveniente de censos demográficos). A divisão em um número arbitrário e grande de intervalos é justificada por ser a amostra muito grande, o que não acontece em resultados provenientes de estudos clínicos ou ensaios de confiabilidade.

O uso da tabela de vida, considerando um número igual ou maior de intervalos que o do estimador de Kaplan-Meier, gera estimativas *exatamente* iguais às estimativas de Kaplan-Meier, se o mecanismo de censura for do tipo I ou do tipo II. Entretanto, se o mecanismo de censura for do tipo aleatório, as estimativas são próximas, mas não necessariamente coincidentes.

Nesta última situação, alguns autores estudaram as propriedades assintóticas dos dois estimadores. Estes estudos mostraram a superioridade do estimador de Kaplan-Meier. Ele é um estimador não-viciado para a função de sobrevivência em grandes amostras, enquanto o estimador da tabela de vida não o é, com um vício que fica pequeno à medida que o comprimento dos intervalos diminui. Com amostras de pequeno ou médio porte, existe também alguma evidência empírica da superioridade do estimador de Kaplan-Meier. Desta forma, o mais indicado é, então, usar o estimador de Kaplan-Meier ou eventualmente o de Nelson-Aalen, em vez daquele da tabela de vida, quando o interesse do pesquisador se concentrar em informações provenientes da função de sobrevivência.

2.5 Estimação de Quantidades Básicas

A utilização direta da curva de Kaplan-Meier nos informa a probabilidade estimada de sobrevivência para um determinado tempo. Um exemplo é a probabilidade do paciente sobreviver a 12 semanas de tratamento. A esti-

2.5. Estimação de Quantidades Básicas

mativa de Kaplan-Meier para este valor é diretamente obtida da Figura 2.3 e é igual a 44%. Se o valor do tempo de interesse estiver ao longo de um degrau da curva de Kaplan-Meier, pode-se também utilizar uma interpolação linear. Por exemplo, como havia sido observado na Seção 2.3, a probabilidade estimada de um paciente do grupo esteróide sobreviver a 6 semanas obtida diretamente da curva de Kaplan-Meier é de $0,698$. No entanto, se a interpolação linear for utilizada, obtém-se:

$$\frac{7-5}{0,611-0,698} = \frac{6-5}{\widehat{S}(6)-0,698},$$

cuja solução é a estimativa de 0,655. Esta última estimativa deve ser preferida (Colosimo et al., 2002).

A partir da curva de Kaplan-Meier também é possível obter estimativas de percentis. Uma informação muito útil é o tempo mediano de vida $(t_{0,5})$. Como a curva de Kaplan-Meier é uma função escada, a estimativa mais adequada para o tempo mediano é novamente obtida por meio de uma interpolação linear. Isto é,

$$\frac{10-8}{0,437-0,524} = \frac{t_{0,5}-8}{0,50-0,524},$$

cuja solução é a estimativa de 8,55 semanas. Esta forma de estimar estes valores é equivalente a conectar por retas as estimativas de Kaplan-Meier, em vez de se utilizar $\widehat{S}(t)$ na forma de escada. Esta forma usualmente gera uma melhor representação da distribuição contínua dos tempos de vida (Colosimo et al., 2002). De forma análoga, pode-se obter estimativas de outros percentis da distribuição dos tempos de vida dos pacientes.

A variância assintótica do estimador de percentis $(\widehat{t}_p)$ é expressa por:

$$Var(\widehat{t}_p) = \frac{Var\left(\widehat{S}(\widehat{t}_p)\right)}{\left[f(\widehat{t}_p)\right]^2}.$$

A dificuldade em se obter uma estimativa para $f(\widehat{t}_p)$ inviabiliza a utilização desta expressão. Brookmeyer e Crowley (1982) propõem um estimador alternativo para a mediana invertendo a região de rejeição de um teste não-paramétrico que não necessita estimar $f(\widehat{t_p})$.

Outra quantidade que pode ser de interesse é o tempo médio de vida do paciente. Esta quantidade, no entanto, nem sempre é estimada adequadamente utilizando estimadores não-paramétricos em estudos incluindo censuras. Pode ser mostrado, por argumentos probabilísticos, que o tempo médio de vida é dado pela área (integral) sob a função de sobrevivência. Uma estimativa para o tempo médio é então obtida calculando-se a área sob a curva de Kaplan-Meier estimada. Como esta curva é uma função escada, esta integral é simplesmente a soma de áreas de retângulos, isto é,

$$\widehat{t_m} = t_1 + \sum_{j=1}^{k-1} \widehat{S}(t_j)(t_{j+1} - t_j),$$

em que $t_1 < \cdots < t_k$ são os k tempos distintos e ordenados de falha.

Entretanto, surge um problema se o maior tempo observado for uma censura. Isto acontece com freqüência em estudos clínicos, como é o caso dos dados de hepatite. Neste caso, a curva de Kaplan-Meier não atinge o valor zero e o valor do tempo médio de vida fica subestimado. Nesses casos, tal estimativa deve ser interpretada com bastante cuidado ou talvez até mesmo evitada. Uma alternativa é utilizar o tempo mediano em vez do tempo médio de vida. Ambos são medidas de tendência central, representando um valor típico da distribuição do tempo de vida da população sob estudo. O tempo mediano, no entanto, pode ser obtido facilmente da função de sobrevivência que foi estimada anteriormente para os pacientes do grupo esteróide. Uma outra forma de se estimar o tempo médio de vida é apresentada no Capítulo 3. Nesta forma, utilizam-se os modelos paramétricos para dados de sobrevivência.

Kaplan e Meier (1958) mostraram que a variância de $\widehat{t_m}$ é estimada por:

$$\widehat{Var}(\widehat{t_m}) = \sum_{j=1}^{r-1} (A_j)^2 \left[\frac{d_j}{n_j(n_j - d_j)} \right],$$

2.5. Estimação de Quantidades Básicas

em que r é o número de falhas distintas e A_j é a área sob a curva $\widehat{S}(t)$ à direita de t_j, isto é, $A_j = \widehat{S}(t_j)(t_{j+1} - t_j) + \cdots + \widehat{S}(t_{r-1})(t_r - t_{r-1})$. Como tal variância é viciada, Kaplan e Meier sugerem multiplicá-la por $m/(m-1)$, com m o número total de falhas, para correção desse vício.

Outra quantidade possivelmente de interesse é o tempo médio restante de vida daqueles pacientes que se encontram livres do evento em um determinado tempo t. Como visto na Seção 1.6.4, este tempo é estimado pela área sob a curva de sobrevivência à direita de t dividido por $\widehat{S}(t)$, isto é,

$$\widehat{\mathrm{vmr}}(t) = \frac{\text{área sob a curva } \widehat{S}(t) \text{ à direita de } t}{\widehat{S}(t)}.$$

Este estimador apresenta as mesmas limitações de $\widehat{t}_m$.

2.5.1 Exemplo: Reincidência de Tumor Sólido

A título de ilustração, considere este outro exemplo em que se deseja avaliar os tempos de reincidência de 10 pacientes com tumor sólido (Lee e Wang, 2003). Dos 10 pacientes, seis deles apresentaram reincidência aos 3; 6,5; 6,5; 10; 12 e 15 meses de seus respectivos ingressos no estudo; um deles não retornou após 8,4 meses de acompanhamento e três deles permaneceram sem reincidência após 4; 5,7 e 10 meses de acompanhamento. Os esquemas que ilustram hipoteticamente o acompanhamento dos pacientes deste estudo são apresentados na Figura 2.4. Do esquema (a), apresentado nesta figura, observa-se que o experimento foi planejado para durar 18 meses e teve início com três pacientes. Após ter decorrido um mês do início do experimento, ocorreu o ingresso do quarto paciente e assim sucessivamente, até o décimo paciente, que ingressou após decorridos 14 meses de andamento do experimento. O esquema apresentado em (b) mostra, por sua vez, quanto tempo cada paciente permaneceu no estudo. Note que o uso do referencial "zero" neste último esquema possibilita que o tempo até a ocorrência da falha ou da censura de cada paciente sob estudo seja observado de maneira mais fácil e direta do que no esquema (a).

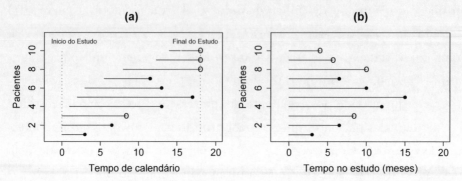

Figura 2.4: (a) esquema ilustrativo dos ingressos no estudo dos pacientes com tumor sólido e seus respectivos períodos de permanência no mesmo; (b) esquema ilustrativo dos tempos até a ocorrência de falha (•) ou censura (o) dos pacientes deste mesmo estudo.

Para os dados desse exemplo, as estimativas da função de sobrevivência $S(t)$ e seus respectivos intervalos de 95% de confiança, obtidos utilizando-se o estimador de Kaplan-Meier, encontram-se na Tabela 2.5. Para obtenção das estimativas pontuais e intervalares utilizou-se, no R, os comandos:

```
> require(survival)
> tempos<- c(3,4,5.7,6.5,6.5,8.4,10,10,12,15)
> cens<- c(1,0,0,1,1,0,1,0,1,1)
> ekm<- survfit(Surv(tempos,cens)~1,conf.type="plain")
> summary(ekm)
```

A partir da Tabela 2.5, segue que:

$$\widehat{S}(t) = \begin{cases} 1 \text{ se t} < 3 \\ 0{,}9 \text{ se } 3 \leq \text{t} < 6{,}5 \\ 0{,}643 \text{ se } 6{,}5 \leq \text{t} < 10 \\ 0{,}482 \text{ se } 10 \leq \text{t} < 12 \\ 0{,}241 \text{ se } 12 \leq \text{t} < 15 \\ 0 \text{ se t} \geq 15. \end{cases}$$

A representação gráfica de $\widehat{S}(t)$, com os respectivos intervalos de 95% de confiança para todo t tal que $0 \leq t \leq 15$ é mostrada na Figura 2.5 e foi obtida no R por meio dos comandos:

2.5. Estimação de Quantidades Básicas

Tabela 2.5: Estimativas obtidas por meio do estimador de Kaplan-Meier.

Tempos	n_j	d_j	$\left(1 - \frac{d_j}{n_j}\right)$	$\widehat{S}(t+)$	Erro-padrão de $\widehat{S}(t+)$	$I.C._{95\%}(S(t+))$
0	10	0	1	1,0		
3	10	1	9/10	0,900	0,0949	(0,714; 1,000)
6,5	7	2	5/7	0,643	0,1679	(0,314; 0,972)
10	4	1	3/4	0,482	0,1877	(0,114; 0,850)
12	2	1	1/2	0,241	0,1946	(0,000; 0,622)
15	1	1	0	0,000	—	—

```
> plot(ekm,conf.int=T,  xlab="Tempos (em meses)", ylab="S(t) estimada", bty="n")
```

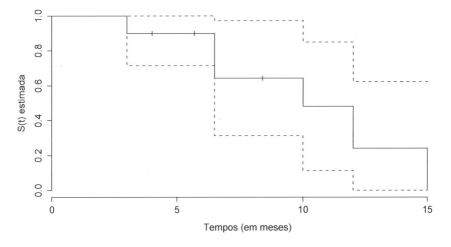

Figura 2.5: Sobrevivência e respectivos intervalos de 95% de confiança estimados a partir do estimador de Kaplan-Meier para os dados de tumor sólido.

Note, a partir da Tabela 2.5 e também da Figura 2.5, que os intervalos de confiança obtidos para $\widehat{S}(t)$ são relativamente amplos. Isto se deve, em particular, ao tamanho amostral relativamente pequeno ($n = 10$), incluindo 4 censuras.

Para o tempo mediano, obtido por meio de uma interpolação linear, tem-se que:

$$\frac{10 - 6,5}{0,482 - 0,643} = \frac{t_{0,5} - 6,5}{0,50 - 0,643},$$

cuja solução é 9,6 meses. Assim, 9,6 meses é uma estimativa do tempo em que 50% dos pacientes permanecem vivos. Tem-se, ainda, para os pacientes deste exemplo, um tempo médio de vida estimado de $\widehat{t_m} = 10{,}1$ meses. Tal estimativa pode ser obtida no R por meio dos comandos:

```
> t<- tempos[cens==1]
> tj<-c(0,as.numeric(levels(as.factor(t))))
> surv<-c(1,as.numeric(levels(as.factor(ekm$surv))))
> surv<-sort(surv, decreasing=T)
> k<-length(tj)-1
> prod<-matrix(0,k,1)
>   for(j in 1:k){
>     prod[j]<-(tj[j+1]-tj[j])*surv[j]
>   }
> tm<-sum(prod)
> tm
```

Observe, neste exemplo, que o tempo médio apresenta-se bem estimado, uma vez que o maior tempo observado trata-se de uma falha. O mesmo não seria verdade, como discutido anteriormente, se o referido tempo correspondesse a uma censura. A variância estimada de $\widehat{t_m}$ resultou em:

$$\widehat{Var}(\widehat{t_m}) = \left[\frac{1 \times (A_1)^2}{10 \times 9} + \frac{2 \times (A_2)^2}{7 \times 5} + \frac{1 \times (A_3)^2}{4 \times 3} + \frac{1 \times (A_4)^2}{2 \times 1} \right] = 1,943,$$

em que:

$A_1 = 0,9(6,5 - 3) + 0,643(10 - 6,5) + 0,482(12 - 10) + 0,241(15 - 12) = 7,088$

$A_2 = 0,643(10 - 6,5) + 0,482(12 - 10) + 0,241(15 - 12) = 3,938$

$A_3 = 0,482(12 - 10) + 0,241(15 - 12) = 1,687$

$A_4 = 0,241(15 - 12) = 0,723.$

Se o fator de correção $m/(m - 1) = 6/5$ for considerado, $\widehat{Var}(\widehat{t_m}) = 2{,}33$.

2.6. Comparação de Curvas de Sobrevivência

Para pacientes que sobreviverem até, por exemplo, o tempo $t = 10$ meses, estima-se, também, que os mesmos tenham um tempo médio de vida restante de:

$$\widehat{\text{vmr}}(10) = \frac{\text{área sob a curva } \widehat{S}(t) \text{ à direita de } t=10}{\widehat{S}(10)} = 3,5 \text{ meses.}$$

2.6 Comparação de Curvas de Sobrevivência

O estudo clínico controlado, apresentado na Seção 1.5.1, foi realizado para investigar o efeito da terapia com esteróide no tratamento de hepatite viral aguda. Isto significa que o objetivo principal do estudo é comparar o grupo tratado com esteróide e o controle. Um procedimento natural usaria os resultados assintóticos de $\widehat{S}(t)$, apresentados na seção anterior, para testar a igualdade de funções de sobrevivência em um determinado tempo t. Esta forma, no entanto, não faria uso eficiente dos dados disponíveis, pois não se estaria usando todo o período do estudo. Estatísticas mais comumente usadas podem ser vistas como generalizações para dados censurados de testes não-paramétricos conhecidos. O teste *logrank* (Mantel, 1966) é o mais usado em análise de sobrevivência. Gehan (1965) propôs uma generalização para a estatística de Wilcoxon. Outras generalizações foram propostas por Peto e Peto (1972) e Prentice (1978), entre outros. Latta (1981) fez uso de simulações de Monte Carlo para comparar vários testes não-paramétricos.

Neste texto, ênfase será dada ao teste *logrank*. Este teste é muito utilizado em análise de sobrevivência e é particularmente apropriado quando a razão das funções de taxa de falha dos grupos a serem comparados é aproximadamente constante. Isto é, as populações têm a propriedade de taxas de falha proporcionais. A estatística deste teste é a diferença entre o número observado de falhas em cada grupo e uma quantidade que, para muitos propósitos, pode ser pensada como o correspondente número esperado de falhas sob a hipótese nula. A expressão do teste *logrank* é obtida de forma similar a do conhecido teste de Mantel-Haenszel (1959), para combinar tabelas de contingência. O teste *logrank* tem, também, a mesma expressão do teste escore para o modelo de regressão de Cox que será apresentado no Capítulo 5. Outros testes também são apresentados nesta seção.

Considere, inicialmente, o teste de igualdade de duas funções de sobrevivência $S_1(t)$ e $S_2(t)$. Sejam $t_1 < t_2 < \ldots < t_k$ os tempos de falha distintos da amostra formada pela combinação das duas amostras individuais. Suponha que no tempo t_j aconteçam d_j falhas e que n_j indivíduos estejam sob risco em um tempo imediatamente inferior a t_j na amostra combinada e, respectivamente, d_{ij} e n_{ij} na amostra i; $i = 1, 2$ e $j = 1, \ldots, k$. Em cada tempo de falha t_j, os dados podem ser dispostos em forma de uma tabela de contingência 2 x 2 com d_{ij} falhas e $n_{ij} - d_{ij}$ sobreviventes na coluna i. Isto é mostrado na Tabela 2.6.

Tabela 2.6: Tabela de contingência obtida no tempo t_j.

	Grupos		
	1	2	Totais
Falha	d_{1j}	d_{2j}	d_j
Não Falha	$n_{1j} - d_{1j}$	$n_{2j} - d_{2j}$	$n_j - d_j$
Totais	n_{1j}	n_{2j}	n_j

Condicional à experiência de falha e censura até o tempo t_j (fixando as marginais coluna) e ao número de falhas no tempo t_j (fixando as marginais linha), a distribuição de d_{2j} é, então, uma hipergeométrica:

$$\frac{\binom{n_{1j}}{d_{1j}} \binom{n_{2j}}{d_{2j}}}{\binom{n_j}{d_j}}.$$

A média de d_{2j} é $w_{2j} = n_{2j} d_j n_j^{-1}$, o que equivale a dizer que, se não houver diferença entre as duas populações no tempo t_j, o número total de falhas (d_j) pode ser dividido entre as duas amostras de acordo com a razão

2.6. Comparação de Curvas de Sobrevivência

entre o número de indivíduos sob risco em cada amostra e o número total sob risco. A variância de d_{2j} obtida a partir da distribuição hipergeométrica é:

$$(V_j)_2 = n_{2j}(n_j - n_{2j})d_j(n_j - d_j)n_j^{-2}(n_j - 1)^{-1}.$$

Então, a estatística $d_{2j} - w_{2j}$ tem média zero e variância $(V_j)_2$. Se as k tabelas de contingência forem independentes, um teste aproximado para a igualdade das duas funções de sobrevivência pode ser baseado na estatística:

$$T = \frac{\left[\sum_{j=1}^{k}(d_{2j} - w_{2j})\right]^2}{\sum_{j=1}^{k}(V_j)_2}, \qquad (2.12)$$

que, sob a hipótese nula H_0: $S_1(t) = S_2(t)$ para todo t no período de acompanhamento, tem uma distribuição qui-quadrado com 1 grau de liberdade para grandes amostras.

O objetivo principal do estudo dos dados de hepatite é comparar a terapia com esteróide e o grupo controle. As curvas de Kaplan-Meier para os dois grupos apresentadas na Figura 2.3 indicam que, possivelmente, a terapia com esteróide não é um tratamento adequado para pacientes com hepatite viral aguda. No entanto, é necessária uma evidência quantitativa deste fato e, sendo assim, foi utilizado um teste de significância. O valor do teste *logrank* para a comparação entre os dois grupos resultou em $T = 3,67$, e correspondente valor $p = 0,055$, indicando uma diferença entre as duas curvas de sobrevivência. O valor deste teste e seu correspondente valor p podem ser obtidos no pacote estatístico R por meio dos comandos:

```
> require(survival)
> tempos<-c(1,2,3,3,3,5,5,16,16,16,16,16,16,16,16,1,1,1,1,4,5,7,8,10,10,12,16,16,16)
> cens<-c(0,0,1,1,0,0,0,0,0,0,0,0,0,0,0,1,1,1,0,0,1,1,1,1,0,0,0,0,0)
> grupos<-c(rep(1,15),rep(2,14))
> survdiff(Surv(tempos,cens)~grupos,rho=0)
```

A generalização do teste *logrank* para a igualdade de $r > 2$ funções de sobrevivência $S_1(t), \ldots, S_r(t)$ não é complicada. Considere a mesma notação anterior, com o índice i variando, agora, entre 1 e r. Desta forma,

58   *Capítulo 2. Técnicas Não-Paramétricas*

os dados podem ser arranjados em forma de uma tabela de contingência $2 \times r$ com d_{ij} falhas e $n_{ij} - d_{ij}$ sobreviventes na coluna i. Ou seja, a Tabela 2.6 passaria a ter r colunas em vez de simplesmente duas.

Condicional à experiência de falha e censura até o tempo t_j e ao número de falhas no tempo t_j, a distribuição conjunta de $d_{2j}, \ldots, d_{rj}$ é, então, uma hipergeométrica multivariada, isto é,

$$\frac{\displaystyle\prod_{i=1}^{r} \binom{n_{ij}}{d_{ij}}}{\binom{n_j}{d_j}}.$$

A média de d_{ij} é $w_{ij} = n_{ij}d_j n_j^{-1}$, bem como a variância de d_{ij} e a covariância de d_{ij} e d_{lj} são, respectivamente,

$$(V_j)_{ii} = n_{ij}(n_j - n_{ij})d_j(n_j - d_j)n_j^{-2}(n_j - 1)^{-1}$$

e

$$(V_j)_{il} = -n_{ij}n_{lj}d_j(n_j - d_j)n_j^{-2}(n_j - 1)^{-1}.$$

Então, a estatística $v'_j = (d_{2j} - w_{2j}, \ldots, d_{rj} - w_{rj})$ tem média zero e matriz de variância-covariância V_j de dimensão $r - 1$, com $(V_j)_{ii}, i = 2, \ldots, r$, na diagonal principal e os elementos $(V_j)_{il}, i, l = 2, \ldots, r$ fora da diagonal principal. Pode-se, então, construir a estatística v, somando sobre todos os tempos distintos de falha, isto é,

$$v = \sum_{j}^{k} v_j,$$

com v um vetor de dimensão $(r - 1) \times 1$, cujos elementos são as diferenças entre os totais observados e esperados de falha.

Considerando, novamente, a suposição de que as k tabelas de contingência são independentes, a variância da estatística v será $V = V_1 +$

2.6. Comparação de Curvas de Sobrevivência

$\ldots + V_k$. Um teste aproximado para a igualdade das r funções de sobrevivência pode ser baseado na estatística:

$$T = v'V^{-1}v, \tag{2.13}$$

que, sob H_0 (igualdade das curvas), tem uma distribuição qui-quadrado com $r - 1$ graus de liberdade para amostras grandes. Os graus de liberdade são $r - 1$ e não r, pois os elementos de v somam zero.

2.6.1 Análise dos Dados da Malária

Na Seção 1.5.2 foi apresentado um estudo realizado com camundongos cujo objetivo era avaliar a eficácia da imunização pela malária. Este objetivo pode ser traduzido em termos da comparação dos três grupos descritos na Seção 1.5.2. As curvas de sobrevivência estimadas por meio do estimador de Kaplan-Meier estão mostradas para os três grupos na Figura 2.6. O valor da estatística *logrank* (2.13) que, sob a hipótese de igualdade das curvas de sobrevivência, tem uma distribuição qui-quadrado com dois graus de liberdade, resultou em $T = 12,6$ e correspondente valor $p = 0,0019$, o que indica a existência de diferenças entre os grupos.

Constatada a presença de diferenças entre os grupos, existe, então, a necessidade de identificar quais curvas diferem entre si. Isto é usualmente chamado de comparações múltiplas. Em planejamento de experimentos em que é assumido um modelo linear com resposta normal, existem vários métodos disponíveis para a realização de tais comparações. O mesmo não acontece com dados de sobrevivência. De forma a encontrar as diferenças entre os grupos, uma possibilidade é fazer comparações dos grupos, dois a dois, controlando o erro do tipo I pelo método de Bonferroni. Como existem três grupos, três testes dois a dois entre os grupos são possíveis. O método de Bonferroni utiliza um nível de significância de $0,05/3 = 0,017$ para cada um dos testes, de forma a garantir uma conclusão geral a um nível de no máximo 0,05. A Tabela 2.7 mostra os resultados dos testes *logrank* realizados para as comparações dos grupos dois a dois.

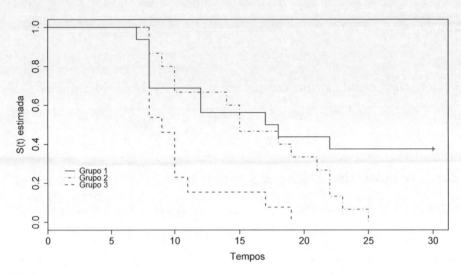

Figura 2.6: Sobrevivência estimada por Kaplan-Meier para os dados da malária.

Dos resultados apresentados na Tabela 2.7 pode-se concluir pela existência de diferenças significativas entre os grupos 1 e 3 e entre os grupos 2 e 3. Entre os grupos 1 e 2, não foram encontradas evidências de diferenças. A diferença entre os grupos 1 e 3 atesta a eficácia da imunização pela malária na presença de infecções pela malária e pela esquistossomose. Por outro lado, a diferença entre os grupos 2 e 3 mostra o impacto na mortalidade dos camundongos devido à infecção pela esquistossomose.

Tabela 2.7: Resultados dos testes *logrank* utilizados para as comparações dos grupos, dois a dois, considerados no estudo da malária.

Grupos comparados	Estatística de teste	Valor p
1×2	2,5	0,112
2×3	8,0	0,005
1×3	7,9	0,005

Esta análise foi realizada no *R* por meio dos comandos a seguir:

2.6. Comparação de Curvas de Sobrevivência 61

```
> tempos<-c(7,8,8,8,8,12,12,17,18,22,30,30,30,30,30,30,8,8,9,10,10,14,
           15,15,18,19,21,22,22,23,25,8,8,8,8,8,8,9,10,10,10,11,17,19)
> cens<-c(rep(1,10), rep(0,6), rep(1,15), rep(1,13))
> grupo<-c(rep(1,16), rep(2,15), rep(3,13))
> require(survival)
> ekm<- survfit(Surv(tempos,cens)~grupo)
> summary(ekm)
> plot(ekm, lty=c(1,4,2), xlab="Tempos",ylab="S(t) estimada")
> legend(1,0.3,lty=c(1,4,2),c("Grupo1","Grupo2","Grupo3"),lwd=1,bty="n",cex=0.8)
> survdiff(Surv(tempos,cens)~grupo,rho=0)
> survdiff(Surv(tempos[1:31],cens[1:31])~grupo[1:31],rho=0)          # 1 vs 2
> survdiff(Surv(tempos[17:44],cens[17:44])~grupo[17:44],rho=0)        # 2 vs 3
> survdiff(Surv(c(tempos[1:16],tempos[32:44]), c(cens[1:16],
           cens[32:44]))~c(grupo[1:16],grupo[32:44]),rho=0)          # 1 vs 3
```

2.6.2 Outros Testes

Outros testes não-paramétricos foram propostos para comparar funções de sobrevivência. No caso particular da comparação de duas funções de sobrevivência, a seguinte forma geral inclui os testes mais importantes na literatura e generaliza a estatística T em (2.12):

$$S = \frac{\left[\sum_{j=1}^{k} u_j(d_{2j} - w_{2j})\right]^2}{\sum_{j=1}^{k} u_j^2(V_j)_2}, \tag{2.14}$$

com u_j os pesos que especificam os testes. Sob a hipótese nula de que as funções de sobrevivência não diferem, a estatística S tem distribuição qui-quadrado com 1 grau de liberdade para amostras grandes. O teste *logrank* (2.12) é obtido tomando-se $u_j = 1$, para $j = 1, \ldots, k$. Outro teste bastante utilizado na prática é o de Wilcoxon obtido quando se toma $u_j = n_j$. Este teste foi adaptado para dados censurados a partir do conhecido teste não-paramétrico de Wilcoxon (Gehan, 1965, Breslow, 1970). O teste de Tarone e Ware (1977) propõe peso $u_j = \sqrt{n_j}$, que fica entre os pesos dos testes *logrank* e de Wilcoxon. A Tabela 2.8 apresenta os resultados dos três testes para os dados de hepatite.

A escolha do peso na expressão (2.14) direciona o tipo de diferença a ser detectado nas funções de sobrevivência. O teste de Wilcoxon, que

Tabela 2.8: Testes não-paramétricos para comparação das curvas de sobrevivência obtidas para os grupos esteróide e controle dos dados de hepatite.

Teste	Estatística de teste	Valor p
Logrank	3,67	0,055
Wilcoxon	3,19	0,074
Tarone-Ware	3,43	0,064

utiliza peso igual ao número de indivíduos sob risco, coloca mais peso na porção inicial do eixo do tempo. No início do estudo, todos os indivíduos estão sob risco e saindo do estado "sob risco" à medida que falham ou são censurados. O teste *logrank*, por outro lado, coloca mesmo peso para todo o eixo do tempo, o que reforça o enfoque nos tempos maiores quando comparado ao teste de Wilcoxon. O teste de Tarone-Ware se localiza em uma situação intermediária.

Peto e Peto (1972) e Prentice (1978) sugerem utilizar uma função do peso que depende diretamente da experiência passada de sobrevivência observada das duas amostras combinadas. A função do peso é uma modificação do estimador de Kaplan-Meier e é definido de tal forma que seu valor é conhecido antes da falha ocorrer. O estimador modificado da função de sobrevivência é:

$$\widetilde{S}(t) = \prod_{j:\,t_j < t} \left(\frac{n_j + 1 - d_j}{n_j + 1} \right),$$

e os pesos utilizados são:

$$u_j = \widetilde{S}(t_{j-1}) \frac{n_j}{n_j + 1}.$$

Este estimador é conhecido por Peto-Prentice. Outra classe de pesos para a expressão (2.14) foi proposta por Harrington-Fleming (1982) e é dada por:

$$u_j = \left[\widehat{S}(t_{j-1}) \right]^{\rho}. \tag{2.15}$$

Se $\rho = 0$, obtém-se $u_j = 1$ e tem-se, então, o teste *logrank*. Entretanto, se $\rho = 1$, o peso é o Kaplan-Meier no tempo de falha anterior e, nesse caso, tem-se um teste similar ao de Wilcoxon.

A principal vantagem dos testes de Peto-Prentice e Harrington-Fleming é que a ponderação é feita relativa à experiência de sobrevivência anterior. Isto não acontece com o teste *logrank*. O teste de Wilcoxon, em particular, pondera pelo número de indivíduos sob risco que depende da experiência de sobrevivência, assim como da de censura. Se o padrão de censura é nitidamente diferente nos dois grupos, então o teste pode rejeitar ou não rejeitar, não somente com base nas diferenças das sobrevivências entre os grupos mas, também, devido ao padrão de censura.

O pacote estatístico R utiliza a família de Harrington-Fleming (2.15). Conforme mostrado anteriormente o teste *logrank* é obtido fazendo-se $\rho = 0$.

2.7 Exercícios

1. Mostre que a partir da transformação $U(t) = \log[-\log S(t)]$ obtém-se o intervalo de 95% de confiança para $S(t)$ mostrado em (2.8).

2. Os dados mostrados a seguir representam o tempo até a ruptura de um tipo de isolante elétrico sujeito a uma tensão de estresse de 35 Kvolts. O teste consistiu em deixar 25 destes isolantes funcionando até que 15 deles falhassem (censura do tipo II), obtendo-se os seguintes resultados (em minutos):

0,19	0,78	0,96	1,31	2,78	3,16	4,67	4,85
6,50	7,35	8,27	12,07	32,52	33,91	36,71	

A partir desses dados amostrais, deseja-se obter:

(a) uma estimativa para o tempo mediano de vida deste tipo de isolante elétrico funcionando a 35 Kvolts;

(b) uma estimativa (por ponto e por intervalo) para a fração de defeituosos esperada nos dois primeiros minutos de funcionamento;

(c) uma estimativa (por ponto) para o tempo médio de vida destes isolantes funcionando a 35 Kvolts (limitado em 40 minutos) e;

(d) o tempo necessário para 20% dos isolantes estarem fora de operação.

3. Os dados da Tabela 2.9 referem-se aos tempos de sobrevivência (em dias) de pacientes com câncer submetidos à radioterapia (o símbolo + indica censura).

Tabela 2.9: Tempos de pacientes submetidos à radioterapia.

7, 34, 42, 63, 64, 74^+, 83, 84, 91, 108, 112, 129, 133, 133, 139, 140, 140, 146, 149, 154, 157, 160, 160, 165, 173, 176, 185^+, 218, 225, 241, 248, 273, 277, 279^+, 297, 319^+, 405, 417, 420, 440, 523, 523^+, 583, 594, 1101, 1116^+, 1146, 1226^+, 1349^+, 1412^+, 1417

Fonte: Louzada Neto et al. (2002)

Para estes dados, obtenha estimativas para:

(a) a função de sobrevivência por meio dos estimadores de Kaplan-Meier e de Nelson-Aalen. Apresente-as em tabelas e gráficos;

(b) os tempos mediano e médio;

(c) as probabilidades de um paciente com câncer sobreviver a: i) 42 dias, ii) 100 dias, iii) 300 dias e iv) 1000 dias;

(d) o tempo médio de vida restante dos pacientes que sobreviverem 1000 dias;

(e) interprete as estimativas obtidas nos três itens anteriores.

(f) para quais tempos tem-se: i) $\widehat{S}(t) = 0,80$, ii) $\widehat{S}(t) = 0,30$ e $\widehat{S}(t) = 0,10$? Interprete.

2.7. Exercícios

4. Os dados apresentados na Tabela 2.10 representam o tempo (em dias) até a morte de pacientes com câncer de ovário tratados na Mayo Clinic (Fleming et al., 1980). O símbolo + indica censura.

   (a) Obtenha as estimativas de Kaplan-Meier para as funções de sobrevivência de ambos os grupos e apresente-as no mesmo gráfico.

   (b) Repita a letra (a) utilizando, agora, o estimador de Nelson-Aalen.

   (c) Usando os intervalos de confiança assintóticos das estimativas de Kaplan-Meier, teste a hipótese de igualdade das funções de sobrevivência dos dois grupos em $t = 6$ meses e $t = 15$ meses.

   (d) Teste a hipótese de igualdade das funções de sobrevivência dos dois grupos usando dois testes diferentes. Os resultados dos testes são consistentes? Em caso negativo, explique a razão da diferença dos resultados.

Tabela 2.10: Tempos dos pacientes no estudo de câncer de ovário.

Amostras	Tempos de sobrevivência em dias
1. Tumor Grande	28, 89, 175, 195, 309, 377+, 393+, 421+, 447+, 462, 709+, 744+, 770+, 1106+, 1206+
2. Tumor Pequeno	34, 88, 137, 199, 280, 291, 299+, 300+, 309, 351, 358, 369, 369, 370, 375, 382, 392, 429+, 451, 1119+

5. Um estudo de sobrevivência foi realizado para comparar dois métodos para a realização de transplante de medula em pacientes com leucemia. A resposta de interesse era o tempo contado a partir do transplante até a morte do paciente.

66   Capítulo 2. Técnicas Não-Paramétricas

(a) Os seguintes resultados foram obtidos:

$$\sum_{j=1}^{k}(d_{2j} - w_{2j}) = 3,964 \qquad e \qquad \sum_{j=1}^{k}(V_j)_2 = 6,211.$$

Estabeleça as hipóteses, obtenha o teste *logrank* e conclua. Use o nível de significância de 5% (3,84).

(b) Neste estudo os pesquisadores não têm interesse em detectar diferenças entre os métodos nos tempos iniciais devido à toxicidade dos medicamentos. Você usaria o teste *logrank* ou de Wilcoxon nesta situação? Justifique sua resposta.

6. Um produtor de requeijão deseja comparar dois tipos de embalagens (A e B) para o seu produto. Ele deseja saber se existe diferença na durabilidade de seu produto com relação às embalagens. O produto dele é vendido a temperatura ambiente e sem conservantes. O evento de interesse é o aparecimento de algum tipo de fungo no produto. Os dados estão apresentados na Tabela 2.11, em que o tempo foi medido em horas. O símbolo + indica censura.

Tabela 2.11: Tempos dos requeijões no estudo das embalagens.

Embalagens	Tempos de sobrevivência em horas
A	31, 40, 43, 44, 46, 46, 47, 48, 48, 49,
	50, 50, 60, 60, 60, 60, 60+, 60+, 60+, 60+
B	48, 48, 49, 49, 49, 49, 50, 50, 50, 50,
	53, 53, 54, 54, 54, 55, 55+, 55+, 55+, 55+

(a) Existe diferença entre as duas embalagens?

(b) Caracterize a durabilidade do produto (percentil 10 e tempo médio de vida) para cada embalagem, se houver diferença entre elas. Caso contrário, faça o mesmo, mas combinando todos os tempos de vida.

2.7. Exercícios

7. Vinte e oito cães com leishmaniose foram selecionados para comparar quatro diferentes tipos de tratamentos (A, B, C e D) e um grupo controle. O evento de interese foi a morte do animal. Os dados estão apresentados na Tabela 2.12 em que o tempo foi medido em meses. O símbolo + indica censura.

Tabela 2.12: Tempos dos cães no estudo de leishmaniose.

Grupos	Tempos de sobrevivência em meses
A	1, 4, 5, 6, 7+, 7+
B	3, 5, 5+, 5+, 6
C	1, 3, 4+, 7, 7, 7+
D	3, 5+, 7, 7+, 7+
Controle	3, 5, 5, 7+, 7+, 7+

Há diferenças entre os grupos?

Capítulo 3

Modelos Probabilísticos

3.1 Introdução

O objetivo deste capítulo é apresentar o uso de distribuições de probabilidade na análise estatística de dados de sobrevivência. Tais distribuições, denominadas modelos probabilísticos ou paramétricos, têm se mostrado bastante adequadas para descrever, em particular, os tempos de vida de produtos industriais e, sendo assim, vêm sendo utilizadas com mais freqüência na área industrial do que na médica. A principal razão deste fato é que os estudos envolvendo componentes e equipamentos industriais podem ser planejados e, conseqüentemente, as fontes de perturbação (heterogeneidade) podem ser controladas. Nestas condições, a busca por um modelo paramétrico adequado fica facilitada e a análise estatística dos dados fica mais precisa.

Existem diversos livros de probabilidade que fazem uma apresentação exaustiva dos modelos paramétricos e que podem ser usados pelo leitor em busca de mais informações. Entre eles, pode-se citar Johnson e Kotz (1970). Os principais modelos probabilísticos utilizados em análise de sobrevivência são apresentados na Seção 3.2. O método de máxima verossimilhança para a estimação dos parâmetros dos modelos é introduzido na Seção 3.3. Na Seção 3.4 são apresentadas algumas propriedades dos estimadores que pos-

70 *Capítulo 3. Modelos Probabilísticos*

sibilitam a construção de intervalos de confiança para os parâmetros do modelo ou para uma função deles. Testes de hipóteses são também apresentados nesta seção. A Seção 3.5 apresenta técnicas gráficas e o teste da razão de verossimilhanças para discriminar entre modelos probabilísticos. Exemplos são analisados na Seção 3.6.

3.2 Modelos em Análise de Sobrevivência

Algumas distribuições de probabilidade são certamente familiares para o leitor, como é o caso da normal (gaussiana) e da binomial. Elas descrevem de forma adequada certas variáveis clínicas e industriais. Por outro lado, quando se trata de descrever a variável "tempo até a falha", outras distribuições se mostram mais adequadas.

Embora exista uma série de modelos probabilísticos utilizados em análise de dados de sobrevivência, alguns deles ocupam uma posição de destaque por sua comprovada adequação a várias situações práticas. Entre estes modelos, é possível citar o exponencial, o de Weibull e o log-normal.

O leitor deve se ater às características de cada uma das distribuições, uma vez que é importante entender que cada distribuição de probabilidade pode gerar estimadores diferentes para a mesma quantidade desconhecida. Desta forma, a utilização de um modelo inadequado acarreta erros grosseiros nas estimativas dessas quantidades. A escolha de um modelo probabilístico adequado para descrever o tempo de falha deve, então, ser feita com bastante cuidado. Este tópico é abordado na Seção 3.4. Algumas das principais distribuições de probabilidade usadas em análise de sobrevivência são apresentadas a seguir.

3.2.1 Distribuição Exponencial

Em termos matemáticos, a distribuição exponencial é um dos modelos probabilísticos mais simples usados para descrever o tempo de falha. Esta

3.2. Modelos em Análise de Sobrevivência 71

distribuição apresenta um único parâmetro e é a única que se caracteriza por ter uma função de taxa de falha constante. Ela tem sido extensivamente usada para descrever o tempo de vida de certos produtos e materiais e tem descrito adequadamente o tempo de vida de óleos isolantes e dielétricos, entre outros. Cox e Snell (1981) utilizaram o modelo exponencial para descrever o tempo de vida de pacientes adultos com leucemia.

A função de densidade de probabilidade para a variável aleatória tempo de falha T com distribuição exponencial é dada por:

$$f(t) = \frac{1}{\alpha} \exp\left\{ -\left(\frac{t}{\alpha} \right) \right\}, \qquad t \geq 0, \tag{3.1}$$

em que o parâmetro $\alpha > 0$ é o tempo médio de vida. O parâmetro α tem a mesma unidade do tempo de falha t. Isto é, se t é medido em horas, α também será fornecido em horas.

Ainda, as funções de sobrevivência $S(t)$ e de taxa de falha $\lambda(t)$ são dadas, respectivamente, por:

$$S(t) = \exp\left\{ -\left(\frac{t}{\alpha} \right) \right\} \tag{3.2}$$

e

$$\lambda(t) = \frac{1}{\alpha} \quad \text{para } t \geq 0. \tag{3.3}$$

A forma típica dessas três funções para diferentes valores de α pode ser observada na Figura 3.1.

Como dito anteriormente, somente a distribuição exponencial apresenta uma taxa de falha constante. Isto significa que tanto uma unidade velha quanto uma nova, que ainda não falharam, apresentam a mesma taxa de falha em um intervalo futuro. Esta propriedade é chamada de falta de memória da distribuição exponencial.

Outras características de interesse são a média, a variância e os percentis. A média da distribuição exponencial é α e a variância, α^2. O percentil $100p\%$ corresponde ao tempo em que $100p\%$ dos produtos ou indivíduos falharam. Os percentis são importantes para obtenção, por exemplo, de informações a respeito de falhas prematuras. Eles podem ser obtidos

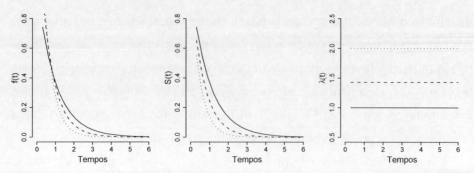

Figura 3.1: Forma típica das funções de densidade de probabilidade, de sobrevivência e de taxa de falha da distribuição exponencial para $\alpha = 1{,}0$ (–), $0{,}7$ (- -) e $0{,}5$ ($\cdots$).

a partir da função de densidade ou da função de sobrevivência. Para o caso da distribuição exponencial, o percentil $100p\%$, t_p, pode ser obtido por:

$$t_p = -\alpha \log(1-p).$$

Conhecido, então, o valor de α, o percentil correspondente à mediana, por exemplo, é facilmente obtido por $t_{0,5} = -\alpha \log(1-0,5)$. A média da distribuição exponencial corresponde ao $t_{0,63}$, ou seja, o percentil 63%.

Alguns livros de confiabilidade (Meeker e Escobar, 1998, Ebeling, 1997) apresentam o modelo exponencial com dois parâmetros. Neste modelo, um parâmetro de locação t_0 é incluído para representar um período inicial de tempo em que a falha nunca ocorre. Este parâmetro é conhecido como tempo de garantia. A função de densidade desta nova variável T é obtida substituindo-se t por $t - t_0$ na expressão (3.1) e o suporte de T fica definido a partir de t_0. É difícil, contudo, em situações práticas, assumir com certeza que ocorra este período inicial sem falhas. Observe que esta afirmação é determinística.

3.2.2 Distribuição de Weibull

A distribuição de Weibull foi proposta originalmente por Weibull (1939) e sua ampla aplicabilidade foi também discutida por este mesmo autor

3.2. Modelos em Análise de Sobrevivência

(Weibull, 1951, 1954). Desde então, a mesma vem sendo freqüentemente usada em estudos biomédicos e industriais. A sua popularidade em aplicações práticas se deve ao fato dela apresentar uma grande variedade de formas, todas com uma propriedade básica: a sua função de taxa de falha é monótona, isto é, ela é crescente, decrescente ou constante.

Para uma variável aleatória T com distribuição de Weibull, tem-se a função de densidade de probabilidade dada por:

$$f(t) = \frac{\gamma}{\alpha^\gamma} \, t^{\gamma-1} \exp\left\{-\left(\frac{t}{\alpha}\right)^\gamma\right\}, \quad t \geq 0, \tag{3.4}$$

em que γ, o parâmetro de forma, e α, o de escala, são ambos positivos. O parâmetro α tem a mesma unidade de medida de t e γ não tem unidade.

Para esta distribuição, as funções de sobrevivência e de taxa de falha são, respectivamente,

$$S(t) = \exp\left\{-\left(\frac{t}{\alpha}\right)^\gamma\right\} \tag{3.5}$$

e

$$\lambda(t) = \frac{\gamma}{\alpha^\gamma} \, t^{\gamma-1}, \tag{3.6}$$

para $t \geq 0$, α e $\gamma > 0$. Observe que, quando $\gamma = 1$, tem-se a distribuição exponencial e, sendo assim, a distribuição exponencial é um caso particular da distribuição de Weibull. Algumas formas das funções de densidade, de sobrevivência e de taxa de falha de uma variável T com distribuição de Weibull são mostradas na Figura 3.2.

Observe, a partir da Figura 3.2, que a função de taxa de falha $\lambda(t)$ é estritamente crescente para $\gamma > 1$, estritamente decrescente para $\gamma < 1$ e constante para $\gamma = 1$. Para $\gamma = 1$, tem-se a função de taxa de falha da distribuição exponencial que, como mencionado, é um caso particular da de Weibull.

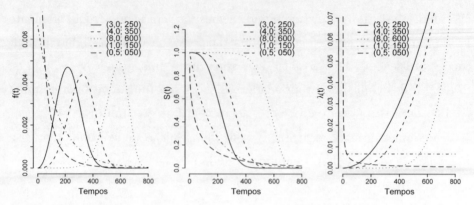

Figura 3.2: Forma típica das funções de densidade de probabilidade, de sobrevivência e de taxa de falha da distribuição de Weibull para alguns valores dos parâmetros (γ, α).

As expressões para a média e a variância da Weibull incluem o uso da função gama, isto é,

$$\begin{aligned} E(T) &= \alpha\, \Gamma[1 + (1/\gamma)], \\ Var(T) &= \alpha^2 \Big[\Gamma[1 + (2/\gamma)] - \Gamma[1 + (1/\gamma)]^2\Big], \end{aligned}$$

sendo a função gama, $\Gamma(k)$, definida por $\Gamma(k) = \int_0^\infty x^{k-1} \exp\{-x\} dx$. Os percentis são dados por:

$$t_p = \alpha \Big[-\log(1-p)\Big]^{1/\gamma}.$$

É importante neste ponto, introduzir uma distribuição que é bastante relacionada à de Weibull. Ela é chamada de distribuição do valor extremo ou de Gambel e surge quando se toma o logaritmo de uma variável com a distribuição de Weibull. Isto é, se a variável T tem uma distribuição de Weibull com $f(t)$ dada por (3.4), então, a variável $Y = \log(T)$ tem uma distribuição do valor extremo com a seguinte função de densidade:

$$f(y) = \frac{1}{\sigma} \exp\left\{\left(\frac{y-\mu}{\sigma}\right) - \exp\left\{\frac{y-\mu}{\sigma}\right\}\right\},$$

em que y e $\mu \in \Re$ e $\sigma > 0$. Se $\mu = 0$ e $\sigma = 1$ tem-se a distribuição do valor extremo padrão. Os parâmetros μ e σ são denominados parâmetros

3.2. Modelos em Análise de Sobrevência

de locação e escala, respectivamente. Os parâmetros das distribuições de Weibull e do valor extremo apresentam as seguintes relações de igualdade: $\gamma = 1/\sigma$ e $\alpha = \exp\{\mu\}$.

As funções de sobrevivência e de taxa de falha da variável Y são dadas, respectivamente, por:

$$S(y) = \exp\left\{-\exp\left\{\frac{y-\mu}{\sigma}\right\}\right\}$$

e

$$\lambda(y) = \frac{1}{\sigma}\exp\left\{\frac{y-\mu}{\sigma}\right\}.$$

A média e a variância são, respectivamente, $\mu - \nu\sigma$ e $(\pi^2/6)\sigma^2$, com $\nu = 0,5772...$, a conhecida constante de Euler. O percentil $100p\%$ é dado por:

$$t_p = \mu + \sigma\log[-\log(1-p)].$$

Na análise de dados de tempo de vida, é muitas vezes conveniente trabalhar com o logaritmo dos têmpos de vida observados. Este fato é explorado nos modelos de regressão discutidos no Capítulo 4. Desta forma, se os dados tiverem uma distribuição de Weibull, a distribuição do valor extremo aparece naturalmente na modelagem.

3.2.3 Distribuição Log-normal

Assim como a distribuição de Weibull, a distribuição log-normal é muito utilizada para caracterizar tempos de vida de produtos e indivíduos. Isto inclui fadiga de metal, semicondutores, diodos e isolação elétrica. Ela também é bastante utilizada para descrever situações clínicas, como o tempo de vida de pacientes com leucemia.

A função de densidade de uma variável aleatória T com distribuição log-normal é dada por:

$$f(t) = \frac{1}{\sqrt{2\pi}t\sigma}\exp\left\{-\frac{1}{2}\left(\frac{\log(t)-\mu}{\sigma}\right)^2\right\}, \qquad t > 0, \qquad (3.7)$$

em que μ é a média do logaritmo do tempo de falha, assim como σ é o desvio-padrão.

Existe uma relação entre as distribuições log-normal e normal similar à relação existente entre as distribuições de Weibull e do valor extremo. Esta relação facilita a apresentação e análise de dados provenientes da distribuição log-normal. Como o nome sugere, o logaritmo de uma variável com distribuição log-normal de parâmetros μ e σ tem uma distribuição normal com média μ e desvio-padrão σ. Esta relação significa que dados provenientes de uma distribuição log-normal podem ser analisados segundo uma distribuição normal, desde de que, é claro, se considere o logaritmo dos dados em vez dos valores originais.

As funções de sobrevivência e de taxa de falha de uma variável log-normal não apresentam uma forma analítica explícita e são, desse modo, representadas, respectivamente, por:

$$S(t) = \Phi\left(\frac{-\log(t) + \mu}{\sigma}\right) \qquad e \qquad \lambda(t) = \frac{f(t)}{S(t)},$$

em que $\Phi(\cdot)$ é a função de distribuição acumulada de uma normal padrão.

A Figura 3.3 apresenta a forma de algumas funções de densidade, de sobrevivência e de taxa de falha da distribuição log-normal para alguns valores de μ e σ.

Observe que as funções de taxa de falha não são monótonas como as da distribuição de Weibull. Elas crescem, atingem um valor máximo e depois decrescem. Os percentis para a distribuição log-normal podem ser obtidos a partir da tabela da normal padrão, usando-se a seguinte expressão:

$$t_p = \exp\{z_p \sigma + \mu\},$$

com z_p o $100p\%$ percentil da distribuição normal padrão. A média e a variância da distribuição log-normal são dadas, respectivamente, por $E(T) = \exp\{\mu + \sigma^2/2\}$ e $\text{Var}(T) = \exp\{2\mu + \sigma^2\}(\exp\{\sigma^2\} - 1)$.

3.2. Modelos em Análise de Sobrevivência

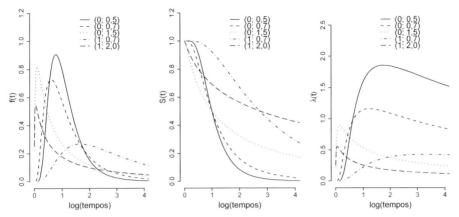

Figura 3.3: Forma típica das funções de densidade de probabilidade, de sobrevivência e de taxa de falha da distribuição log-normal para alguns valores dos parâmetros (μ, σ).

3.2.4 Distribuição Log-logística

Uma distribuição que, em muitas situações práticas, tem se apresentado como uma alternativa à de Weibull e à log-normal é a log-logística. Para uma variável aleatória T com esta distribuição, a função de densidade é expressa por:

$$f(t) = \frac{\gamma}{\alpha^\gamma} \, t^{\gamma-1} \left(1 + (t/\alpha)^\gamma\right)^{-2}, \qquad t > 0,$$

sendo $\alpha > 0$ o parâmetro de escala e $\gamma > 0$ o de forma. As funções de sobrevivência e de taxa de falha são expressas, respectivamente, por:

$$S(t) = \frac{1}{1 + (t/\alpha)^\gamma}$$

e

$$\lambda(t) = \frac{\gamma \, (t/\alpha)^{\gamma-1}}{\alpha \left[1 + (t/\alpha)^\gamma\right]}.$$

As expressões para a esperança e variância da log-logística são, respectivamente, $E(T) = [\pi \alpha Csc(\pi/\gamma)]/\gamma$ para $\gamma > 1$ e $Var(T) = [(2\pi\alpha^2 Csc(2\pi/\gamma))/\gamma] - E(T)^2$, em que $Csc = $ cossecante.

A Figura 3.4 apresenta a forma de algumas funções de densidade, de sobrevivência e de taxa de falha da distribuição log-logística para alguns valores de α e γ. Pode-se observar, a partir desta figura, que a função de taxa de falha apresenta, para $\gamma > 1$, padrão similar ao da distribuição log-normal, isto é, inicialmente ela cresce, apresenta um pico e, então, decresce. Diferente da distribuição log-normal, esta distribuição apresenta, contudo, expressões explícitas para as funções de sobrevivência e de taxa de falha. O percentil $100p\%$ é dado por:

$$t_p = \alpha \left[\frac{p}{(1-p)} \right]^{1/\gamma}.$$

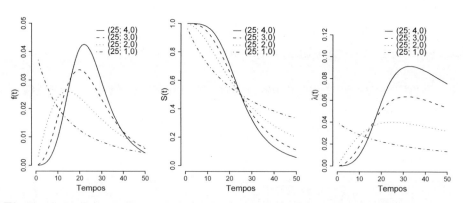

Figura 3.4: Forma típica das funções de densidade de probabilidade, de sobrevivência e de taxa de falha da distribuição log-logística para alguns valores dos parâmetros (α, γ).

Assim como acontece com a distribuição de Weibull, muitas vezes é conveniente trabalhar com o logaritmo dos tempos observados. Desta forma, se T é uma variável aleatória que segue uma distribuição log-logística com parâmetros α e $\gamma > 0$, então, seu logaritmo, $Y = \log(T)$, segue a distribuição logística com função de densidade dada por:

$$f(y) = \frac{1}{\sigma} \exp\left\{\frac{y-\mu}{\sigma}\right\} \left(1 + \exp\left\{\frac{y-\mu}{\sigma}\right\}\right)^{-2},$$

com $-\infty < \mu < \infty$ e $\sigma > 0$, os parâmetros de locação e escala, respectiva-

3.2. Modelos em Análise de Sobrevivência

mente. As funções de sobrevivência e de taxa de falha são, respectivamente,

$$S(y) = \frac{1}{1 + \exp\left\{\frac{y-\mu}{\sigma}\right\}}$$

e

$$\lambda(y) = \frac{1}{\sigma} \exp\left\{\frac{y-\mu}{\sigma}\right\} \left(1 + \exp\left\{\frac{y-\mu}{\sigma}\right\}\right)^{-1}.$$

Os parâmetros das distribuições log-logística e logística encontram-se relacionados pelas mesmas funções apresentadas para o modelo de Weibull, isto é, $\gamma = 1/\sigma$ e $\alpha = \exp\{\mu\}$. Diversos pacotes estatísticos, dentre eles o R, ajustam o modelo logístico.

3.2.5 Distribuições Gama e Gama Generalizada

A distribuição gama, que também inclui a exponencial como um caso particular, foi usada por Brown e Flood (1947) para descrever o tempo de vida de copos de vidro circulando em uma cafeteria e, também, por Birnbaum e Saunders (1958) para descrever o tempo de vida de materiais eletrônicos. Desde então, esta distribuição tem sido usada em problemas de confiabilidade, pois a mesma se ajusta adequadamente a uma variedade de fenômenos nesta área. Em problemas da área médica, sua utilização na descrição de tempos de vida de pacientes é mais recente. Em outras situações que envolvem efeitos aleatórios, como é o caso dos modelos de fragilidade tratados no Capítulo 9, é a distribuição assumida com maior freqüência para modelar estes componentes.

A função de densidade da distribuição gama, que é caracterizada por dois parâmetros, k e α, em que $k > 0$ é chamado parâmetro de forma e $\alpha > 0$ de escala, é expressa por:

$$f(t) = \frac{1}{\Gamma(k)\,\alpha^k}\, t^{k-1} \exp\left\{-\left(\frac{t}{\alpha}\right)\right\}, \qquad t > 0, \tag{3.8}$$

com $\Gamma(k)$ a função gama definida na Seção 3.2.2. Para $k > 1$, esta função de densidade apresenta um único pico em $t = (k-1)/\alpha$. A respectiva função de sobrevivência desta distribuição é dada por:

$$S(t) = \int_t^\infty \frac{1}{\Gamma(k)\,\alpha^k}\, u^{k-1} \exp\left\{ -\left(\frac{u}{\alpha}\right) \right\} du. \tag{3.9}$$

A função de taxa de falha, obtida da relação $\lambda(t) = f(t)/S(t)$, apresenta um padrão crescente ou decrescente convergindo, no entanto, para um valor constante quando t cresce de 0 a infinito.

Representações gráficas das funções de densidade, de sobrevivência e de taxa de falha da distribuição gama, para alguns valores de k e α, podem ser observadas na Figura 3.5. Note, a partir desta figura, que para $k > 1$, a taxa de falha cresce monotonicamente de 0 até α quando t cresce de 0 a infinito. Já para $0 < k < 1$, a taxa de falha decresce monotonicamente de infinito até α quando t cresce de 0 a infinito. Observe, ainda, que para $k = 1$, tem-se a distribuição exponencial como um caso particular da gama e, sendo assim, a taxa de falha é, neste caso, constante.

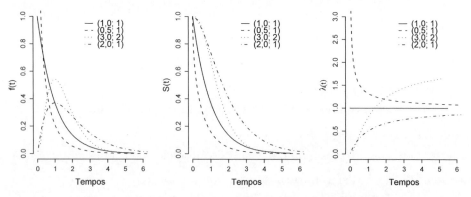

Figura 3.5: Forma típica das funções de densidade, de sobrevivência e de taxa de falha da distribuição gama para alguns valores dos parâmetros (k, α).

A média e variância da distribuição gama são dadas, respectivamente, por $k\alpha$ e $k\alpha^2$. A distribuição gama com o parâmetro k restrito a valores inteiros é conhecida como distribuição de Erlang (Lee e Wang, 2003).

Outra distribuição que merece destaque em análise de sobrevivência é a distribuição gama generalizada. Esta distribuição foi introduzida por Stacy

3.2. Modelos em Análise de Sobrevivência

(1962) e é caracterizada por três parâmetros, γ, k e α, todos positivos. Sua função de densidade é dada por:

$$f(t) = \frac{\gamma}{\Gamma(k)\,\alpha^{\gamma k}}\, t^{\gamma k - 1} \exp\left\{ -\left(\frac{t}{\alpha}\right)^{\gamma} \right\}, \qquad t > 0,$$

em que $\Gamma(k)$ é a função gama. Para esta distribuição tem-se um parâmetro de escala, α, e dois de forma, γ e k, o que a torna bastante flexível.

Note, a partir da função de densidade da distribuição gama generalizada, que:

i) para $\gamma = k = 1$ tem-se $T \sim \text{Exp}(\alpha)$,

ii) para $k = 1$ tem-se $T \sim \text{Weibull}(\gamma, \alpha)$,

iii) e para $\gamma = 1$ tem-se $T \sim \text{Gama}(k, \alpha)$.

Pode-se, ainda, mostrar (Lawless, 2003) que a distribuição log-normal aparece como um caso limite da distribuição gama generalizada quando $k \to \infty$.

Do que foi exposto, tem-se que a distribuição gama generalizada inclui como casos particulares as distribuições: exponencial, de Weibull, gama e log-normal. Esta propriedade da gama generalizada faz com que a mesma seja de grande utilidade, por exemplo, na discriminação entre modelos probabilísticos alternativos, como será visto na Seção 3.5.2.

3.2.6 Outros Modelos Probabilísticos

Existem outras distribuições de probabilidade apropriadas para modelar o tempo de falha de produtos, materiais e situações clínicas. Dentre elas, podem ser citadas as distribuições log-gama, Rayleigh, normal inversa e Gompertz.

Diversos textos, assim como o Capítulo 1, apresentam a popular função de taxa de falha do tipo *banheira*, que descreve o comportamento das taxas de falhas de certos produtos industriais e, principalmente, do tempo de vida dos seres humanos. Para esta função, representada graficamente na Figura 3.6, distinguem-se três regiões distintas:

82 *Capítulo 3. Modelos Probabilísticos*

1ª) *Período de falhas prematuras ou mortalidade infantil*: é caracterizado por uma taxa de falha alta que decresce rapidamente com o tempo. Neste período, uma pequena porcentagem da população apresenta falhas devido a defeitos grosseiros de fabricação ou itens que sofreram solicitações (estresses) extraordinárias antes do uso. As falhas prematuras são usualmente removidas por um pré-envelhecimento conhecido por *burn-in* (Jensen e Petersen, 1982). Em seres humanos, esta porção da curva é também conhecida por fase de mortalidade infantil.

2ª) *Período de vida útil*: este período é caracterizado por uma taxa de falha aproximadamente constante. As falhas ocorrem de forma ocasional, decorrentes de solicitações normais de uso, diferentes combinações de condições de uso, acidentes causados pelo uso incorreto e manutenção inadequada e até debilidades inerentes ao projeto. Este período é caracterizado, nos seres humanos, pela fase intermediária da vida, ou seja, após os primeiros anos de vida até o início do envelhecimento.

3ª) *Período de desgaste*: apresenta uma taxa de falha crescente devido ao processo natural de envelhecimento ou desgaste do produto. Estas falhas podem ser evitadas por um programa adequado de manutenção preventiva. Nos seres humanos, este período tem início na fase de *envelhecimento* (em geral na, assim denominada, terceira idade).

Distribuições teóricas com função de taxa de falha na forma da apresentada na Figura 3.6 encontram-se apresentadas na literatura. Entretanto, elas são bastante complexas e conseqüentemente difíceis de serem tratadas (Nelson, 1990a).

Ênfase será dada, neste texto, às distribuições exponencial, de Weibull e log-normal, uma vez que, em um contexto prático, elas acomodam grande parte das situações reais. A distribuição gama generalizada, por ser útil na comparação de modelos probabilísticos, e a distribuição gama, por desempenhar um importante papel nos modelos de fragilidade, são utilizadas, respectivamente, nos Capítulos 4 e 9.

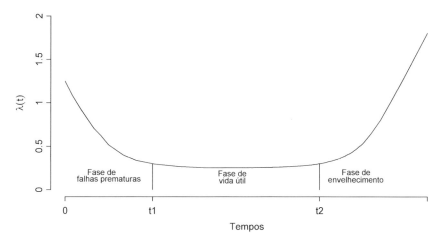

Figura 3.6: Função de taxa de falha do tipo *banheira* e suas três regiões distintas.

3.3 Estimação dos Parâmetros dos Modelos

Os modelos probabilísticos apresentados na seção anterior são caracterizados por quantidades desconhecidas, denominadas parâmetros. O modelo gama generalizado é caracterizado por três parâmetros, os modelos de Weibull, log-normal e gama, por dois parâmetros, e o exponencial, por apenas um. Estas quantidades conferem uma forma geral aos modelos probabilísticos. Entretanto, em cada estudo envolvendo tempos de falha, os parâmetros devem ser estimados a partir das observações amostrais, para que o modelo fique determinado e, assim, seja possível responder às perguntas de interesse.

Existem alguns métodos de estimação conhecidos na literatura estatística. Talvez o mais conhecido seja o método de mínimos quadrados, geralmente apresentado em cursos básicos de estatística dentro do contexto de regressão linear. No entanto, este método é inapropriado para estudos de tempo de vida. A principal razão é a sua incapacidade de incorporar censuras no seu processo de estimação. O método de máxima verossimilhança surge como uma opção apropriada para este tipo de dados. Ele incorpora as censuras, é relativamente simples de ser entendido e possui propriedades

84 *Capítulo 3. Modelos Probabilísticos*

ótimas para grandes amostras. Na Seção 3.3.1 é feita a apresentação do método de máxima verossimilhança para dados censurados.

3.3.1 O Método de Máxima Verossimilhança

O método de máxima verossimilhança trata o problema de estimação da seguinte forma: baseado nos resultados obtidos pela amostra, qual é a distribuição, entre todas aquelas definidas pelos possíveis valores de seus parâmetros, com maior possibilidade de ter gerado tal amostra? Em outras palavras, se, por exemplo, a distribuição do tempo de falha é a de Weibull, para cada combinação diferente de γ e α, tem-se diferentes distribuições de Weibull. O estimador de máxima verossimilhança escolhe aquele par de γ e α que melhor explique a amostra observada.

A seguir, a idéia do método de máxima verossimilhança é traduzida para conceitos matemáticos, a fim de que seja possível obter estimadores para os parâmetros. Suponha, inicialmente, uma amostra de observações $t_1, \ldots, t_n$ de uma certa população de interesse em que todas são não-censuradas. Suponha, ainda, que a população é caracterizada pela sua função de densidade $f(t)$. Por exemplo, se $f(t) = (1/\alpha) \exp(-t/\alpha)$, significa que as observações vêm de uma distribuição exponencial com parâmetro α a ser estimado. A função de verossimilhança para um parâmetro genérico θ desta população é, então, expressa por:

$$L(\theta) = \prod_{i=1}^{n} f(t_i; \theta).$$

A dependência de f em θ é preciso agora ser mostrada, pois L é função de θ. Nesta expressão, θ pode estar representando um único parâmetro ou um conjunto de parâmetros. No modelo log-normal, por exemplo, $\theta = (\mu, \sigma)$. A tradução em termos matemáticos para a frase "a distribuição que melhor explique a amostra observada" é encontrar o valor de θ que maximize a função $L(\theta)$. Isto é, encontrar o valor de θ que maximize a probabilidade da amostra observada ocorrer.

3.3. Estimação dos Parâmetros dos Modelos

A função de verossimilhança $L(\theta)$ mostra que a contribuição de cada observação não-censurada é a sua função de densidade. A contribuição de cada observação censurada não é, contudo, a sua função de densidade. Estas observações somente nos informam que o tempo de falha é maior que o tempo de censura observado e, portanto, que a sua contribuição para $L(\theta)$ é a sua função de sobrevivência $S(t)$. As observações podem, então, ser divididas em dois conjuntos, um deles com as r observações não-censuradas $(1, 2, \cdots, r)$ e, o outro, com as $n - r$ observações censuradas $(r + 1, r + 2, \cdots, n)$. A função de verossimilhança, considerando os tipos de censura descritos, é apresentada a seguir.

i) **Censura do tipo I**: neste caso, tem-se r falhas e $n - r$ censuras observadas no término do experimento e, sendo assim, $L(\theta)$ assume a seguinte forma geral:

$$L(\theta) = \prod_{i=1}^{r} f(t_i; \theta) \prod_{i=r+1}^{n} S(t_i; \theta),$$

em que o segundo termo tem a forma $\prod_{i=r+1}^{n} S(c; \theta) = [S(c; \theta)]^{n-r}$ de acordo com a forma apresentada no Capítulo 1, em que as censuras ocorrem em $T = C$.

ii) **Censura do tipo II**: nesta situação, r é fixo e somente os r menores tempos são observados. Assim, e de resultados baseados em estatísticas de ordem, segue que:

$$L(\theta) = \frac{n!}{(n - r)!} \prod_{i=1}^{r} f(t_i; \theta) \prod_{i=r+1}^{n} S(t_i; \theta),$$

em que $\prod_{i=r+1}^{n} S(t_i; \theta) = [S(t_r; \theta)]^{n-r}$ com t_r o maior tempo observado. Note que o termo $\dfrac{n!}{(n - r)!}$ é uma constante e, desse modo, pode ser desprezado, pois não envolve qualquer parâmetro de interesse. Assim,

$$L(\theta) \propto \prod_{i=1}^{r} f(t_i; \theta) \prod_{i=r+1}^{n} S(t_i; \theta).$$

iii) **Censura do tipo aleatória**: nesta situação, e como visto na Seção 1.3.2, T é considerado o tempo de falha e C o de censura. Para $i = 1, \cdots, n$, os dados observados consistem, ainda, dos pares (t_i, δ_i), em que $t_i = \min(T_i, C_i)$ e $\delta_i = 1$ se $T_i \leq C_i$ ou $\delta_i = 0$ se $T_i > C_i$. Considerando os tempos de falha e de censura independentes e supondo $g(c)$ e $G(c)$ as funções de densidade e de sobrevivência de C, respectivamente, então, se para o i-ésimo indivíduo,

(a) for observada uma censura, segue que:

$$
\begin{aligned}
P(t_i = t, \delta_i = 0) &= P(C_i = t, T_i > C_i) = P(C_i = t, T_i > t) \\
&= g(t)\, S(t; \theta)
\end{aligned}
$$

(b) e, se for observada uma falha,

$$
\begin{aligned}
P(t_i = t, \delta_i = 1) &= P(T_i = t, T_i \leq C_i) = P(T_i = t, C_i \geq t) \\
&= f(t; \theta)\, G(t).
\end{aligned}
$$

Desta forma,

$$
L(\theta) = \prod_{i=1}^{r} f(t_i; \theta) G(t_i) \prod_{i=r+1}^{n} g(t_i) S(t_i; \theta).
$$

Sob a suposição de que o mecanismo de censura é não-informativo (não carrega informações sobre os parâmetros), os termos $G(t)$ e $g(t)$ podem ser desprezados, pois não envolvem θ, e, sendo assim, a função de verossimilhança fica representada por:

$$
L(\theta) \propto \prod_{i=1}^{r} f(t_i; \theta) \prod_{i=r+1}^{n} S(t_i; \theta).
$$

Do que foi exposto, tem-se, então, que a expressão para a função de verossimilhança para todos os mecanismos de censura, a menos de constantes, é a mesma e é dada por:

$$
L(\theta) \propto \prod_{i=1}^{r} f(t_i; \theta) \prod_{i=r+1}^{n} S(t_i; \theta), \tag{3.10}
$$

3.3. Estimação dos Parâmetros dos Modelos

ou, equivalentemente, por:

$$
\begin{aligned}
L(\theta) \;&\propto\; \prod_{i=1}^{n}\Big[f(t_i;\theta)\Big]^{\delta_i}\Big[S(t_i;\theta)\Big]^{1-\delta_i} \\
&=\; \prod_{i=1}^{n}\Big[\lambda(t_i;\theta)\Big]^{\delta_i} S(t_i;\theta),
\end{aligned}
\tag{3.11}
$$

em que δ_i é a variável indicadora de falha apresentada na Seção 1.4. É sempre conveniente, no entanto, trabalhar com o logaritmo da função de verossimilhança (3.10) ou (3.11). Os estimadores de máxima verossimilhança são os valores de θ que maximizam $L(\theta)$ ou equivalentemente o logaritmo de $L(\theta)$, isto é, $\log(L(\theta))$. Eles são encontrados resolvendo-se o sistema de equações:

$$
U(\theta) = \frac{\partial \log L(\theta)}{\partial \theta} = 0.
$$

3.3.2 Exemplos de Aplicações

Os cálculos a serem realizados para obtenção dos estimadores de máxima verossimilhança são ilustrados a seguir para as distribuições exponencial e de Weibull. No caso da distribuição de Weibull, não existem expressões fechadas para os estimadores de γ e α. Sendo assim, optou-se por apresentar os passos seguidos pelo método numérico. Neste caso, as estimativas para um conjunto de tempos de vida devem ser obtidas por meio de um pacote estatístico.

Suponha, para as situações ilustradas a seguir, uma amostra de n itens em que $r \leq n$ são falhas e os demais, $n - r$, são censuras.

3.3.2.1 Distribuição Exponencial

A função de verossimilhança para a distribuição exponencial, obtida a partir das expressões (3.1) e (3.2) da Seção 3.2.1, é dada por:

$$L(\alpha) = \prod_{i=1}^{n} \left[\frac{1}{\alpha} \exp\left\{ -\left(\frac{t_i}{\alpha}\right) \right\} \right]^{\delta_i} \left[\exp\left\{ -\left(\frac{t_i}{\alpha}\right) \right\} \right]^{1-\delta_i}$$

$$= \prod_{i=1}^{n} \left[\frac{1}{\alpha} \right]^{\delta_i} \exp\left\{ -\left(\frac{t_i}{\alpha}\right) \right\}.$$

Tomando-se o logaritmo de $L(\alpha)$, segue que:

$$\log(L(\alpha)) = \sum_{i=1}^{n} \delta_i \log(1/\alpha) - \frac{1}{\alpha} \sum_{i=1}^{n} t_i = -\sum_{i=1}^{n} \delta_i \log(\alpha) - \frac{1}{\alpha} \sum_{i=1}^{n} t_i$$

e, assim,

$$\frac{\partial \log(L(\alpha))}{\partial \alpha} = -\frac{1}{\alpha} \sum_{i=1}^{n} \delta_i + \frac{1}{\alpha^2} \sum_{i=1}^{n} t_i.$$

Igualando-se a última equação a zero e avaliando-a em $\alpha = \widehat{\alpha}$, obtém-se o estimador de máxima verossimilhança de α dado por:

$$\widehat{\alpha} = \frac{\sum_{i=1}^{n} t_i}{\sum_{i=1}^{n} \delta_i} = \frac{\sum_{i=1}^{n} t_i}{r}.$$

O termo $\sum_{i=1}^{n} t_i$ é denominado *tempo total sob teste*. Observe que, se todas as observações fossem não-censuradas, $\widehat{\alpha}$ seria a média amostral, isto é, $\widehat{\alpha} = \bar{t}$.

3.3.2.2 Distribuição de Weibull

A função de verossimilhança para uma amostra de tempos de vida provenientes de uma distribuição de Weibull é obtida a partir das expressões (3.4) e (3.5) da Seção 3.2.2 e é dada por:

$$L(\gamma, \alpha) = \prod_{i=1}^{n} \left[\frac{\gamma}{\alpha^\gamma} t_i^{\gamma-1} \exp\left\{ -\left(\frac{t_i}{\alpha}\right)^\gamma \right\} \right]^{\delta_i} \left[\exp\left\{ -\left(\frac{t_i}{\alpha}\right)^\gamma \right\} \right]^{1-\delta_i}$$

$$= \prod_{i=1}^{n} \left[\frac{\gamma}{\alpha^\gamma} t_i^{\gamma-1} \right]^{\delta_i} \exp\left\{ -\left(\frac{t_i}{\alpha}\right)^\gamma \right\}.$$

3.3. Estimação dos Parâmetros dos Modelos 89

Assim, o respectivo logaritmo desta função é:

$$
\begin{aligned}
\log(L(\gamma,\alpha)) &= \log\left[\prod_{i=1}^{n}\left[\frac{\gamma}{\alpha^{\gamma}}\,t_i^{\gamma-1}\right]^{\delta_i}\exp\left\{-\left(\frac{t_i}{\alpha}\right)^{\gamma}\right\}\right] \\
&= \sum_{i=1}^{n}\delta_i\log(\gamma) - \sum_{i=1}^{n}\delta_i\gamma\log(\alpha) + (\gamma-1)\sum_{i=1}^{n}\delta_i\log(t_i) - \\
&\quad - \alpha^{-\gamma}\sum_{i=1}^{n}t_i^{\gamma} \\
&= r\log(\gamma) - r\gamma\log(\alpha) + (\gamma-1)\sum_{i=1}^{n}\delta_i\log(t_i) - \\
&\quad - \alpha^{-\gamma}\sum_{i=1}^{n}t_i^{\gamma}.
\end{aligned}
$$

De forma alternativa, fazendo-se $y_i = \log(t_i)$ e utilizando-se a distribuição do valor extremo, tem-se:

$$
\log(L(\mu,\sigma)) = -r\log(\sigma) + \sum_{i=1}^{n}\delta_i\left(\frac{y_i}{\sigma}\right) - \frac{r\mu}{\sigma} - \sum_{i=1}^{n}\exp\left\{\frac{(y_i-\mu)}{\sigma}\right\},
$$

que é mais simples do que o logaritmo da função de verossimilhança obtida para a distribuição de Weibull. Derivando-se $\log(L(\mu,\sigma))$ em relação aos parâmetros μ e σ e igualando-se as expressões resultantes a zero, obtém-se o seguinte sistema de equações:

$$
\begin{aligned}
\frac{\partial \mathcal{L}(\mu,\sigma)}{\partial \mu} &= \frac{1}{\widehat{\sigma}}\left[-r + \sum_{i=1}^{n}\exp\left\{\frac{(y_i-\widehat{\mu})}{\widehat{\sigma}}\right\}\right] = 0 \\
\frac{\partial \mathcal{L}(\mu,\sigma)}{\partial \sigma} &= \frac{1}{\widehat{\sigma}^2}\left[-r\widehat{\sigma} - \sum_{i=1}^{n}\delta_i y_i + r\widehat{\mu} + \sum_{i=1}^{n}\exp\left\{\frac{(y_i-\widehat{\mu})}{\widehat{\sigma}}\right\}(y_i-\widehat{\mu})\right] = 0,
\end{aligned}
$$

com $\mathcal{L}(\mu,\sigma) = \log(L(\mu,\sigma))$.

Os estimadores de máxima verossimilhança são os valores de μ e σ que satisfazem às equações acima. A solução deste sistema de equações para um conjunto de dados particular deve ser obtida por meio de um método numérico como, por exemplo, o de Newton-Raphson. Este método utiliza a matriz de derivadas segundas ($\mathcal{F}$) do logaritmo da função de verossimilhança e a sua expressão:

$$\widehat{\theta}_{(k+1)} = \widehat{\theta}_{(k)} - \left[\mathcal{F}(\widehat{\theta}_{(k)})\right]^{-1} U(\widehat{\theta}_{(k)})$$

é baseada numa expansão de $U(\widehat{\theta}_{(k)})$ em série de Taylor em torno de $\widehat{\theta}_{(k)}$. Partindo de um valor inicial $\widehat{\theta}_{(0)}$, em que é usual tomar $\widehat{\theta}_{(0)} = 0$, vai-se atualizando este valor a cada passo. Em geral, obtém-se convergência em poucos passos, com erro relativo menor do que, por exemplo, 0,001 entre dois passos consecutivos.

Observe que $\mathcal{F}$ para o modelo exponencial é um único número igual a:

$$
\begin{aligned}
\mathcal{F}(\alpha) &= \frac{\partial^2 \log L(\alpha)}{\partial \alpha^2} \\
&= \frac{r}{\alpha^2} - \frac{2 \sum_{i=1}^{n} t_i}{\alpha^3}.
\end{aligned}
$$

Para o modelo de Weibull, $\mathcal{F}(\gamma, \alpha)$ é uma matriz simétrica 2×2 composta dos seguintes elementos:

$$
\begin{aligned}
\mathcal{F}_{11}(\gamma, \alpha) &= \frac{\partial^2 \log L(\gamma, \alpha)}{\partial \gamma^2}, \\
\mathcal{F}_{22}(\gamma, \alpha) &= \frac{\partial^2 \log L(\gamma, \alpha)}{\partial \alpha^2}, \\
\mathcal{F}_{12}(\gamma, \alpha) &= \mathcal{F}_{21}(\gamma, \alpha) = \frac{\partial^2 \log L(\gamma, \alpha)}{\partial \gamma \partial \alpha}.
\end{aligned}
$$

Mais informações sobre o método iterativo de Newton-Raphson podem ser encontradas no Apêndice D.

3.4 Intervalos de Confiança e Testes de Hipóteses

O método de máxima verossimilhança foi utilizado para obtenção dos estimadores dos parâmetros do modelo, que são denominados estimadores pontuais. Este método também permite a construção de intervalos de confiança para os parâmetros e quantidades de interesse. Isto é feito a partir

3.4. Intervalos de Confiança e Testes de Hipóteses

das propriedades para grandes amostras desses estimadores. As justificativas matemáticas dessas propriedades são bastante complexas e neste texto são apresentadas apenas as mais importantes e que são suficientes para os objetivos propostos. As provas das propriedades e informações adicionais podem ser encontradas em Cox e Hinkley (1974) e Cordeiro (1992).

3.4.1 Intervalos de Confiança

Uma propriedade importante para a construção de intervalos de confiança é a que diz respeito à distribuição assintótica do estimador de máxima verossimilhança $\widehat{\theta}$. Para grandes amostras, esta propriedade estabelece, sob certas condições de regularidade, que a distribuição do vetor $\widehat{\theta} = (\widehat{\theta}_1, \cdots, \widehat{\theta}_k)'$ é Normal multivariada de média θ e matriz de variância-covariância $Var(\widehat{\theta})$, isto é,

$$\widehat{\theta} \sim N_k\Big(\theta, Var(\widehat{\theta})\Big),$$

sendo k a dimensão de $\widehat{\theta}$.

Outra propriedade ou resultado igualmente importante diz respeito justamente à precisão deste estimador e estabelece que, sob certas condições de regularidade,

$$Var(\widehat{\theta}) \approx -\Big[E(\mathcal{F}(\theta))\Big]^{-1}.$$

Ou seja, que a matriz de variância-covariância dos estimadores de máxima verossimilhança é aproximadamente o negativo da inversa da esperança da matriz de derivadas segundas do logaritmo de $L(\theta)$. Em situações em que a esperança é impossível ou difícil de ser calculada, usa-se simplesmente $\big[-\mathcal{F}(\theta)\big]^{-1}$. Esta matriz estocástica é um estimador consistente de $-\big[E(\mathcal{F}(\theta))\big]^{-1}$. Os elementos da diagonal principal destas matrizes são as variâncias dos estimadores e, os outros elementos, as covariâncias entre eles. Geralmente, a $Var(\widehat{\theta})$ depende de θ. Uma estimativa para $Var(\widehat{\theta})$ é, então, obtida substituindo-se θ por $\widehat{\theta}$.

Na construção de intervalos de confiança é necessário uma estimativa para o erro-padrão de $\widehat{\theta}$, isto é, para $[Var(\widehat{\theta})]^{1/2}$. No caso particular em que θ é um escalar, um intervalo aproximado de $(1-\alpha)100\%$ de confiança para θ é dado por:

$$\widehat{\theta} \pm z_{\alpha/2} \sqrt{\widehat{Var(\widehat{\theta})}}.$$

Por exemplo, um intervalo de 95% de confiança para o parâmetro α do modelo exponencial é dado por:

$$\widehat{\alpha} \pm 1,96 \times \sqrt{\frac{\widehat{\alpha}^2}{r}},$$

pois $-\frac{\partial^2 \log L(\alpha)}{\partial \alpha^2}$ avaliado em $\widehat{\alpha}$ é igual a $r/\widehat{\alpha}^2$. No caso em que θ é um vetor de parâmetros, um intervalo de confiança pode ser construído para cada um deles separadamente. Basta obter uma estimativa para o seu erro-padrão a partir da matriz de variância-covariância $Var(\widehat{\theta})$.

Suponha que $\theta = (\gamma, \alpha)$, como no modelo de Weibull. Algumas vezes o interesse é estimar uma função dos parâmetros $\phi = g(\gamma, \alpha)$. Por exemplo, a mediana da Weibull, $t_{0,5} = \alpha[-\log(1-0,5)]^{1/\gamma}$. O estimador de máxima verossimilhança para ϕ é $\widehat{\phi} = g(\widehat{\gamma}, \widehat{\alpha})$. Ou seja, para estimar $\phi = g(\gamma, \alpha)$ basta substituir γ e α por seus respectivos estimadores de máxima verossimilhança. Esta é outra propriedade importante do estimador de máxima verossimilhança. Se além de estimar ϕ, existir interesse em construir um intervalo de confiança, é necessário obter uma estimativa para o erro-padrão de $\widehat{\phi}$. Isto é feito usando-se o *método delta*, descrito a seguir.

Considere inicialmente que θ é um escalar e que há interesse em avaliar a $Var(g(\widehat{\theta}))$. Expandindo-se $g(\widehat{\theta})$ em torno de $E[\widehat{\theta}] \doteq \theta$ e ignorando-se os termos superiores ao de primeira ordem, tem-se:

$$g(\widehat{\theta}) \doteq g(\theta) + (\widehat{\theta} - \theta)\left(\frac{dg(\theta)}{d\theta}\right)$$

e, portanto,

$$Var(g(\widehat{\theta})) \doteq Var(\widehat{\theta})\left(\frac{dg(\theta)}{d\theta}\right)^2.$$

3.4. Intervalos de Confiança e Testes de Hipóteses 93

A versão multivariada do *método delta* é necessária para as funções de interesse que envolvem mais de um parâmetro. Suponha, como anteriormente, que $\theta = (\gamma, \alpha)$ e que há interesse em $\phi = g(\gamma, \alpha)$. Procedendo-se de forma similar, segue que:

$$Var(\widehat{\phi}) \doteq Var(\widehat{\alpha})\left(\frac{\partial \phi}{\partial \alpha}\right)^2 + 2\,Cov(\widehat{\alpha}, \widehat{\gamma})\left(\frac{\partial \phi}{\partial \alpha}\right)\left(\frac{\partial \phi}{\partial \gamma}\right) + Var(\widehat{\gamma})\left(\frac{\partial \phi}{\partial \gamma}\right)^2.$$

3.4.2 Testes de Hipóteses

Para um modelo com um vetor $\theta = (\theta_1, \cdots, \theta_p)'$ de parâmetros, muitas vezes há o interesse em testar hipóteses relacionadas a este vetor ou a um subconjunto dele. Três testes são em geral utilizados para esta finalidade: o de Wald, o da Razão de Verossimilhanças e o Escore. Uma breve descrição desses testes é apresentada a seguir.

i) Teste de Wald

Este teste é baseado na distribuição assintótica de $\widehat{\theta}$ e é uma generalização do teste t de Student (Wald, 1943). É, geralmente, o mais usado para testar hipóteses relativas a um único parâmetro θ_j. Considerando-se a hipótese nula:

$$H_0 : \theta = \theta_0,$$

a estatística para esse teste é dada por:

$$W = (\widehat{\theta} - \theta_0)'[-\mathcal{F}(\theta_0)](\widehat{\theta} - \theta_0), \tag{3.12}$$

que, sob H_0, tem aproximadamente uma distribuição qui-quadrado com p graus de liberdade (χ^2_p). A um nível $100\alpha\%$ de significância, valores de W superiores ao valor tabelado da distribuição $\chi^2_{p,1-\alpha}$ indicam a rejeição de H_0. No caso em que θ é um escalar, a expressão (3.12) se reduz a:

$$W = \frac{(\widehat{\theta} - \theta_0)^2}{\widehat{Var(\theta)}}.$$

94   *Capítulo 3. Modelos Probabilísticos*

Este teste é obtido a partir da equivalência com o intervalo de confiança apresentado na Seção 3.4.1. Ou seja, a região de não rejeição desse teste é exatamente o intervalo de confiança apresentado na Seção 3.4.1. Isto significa que aquele é o intervalo de confiança de Wald.

ii) Teste da Razão de Verossimilhanças

Este teste é baseado na função de verossimilhança e envolve a comparação dos valores do logaritmo da função de verossimilhança maximizada sem restrição e sob H_0, ou seja, a comparação de $\log L(\widehat{\theta})$ e $\log L(\theta_0)$. A estatística para este teste é dada por:

$$TRV = -2\log\left[\frac{L(\theta_0)}{L(\widehat{\theta})}\right] = 2\big[\log L(\widehat{\theta}) - \log L(\theta_0)\big], \qquad (3.13)$$

que, sob H_0: $\theta = \theta_0$, segue aproximadamente uma distribuição qui-quadrado com p graus de liberdade. Para amostras grandes, H_0 é rejeitada, a um nível $100\alpha\%$ de significância, se $TRV > \chi^2_{p,1-\alpha}$.

iii) Teste Escore

Este teste é obtido a partir da função escore sendo, a sua estatística de teste, dada por:

$$S = U'(\theta_0)[-\mathcal{F}(\theta_0)]^{-1}U(\theta_0), \qquad (3.14)$$

em que $U(\theta_0)$ é a função escore $U(\theta) = \dfrac{\partial \log L(\theta)}{\partial \theta}$ avaliada em θ_0, e $-\mathcal{F}(\theta_0)$ a matriz de variância-covariância de $U(\theta)$ também avaliada em θ_0. Para amostras grandes, H_0 é rejeitada, a um nível $100\alpha\%$ de significância, se $S > \chi^2_{p,1-\alpha}$.

As três estatísticas de teste podem ser adaptadas para o caso em que se tenha interesse somente em um subconjunto de θ (Cox e Hinkley, 1974).

É também possível construir intervalos de confiança a partir das estatísticas da razão de verossimilhanças e escore. Por exemplo, a partir da

3.5. Escolha do Modelo Probabilístico

razão de verossimilhanças, tem-se que $\{\theta \mid TRV(\theta) < \chi^2_{p,1-\alpha}\}$ é um intervalo de $(1-\alpha)100\%$ de confiança para θ. De forma equivalente, pode-se construir intervalos de confiança utilizando-se a estatística escore. No entanto, computacionalmente eles são difíceis de serem obtidos e usualmente não estão disponíveis em pacotes estatísticos.

3.5 Escolha do Modelo Probabilístico

A escolha do modelo a ser utilizado é um tópico extremamente importante na análise paramétrica de dados de tempo de vida. O método de máxima verossimilhança somente pode ser aplicado após ter sido definido um modelo probabilístico adequado para os dados. Por exemplo, somente após ter definido que o modelo log-normal se ajusta bem aos dados é que o método de máxima verossimilhança pode ser usado para estimar μ e σ. Entretanto, se o modelo log-normal for usado inadequadamente para um certo conjunto de dados, toda a análise estatística fica comprometida e conseqüentemente as respostas às perguntas de interesse ficam distorcidas.

Mas por que usar o modelo log-normal e não o de Weibull? Algumas vezes existem evidências provenientes de testes realizados no passado de que um certo modelo se ajusta bem aos dados. No entanto, em muitas situações, este tipo de informação não se encontra disponível. A solução para estas situações é basicamente empírica.

Sabe-se que as distribuições apresentadas na Seção 3.2 são típicas para dados de tempos de vida. A proposta empírica consiste em ajustar os modelos probabilísticos apresentados (exponencial, de Weibull etc.) e, com base na comparação entre valores estimados e observados, decidir qual deles "melhor" explica os dados amostrais. A forma mais simples e eficiente de selecionar o "melhor" modelo a ser usado para um conjunto de dados é por meio de técnicas gráficas. Entretanto, testes de hipóteses com modelos encaixados (Cox e Hinkley, 1974) também podem ser utilizados para esta finalidade.

96 *Capítulo 3. Modelos Probabilísticos*

A seguir, são apresentados dois métodos gráficos e o teste da razão de verossimilhanças para a discriminação de modelos.

3.5.1 Métodos Gráficos

O primeiro método gráfico a ser apresentado consiste na comparação da função de sobrevivência do modelo proposto com o estimador de Kaplan-Meier. Neste procedimento ajustam-se os modelos propostos ao conjunto de dados (por exemplo, os modelos log-normal e de Weibull) e, a partir das estimativas dos parâmetros de cada modelo, estimam-se suas respectivas funções de sobrevivência, representadas para os modelos log-normal e de Weibull por $\widehat{S}_{ln}(t)$ e $\widehat{S}_{w}(t)$, respectivamente. Para o conjunto de dados, obtém-se, também, a estimativa de Kaplan-Meier para a função de sobrevivência ($\widehat{S}(t)$).

Finalmente, comparam-se graficamente as funções de sobrevivência estimadas para cada modelo proposto com $\widehat{S}(t)$. O modelo (ou os modelos) adequado é aquele em que sua curva de sobrevivência mais se aproximar daquela do estimador de Kaplan-Meier. Na prática, isto é feito por meio dos gráficos $\widehat{S}(t)$ versus $\widehat{S}_{w}(t)$ e $\widehat{S}(t)$ versus $\widehat{S}_{ln}(t)$. Assim, o "melhor"modelo é aquele cujos pontos da função de sobrevivência estimada estiverem mais próximos dos valores obtidos pelo estimador de Kaplan-Meier. Em outras palavras, o melhor modelo é aquele cujos pontos no gráfico estiverem mais próximos da reta $y = x$, com $x = \widehat{S}(t)$ e $y = \widehat{S}_{w}(t)$ ou $y = \widehat{S}_{ln}(t)$.

Uma outra forma de comparação é colocar no mesmo gráfico as curvas $\widehat{S}(t)$ versus t e $\widehat{S}_{w}(t)$ versus t, por exemplo. Alguns autores, por exemplo Nelson (1990a), sugerem o uso da função de taxa de falha acumulada $\Lambda(t)$, que foi apresentada na Seção 1.6.3. Isto também é feito colocando-se no mesmo gráfico as curvas $\widehat{\Lambda}(t)$ versus t e $\widehat{\Lambda}_{w}(t)$ versus t, por exemplo.

A função de taxa de falha acumulada $\Lambda(t)$ é relacionada com a função de sobrevivência por meio da expressão:

$$\Lambda(t) = -\log(S(t))$$

3.5. Escolha do Modelo Probabilístico

e, sendo assim, uma estimativa para $\Lambda(t)$ é obtida substituindo-se $S(t)$, nesta expressão, por sua correspondente estimativa. Exemplificando, nos casos dos modelos de Weibull e log-normal tem-se, respectivamente,

$$\widehat{\Lambda}(t) = -\log(\widehat{S}_w(t)) = \left(\frac{t}{\widehat{\alpha}}\right)^{\widehat{\gamma}}$$

e

$$\widehat{\Lambda}(t) = -\log\left(\Phi\left[-(\log(t) - \widehat{\mu})/\widehat{\sigma}\right]\right).$$

Essencialmente, gráficos envolvendo a função de sobrevivência ou a função de taxa de falha acumulada são úteis para discriminar modelos. A idéia é comparar estas funções com o estimador de Kaplan-Meier e selecionar o modelo cuja curva melhor se aproximar da curva de Kaplan-Meier.

O segundo método consiste na linearização da função de sobrevivência tendo como idéia básica a construção de gráficos que sejam aproximadamente lineares, caso o modelo proposto seja apropriado. Violações da linearidade podem ser rapidamente verificadas visualmente.

O gráfico utilizado é o de uma transformação que lineariza a função de sobrevivência do modelo proposto. Isto produz, como resultado final, uma reta, se o modelo proposto for adequado. A seguir são apresentados exemplos de linearização para os modelos exponencial, de Weibull e log-normal. A idéia é, novamente, comparar o estimador de Kaplan-Meier com o ajuste do modelo proposto.

a) Linearização no modelo exponencial

Para o modelo exponencial, a função de sobrevivência, apresentada na Seção 3.2.1, é dada por:

$$S(t) \;=\; \exp\left\{-\left(\frac{t}{\alpha}\right)\right\}.$$

98 *Capítulo 3. Modelos Probabilísticos*

Assim,

$$-\log\left[S(t)\right] = \frac{t}{\alpha} = \left(\frac{1}{\alpha}\right)t,$$

o que mostra que $-\log[S(t)]$ é uma função linear de t. Logo, o gráfico de $-\log[\widehat{S}(t)]$ *versus* t deve ser aproximadamente linear, passando pela origem, se o modelo exponencial for apropriado. $\widehat{S}(t)$ é o estimador de Kaplan-Meier.

b) Linearização no modelo de Weibull

A função de sobrevivência para o modelo de Weibull de parâmetros (γ, α) é, como visto anteriormente, dada por:

$$S(t) = \exp\left\{ -\left(\frac{t}{\alpha}\right)^{\gamma} \right\} \qquad t \geq 0.$$

Desse modo,

$$
\begin{aligned}
-\log\left[S(t)\right] &= \left(\frac{t}{\alpha}\right)^{\gamma} \\
\log\left[-\log[S(t)]\right] &= -\gamma\log(\alpha) + \gamma\log(t),
\end{aligned}
$$

o que mostra que $\log\left[-\log[S(t)]\right]$ é uma função linear de $\log(t)$. Portanto, o gráfico de $\log\left[-\log[\widehat{S}(t)]\right]$ *versus* $\log(t)$, sendo $\widehat{S}(t)$ o estimador de Kaplan-Meier, deve ser aproximadamente linear, se o modelo de Weibull for apropriado. Se além de linear, o gráfico passar pela origem e tiver inclinação igual a 1, é uma indicação a favor do modelo exponencial.

c) Linearização no modelo log-normal

Similarmente, a função de sobrevivência para o modelo log-normal, dada por:

$$S(t) = \Phi\left(\frac{-\log(t) + \mu}{\sigma}\right)$$

3.5. Escolha do Modelo Probabilístico

pode ser linearizada, e apresenta a seguinte forma:

$$\Phi^{-1}\Big(S(t)\Big) = \frac{-\log(t) + \mu}{\sigma},$$

em que $\Phi^{-1}(\cdot)$ são os percentis da distribuição Normal padrão. Isto significa que o gráfico de $\Phi^{-1}(\widehat{S}(t))$ *versus* $\log(t)$ deve ser aproximadamente linear, com intercepto μ/σ e inclinação $-1/\sigma$, se o modelo log-normal for apropriado.

Observe que é possível, a partir desses gráficos, obter estimativas grosseiras para os parâmetros dos modelos. Por exemplo, se o modelo Weibull for adequado, pode-se traçar uma reta no gráfico de $\log[-\log \widehat{S}(t)]$ *versus* $\log(t)$. A inclinação desta reta é uma estimativa para γ e o intercepto para $\gamma \log(\alpha)$. De forma análoga, obtêm-se estimativas para μ e σ no modelo log-normal e para α no modelo exponencial. Entretanto, a forma mais indicada para se obter estimativas para os parâmetros, após selecionar o modelo, é utilizar o método de máxima verossimilhança.

Mesmo sendo estes modelos típicos para dados de tempo de vida, podem ocorrer situações em que nenhum deles seja adequado. Estas situações exigem modelos paramétricos mais flexíveis, envolvendo mais que dois parâmetros, como, por exemplo, o modelo gama generalizado, ou simplesmente uma análise estatística toda baseada em técnicas não-paramétricas, como aquelas apresentadas no Capítulo 2. Dentre os pacotes estatísticos disponíveis no mercado, não muitos, contudo, são capazes de ajustar um modelo com mais de dois parâmetros. O *SAS*, por exemplo, é um dos pacotes aptos a ajustar a distribuição gama generalizada.

Existem, ainda, outras situações em que os gráficos apresentados não discriminam os modelos mas indicam que eles são igualmente bons. A principal razão deste fato se deve aos tamanhos de amostra pequenos ou equivalentemente, um número pequeno de falhas. Na prática, isto significa que as conclusões são similares ao se usar um ou outro modelo, podendo apresentar alguma diferença nas caudas das distribuições.

3.5.2 Comparação de Modelos

Como foi dito anteriormente, as técnicas gráficas são extremamente úteis na seleção de modelos. Entretanto, as conclusões a partir delas podem diferir para diferentes analistas. Ou seja, existem nas técnicas gráficas um componente subjetivo na sua interpretação. Outra forma de discriminar modelos é por meio de testes de hipóteses. Neste caso, a conclusão é direta e não envolve, portanto, qualquer componente subjetivo na sua interpretação.

As hipóteses a serem testadas são:

$$H_0 : \text{O modelo de interesse é adequado}$$

versus uma hipótese alternativa vaga, de que o modelo não é adequado.

Este teste é usualmente realizado utilizando-se a estatística da razão de verossimilhanças em modelos encaixados (Cox e Hinkley, 1974). Isto significa que deve ser identificado um modelo generalizado tal que os modelos de interesse sejam casos particulares. O teste é realizado a partir dos seguintes dois ajustes: (1) modelo generalizado e obtenção do valor do logaritmo de sua função de verossimilhança $(\log L(\widehat{\theta}_G))$; (2) modelo de interesse e obtenção do valor do logaritmo de sua função de verossimilhança $(\log L(\widehat{\theta}_M))$. A partir desses valores, é possível calcular a estatística da razão de verossimilhanças, isto é,

$$TRV = -2 \log \left[\frac{L(\widehat{\theta}_M)}{L(\widehat{\theta}_G)} \right] = 2 \left[\log L(\widehat{\theta}_G) - \log L(\widehat{\theta}_M) \right],$$

que, sob H_0, tem aproximadamente uma distribuição qui-quadrado com número de graus de liberdade igual a diferença do número de parâmetros $(\widehat{\theta}_G \text{ e } \widehat{\theta}_M)$ dos modelos sendo comparados.

No contexto de análise de sobrevivência, este teste é usualmente realizado utilizando-se a distribuição gama generalizada que apresenta os modelos exponencial, de Weibull, log-normal e gama como modelos encaixados, uma

3.6. Exemplos 101

vez que todos eles, como visto na Seção 3.2.5, são casos particulares da gama generalizada.

3.6 Exemplos

As técnicas estatísticas apresentadas neste capítulo são aplicadas nesta seção a dois conjuntos de dados provenientes de assessorias estatísticas realizadas no Departamento de Estatística da UFPR. O primeiro diz respeito ao tempo de reincidência de um grupo de pacientes com câncer de bexiga submetidos a um procedimento cirúrgico feito por laser e, o segundo, ao tempo até os primeiros sinais de alterações no estado de saúde de um grupo de pacientes submetidos à quimioterapia após cirurgia de intestino.

3.6.1 Exemplo 1 - Pacientes com Câncer de Bexiga

Neste exemplo são considerados os tempos de reincidência, em meses, de um grupo de 20 pacientes com câncer de bexiga que foram submetidos a um procedimento cirúrgico realizado por laser. Os tempos obtidos foram: 3, 5, 6, 7, 8, 9, 10, 10^+, 12, 15, 15^+, 18, 19, 20, 22, 25, 28, 30, 40, 45^+, em que o símbolo + indica censura.

Para este exemplo, as expressões das estimativas das funções de sobrevivência para os modelos exponencial, de Weibull e log-normal são, respectivamente,

$$\begin{aligned}
\widehat{S}_e(t) &= \exp\{-t/20,41\}, \\
\widehat{S}_w(t) &= \exp\{-(t/21,34)^{1,54}\}, \\
\widehat{S}_{ln}(t) &= \Phi[-(\log(t) - 2,72)/0,76].
\end{aligned}$$

Os valores que aparecem nas expressões apresentadas são as estimativas de máxima verossimilhança dos parâmetros de cada um dos modelos. Estas estimativas podem ser obtidas no pacote estatístico R por meio dos comandos:

```
> require(survival)
> tempos<-c(3,5,6,7,8,9,10,10,12,15,15,18,19,20,22,25,28,30,40,45)
> cens<-c(1,1,1,1,1,1,1,0,1,1,0,1,1,1,1,1,1,1,1,0)
> ajust1<-survreg(Surv(tempos,cens)~1,dist='exponential')
> ajust1
> alpha<-exp(ajust1$coefficients[1])
> alpha
> ajust2<-survreg(Surv(tempos,cens)~1,dist='weibull')
> ajust2
> alpha<-exp(ajust2$coefficients[1])
> gama<-1/ajust2$scale
> cbind(gama, alpha)
> ajust3<-survreg(Surv(tempos,cens)~1,dist='lognorm')
> ajust3
```

Os valores estimados para essas funções, por exemplo, no tempo $t = 10$ meses são, respectivamente,

$$
\begin{aligned}
\widehat{S}_e(t) &= \exp\{-10/20,41\} = 0,612, \\
\widehat{S}_w(t) &= \exp\{-(10/21,34)^{1,54}\} = 0,732, \\
\widehat{S}_{ln}(t) &= \Phi[-(\log(10) - 2,72)/0,76] = 0,708.
\end{aligned}
$$

Observe que as estimativas obtidas por meio dos modelos de Weibull e log-normal são bem próximas. O mesmo não é observado para o modelo exponencial, que apresenta um valor estimado ligeiramente diferente dos obtidos para os outros dois modelos.

A Tabela 3.1 mostra as estimativas das funções de sobrevivência para os tempos de reincidência usando-se os modelos exponencial, de Weibull e log-normal e também o Kaplan-Meier. Os comandos utilizados no R para obtenção das estimativas foram:

```
> ekm<-survfit(Surv(tempos,cens)~1)
> time<-ekm$time
> st<-ekm$surv
> ste<- exp(-time/20.41)
> stw<- exp(-(time/21.34)^1.54)
> stln<- pnorm((-log(time)+ 2.72)/0.76)
> cbind(time,st,ste,stw,stln)
```

3.6. Exemplos

Tabela 3.1: Estimativas da sobrevivência para os tempos de reincidência usando-se o estimador de Kaplan-Meier e os modelos exponencial, de Weibull e log-normal.

Tempos	Kaplan-Meier	Exponencial	Weibull	Log-normal
3	0,950	0,863	0,952	0,983
5	0,900	0,782	0,898	0,928
6	0,850	0,745	0,867	0,889
7	0,800	0,709	0,835	0,845
8	0,750	0,675	0,801	0,800
9	0,700	0,643	0,767	0,754
10	0,650	0,612	0,732	0,708
12	0,595	0,555	0,662	0,621
15	0,541	0,479	0,559	0,506
18	0,481	0,413	0,463	0,411
19	0,421	0,394	0,433	0,383
20	0,361	0,375	0,404	0,358
22	0,300	0,340	0,350	0,312
25	0,240	0,293	0,279	0,255
28	0,180	0,253	0,218	0,210
30	0,120	0,229	0,184	0,185
40	0,060	0,140	0,071	0,101
45	0,060	0,110	0,042	0,076

Para a escolha de um dos modelos, utilizou-se, inicialmente, o primeiro método gráfico apresentado na Seção 3.5.1. Foram, então, construídos os gráficos das estimativas das sobrevivências obtidas pelo método de Kaplan-Meier *versus* as estimativas das sobrevivências obtidas a partir dos modelos exponencial, de Weibull e log-normal, respectivamente. Esses gráficos encontram-se na Figura 3.7 e foram obtidos com o auxílio do R por meio dos comandos:

```
> par(mfrow=c(1,3))
> plot(st,ste,pch=16, ylim=range(c(0.0,1)), xlim=range(c(0,1)), xlab = "S(t):
        Kaplan-Meier", ylab="S(t): exponencial")
> lines(c(0,1), c(0,1), type="l", lty=1)
```

```
> plot(st,stw,pch=16, ylim=range(c(0.0,1)), xlim=range(c(0,1)), xlab = "S(t):
    Kaplan-Meier", ylab="S(t): Weibull")
> lines(c(0,1), c(0,1), type="l", lty=1)
> plot(st,stln,pch=16, ylim=range(c(0.0,1)), xlim=range(c(0,1)), xlab = "S(t):
    Kaplan-Meier", ylab="S(t): log-normal")
> lines(c(0,1), c(0,1), type="l", lty=1)
```

A partir dos gráficos apresentados na Figura 3.7, é possível observar que o modelo exponencial parece não ser adequado para esses dados, pois a curva se apresenta um tanto afastada da reta $y = x$. Por outro lado, os modelos de Weibull e log-normal acompanham mais de perto a reta $y = x$, indicando ser um desses modelos, possivelmente, adequado para os dados sob estudo.

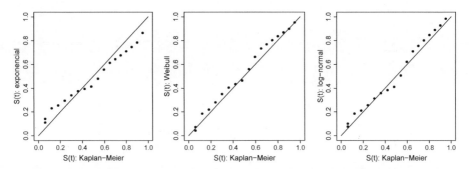

Figura 3.7: Gráficos das sobrevivências estimadas por Kaplan-Meier *versus* as sobrevivências estimadas pelos modelos exponencial, de Weibull e log-normal.

Na tentativa de confirmar os resultados obtidos pelo método 1, foram construídos os gráficos linearizados (método 2) para os modelos exponencial, de Weibull e log-normal. Eles estão mostrados na Figura 3.8 e foram obtidos no *R* com o auxílio dos comandos:

```
> par(mfrow=c(1,3))
> invst<-qnorm(st)
> plot(time, -log(st),pch=16,xlab="tempos",ylab="-log(S(t))")
> plot(log(time),log(-log(st)),pch=16,xlab="log(tempos)",ylab="log(-log(S(t)))")
> plot(log(time),invst,pch=16,xlab="log(tempos)",ylab=expression(Phi^-1*(S(t))))
```

Os gráficos para os modelos de Weibull e log-normal apresentados na

3.6. Exemplos

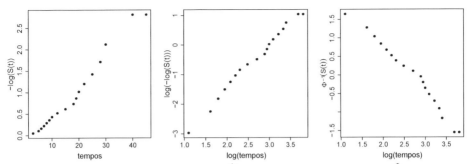

Figura 3.8: Gráficos de t versus $-\log(\widehat{S}(t))$, $\log(t)$ versus $\log(-\log(\widehat{S}(t)))$ e $\log(t)$ versus $\Phi^{-1}(\widehat{S}(t))$.

Figura 3.8 não mostram afastamentos marcantes de uma reta. Já para o modelo exponencial, observa-se um certo desvio da reta. Esses gráficos confirmam os resultados observados quando do uso do método 1 e indicam os modelos de Weibull e log-normal a serem usados na análise dos dados. Os dois modelos indicados pelos procedimentos gráficos devem apresentar, como comentado na Seção 3.5.1, resultados similares e igualmente bons. O tamanho pequeno da amostra é certamente a principal razão de não ter havido discriminação entre os modelos de Weibull e log-normal.

Os testes da razão de verossimilhanças para as hipóteses: i) o modelo exponencial é adequado, ii) o modelo de Weibull é adequado e iii) o modelo log-normal é adequado, foram realizados utilizando-se o modelo gama generalizado. Os valores do logaritmo da função de verossimilhança para os quatro modelos e os testes da razão de verossimilhanças (TRV) resultaram nos valores apresentados na Tabela 3.2.

Os resultados apresentados na Tabela 3.2, em que os valores do logaritmo das funções de verossimilhança foram obtidos com o auxílio do pacote estatístico *SAS* para a distribuição gama generalizada (o R ainda não disponibiliza a gama generalizada no procedimento *survival*), e do pacote R, com os comandos:

```
> ajust1$loglik[2]
> ajust2$loglik[2]
> ajust3$loglik[2]
```

Tabela 3.2: Logaritmo da função $L(\theta)$ e resultados dos TRV.

Modelo	$\log(L(\theta))$	TRV	valor p
Gama Generalizada	-65,69*	-	-
Exponencial	-68,27	2(68,27 - 65,69) = 5,16	0,075
Weibull	-66,13	2(66,13 - 65,69) = 0,88	0,348
Log-normal	-65,74	2(65,74 - 65,69) = 0,10	0,752

* valor obtido com o auxílio do pacote estatístico SAS.

para as demais distribuições, indicam a adequação dos modelos de Weibull e log-normal para a análise dos dados desse exemplo, confirmando as conclusões apresentadas quando da utilização das técnicas gráficas. As curvas de sobrevivência estimadas por meio do ajuste de ambos os modelos *versus* a curva de sobrevivência estimada por Kaplan-Meier podem ser observadas na Figura 3.9. Note, a partir desta figura, que ambos os modelos apresentam ajustes satisfatórios. Os comandos utilizados no R para obtenção dessa figura foram:

```
> par(mfrow=c(1,2))
> plot(ekm, conf.int=F, xlab="Tempos", ylab="S(t)")
> lines(c(0,time),c(1,stw), lty=2)
> legend(25,0.8,lty=c(1,2),c("Kaplan-Meier", "Weibull"),bty="n",cex=0.8)
> plot(ekm, conf.int=F, xlab="Tempos", ylab="S(t)")
> lines(c(0,time),c(1,stln), lty=2)
> legend(25,0.8,lty=c(1,2),c("Kaplan-Meier", "Log-normal"),bty="n",cex=0.8)
```

Estimativas para o tempo médio, com base nas distribuições de Weibull e log-normal, são calculadas a partir das expressões da média apresentadas nas Seções 3.2.2 e 3.2.3. Desta forma, tem-se, respectivamente, para o modelo de Weibull e log-normal, as estimativas:

$$\widehat{E}(T) = 21,34[\Gamma(1 + (1/1,54))] = 19,206 \text{ meses},$$
$$\widehat{E}(T) = \exp\left\{2,72 + (0,76^2/2)\right\} = 20,263 \text{ meses}.$$

Intervalos de confiança para $E(T)$ podem ser obtidos após obtenção de estimativas para a $Var(\widehat{E}(T))$. Isto é feito a partir do método delta

3.6. Exemplos

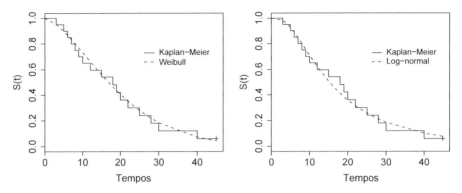

Figura 3.9: Curvas de sobrevivência estimadas pelos modelos de Weibull e log-normal *versus* a curva de sobrevivência estimada por Kaplan-Meier.

apresentado na Seção 3.4.1. Para o modelo log-normal, por exemplo, tem-se: $\widehat{Var}(\widehat{\mu}) = 0{,}031$, $\widehat{Var}(\widehat{\sigma}) = 0{,}0176$ e $\widehat{Cov}(\widehat{\mu},\widehat{\sigma}) = 0{,}00207$, de modo que:

$$\widehat{Var}(\widehat{E}(T)) \doteq \widehat{Var}(\widehat{\mu})\left[\exp\left\{\widehat{\mu}+\frac{\widehat{\sigma}^2}{2}\right\}\right]^2 + \widehat{Var}(\widehat{\sigma})\left[\widehat{\sigma}\exp\left\{\widehat{\mu}+\frac{\widehat{\sigma}^2}{2}\right\}\right]^2$$

$$+ 2\,\widehat{Cov}(\widehat{\mu},\widehat{\sigma})\left[\exp\left\{\widehat{\mu}+\frac{\widehat{\sigma}^2}{2}\right\}\right]\left[\widehat{\sigma}\exp\left\{\widehat{\mu}+\frac{\widehat{\sigma}^2}{2}\right\}\right]$$

$$= (0,031)(20,263)^2 + (0,0176)((0,76)*(20,263))^2$$
$$+ 2(0,00207)(0,76)(20,263)^2 = 18,2.$$

Utilizando-se, então, o modelo log-normal, tem-se um intervalo de 95% de confiança para $E(T)$ de $(11,90;\ 28,62)$ meses. Ainda, uma estimativa para o tempo mediano, obtida a partir da expressão dos percentis do modelo log-normal, é:

$$\widehat{t}_{0,5} = \exp(z_{0,5}0,76 + 2,72) = 15,18 \text{ meses.}$$

O estimador de Kaplan-Meier, fazendo-se uso de interpolação linear, fornece um valor de 17,05 meses como uma estimativa para o tempo mediano, bem como uma estimativa para o tempo médio de reicindência, em-

108   Capítulo 3. Modelos Probabilísticos

bora subestimada, pois a última unidade foi censurada, de 18,43 meses. Observe, por exemplo, que uma estimativa para $S(20)$ usando-se o modelo log-normal é de 35,8%. Esta mesma estimativa usando-se o estimador de Kaplan-Meier é de 36,1%. Esses valores são bastante próximos e significa que um paciente tem uma probabilidade de cerca de 36% de estar livre de reincidência após 20 meses da realização do procedimento cirúrgico.

O modelo log-normal foi utilizado para ilustrar o cálculo das estimativas intervalares de $E(T)$. Os mesmos cálculos para o modelo de Weibull são mais complicados, uma vez que no cálculo da $Var(\widehat{E}(T))$ aparece a derivada da função gama que envolve a função digama. Uma forma aproximada para esta expressão foi proposta por Colosimo e Ho (1999).

3.6.2   Exemplo 2 - Tratamento Quimioterápico

No estudo analisado neste exemplo, são apresentados na Tabela 3.3 os tempos, em dias, até a ocorrência dos primeiros sinais de alterações indesejadas no estado geral de saúde de 45 pacientes de ambos os sexos que receberam tratamento quimioterápico após terem sido submetidos à cirurgia de intestino. Houve um acompanhamento total de 250 dias desde a entrada do primeiro paciente até o término do estudo.

Tabela 3.3: Tempos até a ocorrência dos primeiros sinais de alterações póscirúrgicas de pacientes que receberam tratamento quimioterápico após cirurgia de intestino (+ indica censura).

$7, 8, 10, 12, 13, 14^+, 19, 23, 25^+, 26, 27, 31, 31^+, 49, 59^+, 64^+, 87, 89, 107, 117, 119,$ $230^+, 233^+, 130, 148, 153, 156, 159, 191, 222, 200^+, 203^+, 210^+, 220^+, 220^+, 228^+,$ $235^+, 240^+, 240^+, 240^+, 241^+, 245^+, 247^+, 248^+, 250^+$

Na tentativa de escolher entre os modelos exponencial, de Weibull e lognormal, utilizou-se o método gráfico 2. Os gráficos das linearizações correspondentes aos três modelos encontram-se na Figura 3.10. Eles indicam o modelo log-normal como o que apresenta desvios menos acentuados de uma reta sendo, desse modo, o mais adequado dentre os três modelos analisados para a análise deste conjunto de dados.

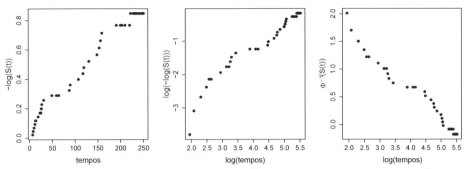

Figura 3.10: Gráficos de t versus $-\log(\widehat{S}(t))$, $\log(t)$ versus $\log(-\log(\widehat{S}(t)))$ e $\log(t)$ versus $\Phi^{-1}(\widehat{S}(t))$.

Os resultados dos testes da razão de verossimilhanças (TRV), apresentados na Tabela 3.4, confirmam a indicação do modelo log-normal, obtida no procedimento gráfico, como o mais adequado para a análise desses dados. Note, contudo, que os modelos exponencial e de Weibull não foram totalmente descartados.

Tabela 3.4: Logaritmo da função $L(\theta)$ e resultados dos TRV.

Modelo	$-\log(L(\theta))$	TRV	Valor p
Gama Generalizada	149,66*	-	-
Exponencial	151,07	2(151,07 - 149,66) = 2,82	0,24
Weibull	150,55	2(150,55 - 149,66) = 1,78	0,18
Log-normal	149,81	2(149,81 - 149,66) = 0,30	0,58

* valor obtido com o auxílio do pacote estatístico *SAS*.

A partir da Figura 3.11, que mostra as curvas de sobrevivência estimadas por Kaplan-Meier e pelo modelo log-normal, e, considerando-se a existência de uma quantidade considerável de censuras observadas neste exemplo (em torno de 50%), pode-se notar que o modelo indicado apresenta-se razoável para a análise dos dados desse estudo. Assim, uma estimativa para o tempo médio, encontrada a partir da expressão da média do modelo log-normal, é de:

$$\widehat{E}(T) = \exp\left\{5,181 + (1,724^2/2)\right\} = 786 \text{ dias}.$$

A estimativa para o tempo mediano é obtida a partir da expressão dos percentis e fornece um valor de:

$$\widehat{t}_{0,5} = \exp\left\{z_{0,5}1,724 + 5,181\right\} = 178 \text{ dias}.$$

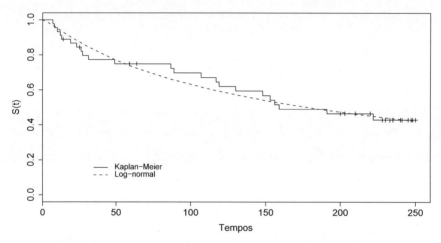

Figura 3.11: Curvas de sobrevivência estimadas por Kaplan-Meier e pelo modelo log-normal para os dados dos pacientes submetidos à cirurgia de intestino e quimioterapia.

O estimador de Kaplan-Meier fornece um valor de 158 dias como uma estimativa do tempo mediano e não permite a obtenção de uma estimativa adequada para o tempo médio de vida, pois os pacientes com os maiores tempos observados foram censurados.

Uma estimativa do percentual de pacientes sem nenhum sinal de alterações indesejadas no seu estado de saúde no tempo, por exemplo, $t = 200$ dias, pode, então, ser obtida usando-se a expressão do modelo log-normal, isto é,

$$\widehat{S}(200) = \Phi[-(\log(200) - 5,181)/1,724],$$

que fornece o valor de 47,3%. Esta mesma estimativa obtida pelo estimador de Kaplan-Meier fornece o valor de 46,5%. Assim, um paciente que é submetido à quimioterapia após cirurgia do intestino apresenta uma probabilidade de cerca de 47% de estar sem alterações indesejáveis em seu estado de saúde após 200 dias da cirurgia e início da quimioterapia.

3.7 Exercícios

1. O tempo em dias para o desenvolvimento de tumor em ratos expostos a uma substância cancerígena segue uma distribuição de Weibull tal que:
$$S(t) = \exp\left\{-\left(\frac{t}{\alpha}\right)^{\gamma}\right\},$$
com $\alpha = 100$ e $\gamma = 2$.

   (a) Qual é a probabilidade de um rato sobreviver sem tumor aos primeiros 30 dias? E aos primeiros 45 dias?

   (b) Qual é o tempo médio até o aparecimento do tumor?

   (c) Qual é o tempo mediano até o aparecimento do tumor?

   (d) Encontre a taxa de falha de aparecimento de tumor aos 30, 45 e 60 dias. Interprete estes valores.

2. Deseja-se comparar duas populações de tempos de vida. Uma amostra de tamanho n ($r \leq n$ falhas) foi obtida da população 1 que tem distribuição exponencial com média α. Uma amostra de tamanho m ($s \leq m$ falhas) foi obtida da população 2 que tem distribuição exponencial com média $\alpha + \Delta$.

   (a) Estabeleça as hipóteses que se deseja testar.

   (b) Apresente a função de verossimilhança para $\theta = (\alpha, \Delta)'$.

   (c) Apresente o vetor escore $(U(\theta))$ e a matriz de informação observada $(-\mathcal{F}(\theta))$.

112   *Capítulo 3. Modelos Probabilísticos*

(d) Obtenha as expressões dos testes de Wald e da razão de verossimilhanças para as hipóteses apresentadas em (a).

3. Os dados mostrados a seguir representam o tempo até a ruptura de um tipo de isolante elétrico sujeito a uma tensão de estresse de 35 Kvolts. O teste consistiu em deixar 25 destes isolantes funcionando até que 15 deles falhassem (censura do tipo II), obtendo-se os seguintes resultados (em minutos):

0,19	0,78	0,96	1,31	2,78	3,16	4,67	4,85
6,50	7,35	8,27	12,07	32,52	33,91	36,71	

Este exercício foi proposto no Capítulo 2 para ser resolvido utilizando-se métodos não-paramétricos. O que se deseja aqui é que o exercício seja repetido utilizando-se modelos paramétricos. Inicialmente, deve-se identificar um modelo paramétrico para explicar estes dados e, em seguida, responder novamente às mesmas perguntas. Isto é, a partir destes dados amostrais, deseja-se obter as seguintes informações:

(a) Uma estimativa para o tempo mediano de vida deste tipo de isolante elétrico funcionando a 35 Kvolts.

(b) Uma estimativa (por ponto e por intervalo) para a fração de defeituosos esperada nos dois primeiros minutos de funcionamento.

(c) Uma estimativa (por ponto e por intervalo) para o tempo médio de vida destes isoladores funcionando a 35 Kvolts.

(d) O tempo necessário para 20% dos isolantes estarem fora de operação.

4. O fabricante de um tipo de isolador elétrico quer conhecer o comportamento de seu produto funcionando a uma temperatura de $200^{\circ}C$. Um teste de vida foi realizado nestas condições usando-se 60 isoladores elétricos. O teste terminou quando 45 deles havia falhado (censura

3.7. Exercícios 113

do tipo II). As 15 unidades que não haviam falhado ao final do teste foram, desta forma, censuradas no tempo $t = 2729$ horas. O fabricante tem interesse em estimar o tempo médio e mediano de vida do isolador e o percentual de falhas após 500 horas de uso. Os tempos (em horas) obtidos são apresentados na Tabela 3.5.

Responda às questões de interesse do fabricante fazendo uso do modelo paramétrico que se apresentar mais apropriado para descrever os dados.

Tabela 3.5: Tempos (horas) dos isolantes elétricos funcionando a 200ºC.

151	164	336	365	403	454	455	473	538	577	592	628	632	647	675	727	785
801	811	816	867	893	930	937	976	1008	1040	1051	1060	1183	1329	1334
1379	1380	1633	1769	1827	1831	1849	2016	2282	2415	2430	2686	2729

2729^+ 2729^+ 2729^+ 2729^+ 2729^+ 2729^+ 2729^+ 2729^+ 2729^+ 2729^+

2729^+ 2729^+ 2729^+ 2729^+ 2729^+

5. Ajuste um modelo paramétrico aos dados do Exercício 3 do Capítulo 2. Compare os resultados com aqueles obtidos no Capítulo 2.

Capítulo 4

Modelos de Regressão Paramétricos

4.1 Introdução

Os estudos na área médica muitas vezes envolvem covariáveis que podem estar relacionadas com o tempo de sobrevivência. Por exemplo, a contagem de células CD4 e CD8 ao diagnóstico são duas covariáveis que a literatura médica mostra serem importantes fatores de prognóstico para o tempo até a ocorrência de AIDS em pacientes infectados pelo HIV. Certamente, essas covariáveis devem ser incluídas na análise estatística dos dados. As técnicas não-paramétricas apresentadas no Capítulo 2 não permitem a inclusão direta de covariáveis na análise. Estas técnicas são importantes para descrever os dados de sobrevivência pela sua simplicidade e facilidade de aplicação, pois não envolvem nenhuma estrutura paramétrica. No entanto, este fato inviabiliza uma análise mais elaborada incluindo covariáveis.

Uma forma simples de se fazer isto é dividir os dados em estratos de acordo com estas covariáveis e usar as técnicas não-paramétricas apresentadas no Capítulo 2. A simplicidade dos cálculos e a facilidade de entendimento são as grandes vantagens da análise estratificada. No entanto, ela apresenta sérias limitações. A mais importante é que uma análise envol-

116   Capítulo 4. Modelos de Regressão Paramétricos

vendo várias covariáveis produz um número muito grande de estratos que podem conter poucas observações, ou talvez nenhuma. Isto faz com que as comparações fiquem impossíveis de serem realizadas.

A forma mais eficiente de acomodar o efeito dessas covariáveis é utilizar um modelo de regressão apropriado para dados censurados. Em análise de sobrevivência, existem duas classes de modelos propostas na literatura: os modelos paramétricos e os semiparamétricos. Os modelos paramétricos, também denominados modelos de tempo de vida acelerado, são mais eficientes, porém menos flexíveis do que os modelos semiparamétricos. A segunda classe de modelos, também denominada simplesmente de modelo de regressão de Cox, tem sido bastante utilizada em estudos clínicos. Além da flexibilidade, este modelo permite incorporar facilmente covariáveis dependentes do tempo, que ocorrem com freqüência em várias áreas de aplicação. O modelo de regressão de Cox é tratado em detalhes no Capítulo 5.

Neste capítulo é apresentado o modelo de tempo de vida acelerado ou de regressão paramétrico, bem como suas principais propriedades. Na Seção 4.2, o modelo é apresentado para as distribuições exponencial e de Weibull. As técnicas de adequação do modelo são apresentadas na Seção 4.3 e as interpretações das quantidades estimadas são mostradas na Seção 4.4. O capítulo termina na Seção 4.5, com três aplicações reais do modelo de tempo de vida acelerado.

4.2   Modelo Linear para Dados de Sobrevivência

Considere uma situação simples de modelagem envolvendo uma única covariável em que o objetivo seja explorar a relação entre a covariável e a resposta, que é o tempo até a ocorrência de um evento de interesse. Um gráfico de dispersão entre esta covariável e a resposta pode auxiliar na detecção de uma possível associação entre elas. Esse fato foi discutido na Seção 2.1. Outras análises descritivas para explorar esta relação podem também ser realizadas utilizando as técnicas apresentadas no Capítulo 2.

4.2. Modelo Linear para Dados de Sobrevivência

Por exemplo, a covariável pode gerar estratos e um estimador de Kaplan-Meier pode ser construído para cada estrato. Se a covariável for categórica, isto é feito automaticamente; em caso contrário, a covariável pode ser categorizada para gerar os estratos. Como foi dito na Seção 4.1, esta análise é limitada e nesta seção será explorada a utilização de um modelo estatístico para explicar esta relação.

O modelo de regressão linear (Draper e Smith, 1998) é o mais conhecido em estatística e é tomado como ponto de partida. Neste modelo, a resposta é associada com as variáveis explicativas ou covariáveis por meio de um modelo linear. No caso de uma única covariável, o gráfico desta versus a resposta deve mostrar evidências de uma relação linear, caso o modelo seja aceitável para esta situação. Ou seja, a nuvem de pontos deste gráfico deve dar indicações de que uma reta é uma boa aproximação para a relação entre as variáveis. A equação da reta é o componente determinístico do modelo de regressão e a variação em torno desta reta representa o componente estocástico. No caso do modelo linear, este último componente geralmente é considerado como tendo uma distribuição normal. A representação deste modelo é a seguinte:

$$Y = \beta_0 + \beta_1 x + \epsilon, \tag{4.1}$$

em que Y é a resposta, x é a covariável, β_0 e β_1 são os parâmetros a serem estimados e ϵ é o erro aleatório com distribuição normal.

Retornando à situação de interesse, em que se tem uma resposta envolvendo o tempo até a ocorrência de um evento e a presença de censura, o que se deseja é utilizar um modelo de regressão para estudar a relação entre as variáveis. No entanto, o tipo de resposta e o comportamento das variáveis não permitem, em geral, a utilização direta do modelo (4.1). Junte-se a isto o fato de que a distribuição da resposta tende também, em geral, a ser assimétrica na direção dos maiores tempos de sobrevivência, o que torna inapropriado o uso da distribuição normal para o componente estocástico do modelo.

118   *Capítulo 4. Modelos de Regressão Paramétricos*

Existem duas formas de enfrentar o problema da modelagem estatística em análise de sobrevivência. São elas:

1. transformar a resposta para tentar retornar ao modelo linear normal ou,

2. utilizar um componente determinístico não-linear nos parâmetros e uma distribuição assimétrica para o componente estocástico.

Na verdade, as duas formas podem ser equivalentes. Utilizar um modelo linear para a transformação logarítmica da resposta é equivalente a usar o componente determinístico:

$$\exp\{\beta_0 + \beta_1 x\} \tag{4.2}$$

e distribuição log-normal para o erro. Existem, no entanto, outras distribuições assimétricas possíveis para o erro, que não possibilitam o retorno para o modelo linear. Nas Seções 4.2.1 a 4.2.3 são descritos alguns modelos paramétricos usuais que apresentam distribuições assimétricas para o erro.

4.2.1   Modelo de Regressão Exponencial

A utilização da distribuição exponencial para o erro e um componente determinístico da forma (4.2) é certamente o modelo de regressão mais simples e, historicamente, o mais utilizado na literatura de análise de sobrevivência. Este modelo, envolvendo uma única covariável, será utilizado para introduzir a modelagem de uma situação simples em análise de sobrevivência.

A combinação de um componente determinístico e uma distribuição exponencial com média unitária para o erro ($f(\epsilon) = \exp\{-\epsilon\}$) produz o seguinte modelo:

$$T = \exp\{\beta_0 + \beta_1 x\}\ \epsilon, \tag{4.3}$$

que é o modelo de regressão exponencial. Este modelo admite uma relação não-linear entre T e x no seu componente determinístico e erro com distribuição assimétrica. Na linguagem de modelos lineares generalizados

4.2. Modelo Linear para Dados de Sobrevivência 119

(McCullagh e Nelder, 1989), tem-se uma função de ligação logarítmica e a resposta com distribuição exponencial.

Observe que o modelo (4.3) é linearizável se for considerado o logaritmo de T. Assim, obtém-se:

$$Y = \log(T) = \beta_0 + \beta_1 x + \nu, \qquad (4.4)$$

com $\nu = \log(\epsilon)$. O modelo (4.4) é semelhante ao modelo linear (4.1), com exceção da distribuição dos erros que não é normal. O erro ν segue uma distribuição do valor extremo padrão $(f(\nu) = \exp\{\nu - \exp\{\nu\}\})$. Esta distribuição é bastante utilizada em análise de sobrevivência, pois caracteriza de forma adequada a distribuição do logaritmo de certos tempos de vida. Mais informações sobre esta distribuição podem ser encontradas em Lawless (2003).

Note de (4.4) e (4.3), que x atua linearmente em Y e, então, multiplicativamente em T. Ainda, a função de sobrevivência para Y condicional a x é expressa para este modelo, por:

$$S(y \mid x) = \exp\left\{ - \exp\left\{ y - (\beta_0 + \beta_1 x) \right\} \right\}.$$

Para T condicional a x, a função de sobrevivência correspondente é:

$$S(t \mid x) = \exp\left\{ - \left(\frac{t}{\exp\{\beta_0 + \beta_1 x\}} \right) \right\}. \qquad (4.5)$$

O passo seguinte, após a especificação do modelo, é a estimação dos seus parâmetros. No caso particular do modelo (4.4), é necessário estimar e fazer inferência sobre o vetor de parâmetros $\boldsymbol{\theta} = (\beta_0, \beta_1)$. No modelo linear (4.1), utiliza-se o método de mínimos quadrados para esta finalidade, pois ele tem propriedades desejáveis na presença de erros com distribuição normal (Seber, 1977). Na ausência de normalidade dos erros e, principalmente na presença de censuras, este método se torna inadequado. O método de máxima verossimilhança, discutido no Capítulo 3, se apresenta, então, como uma opção apropriada.

A construção da função de verossimilhança, como apresentada na Seção 3.3.1, é dividida em duas partes separadas, correspondentes às falhas e censuras. No caso de falhas, que corresponde, como visto na Seção 1.4, a dados representados por $(t_i, 1, x_i)$, sabe-se que a falha para o indivíduo i ocorreu no tempo t_i. Desta forma, a contribuição deste indivíduo para a função de verossimilhança é a "probabilidade"de que o mesmo tenha a recidiva ou morte no tempo t_i. Isto é dado pela sua função de densidade $f(t_i \mid x_i)$. No caso de censuras à direita, em que os dados são representados por $(t_i, 0, x_i)$, sabe-se que o tempo de falha do i-ésimo indivíduo é superior a t_i. Então, a contribuição deste indivíduo para a função de verossimilhança é a probabilidade dele sobreviver ao tempo t_i. Isto é dado por sua função de sobrevivência $S(t_i \mid x_i)$. Tratando os dados como independentes, a função de verossimilhança para o modelo linear na forma (4.4) pode, então, ser escrita para uma amostra de tamanho n como:

$$L(\boldsymbol{\theta}) = \prod_{i=1}^{n} \left[f(y_i \mid x_i) \right]^{\delta_i} \left[S(y_i \mid x_i) \right]^{(1-\delta_i)}, \tag{4.6}$$

em que $y_i = \log(t_i)$ e $\boldsymbol{\theta}=(\beta_0, \beta_1)$, ou, ainda, para modelos na forma (4.3), por:

$$L(\boldsymbol{\theta}) = \prod_{i=1}^{n} \left[f(t_i \mid x_i) \right]^{\delta_i} \left[S(t_i \mid x_i) \right]^{(1-\delta_i)}. \tag{4.7}$$

Para obtenção dos estimadores de máxima verossimilhança, é necessário substituir as funções de densidade e sobrevivência por aquelas da distribuição do valor extremo em (4.6) ou da exponencial em (4.7). Fazendo-se isto em (4.6) e tomando-se o logaritmo de $L(\boldsymbol{\theta})$, tem-se:

$$
\begin{aligned}
\log L(\boldsymbol{\theta}) &= \sum_{i=1}^{n} \Big[\delta_i \big((y_i - \beta_0 - \beta_1 x_i) - \exp\{y_i - \beta_0 - \beta_1 x_i\} \big) \\
&\quad -(1 - \delta_i) \exp\{y_i - \beta_0 - \beta_1 x_i\} \Big] \\
&= \sum_{i=1}^{n} \Big[\delta_i (y_i - \beta_0 - \beta_1 x_i) - \exp\{y_i - \beta_0 - \beta_1 x_i\} \Big]. \tag{4.8}
\end{aligned}
$$

4.2. Modelo Linear para Dados de Sobrevivência 121

Os estimadores de máxima verossimilhança são os valores de $\boldsymbol{\theta} = (\beta_0, \beta_1)$ que maximizam a função $\log L(\boldsymbol{\theta})$ mostrada em (4.8). Para isso, é necessário encontrar as derivadas de (4.8) em função dos componentes de $\boldsymbol{\theta}$, igualar as expressões obtidas a zero e resolver o sistema de equações resultante. Como as equações são não-lineares nos componentes de $\boldsymbol{\theta}$ e não apresentam solução analítica, devem ser resolvidas numericamente, o que, usualmente, envolve o método numérico de Newton-Raphson e a utilização de um pacote estatístico.

4.2.2 Modelo de Regressão Weibull

O modelo de regressão exponencial apresentado na Seção 4.2.1 é simples e interessante de ser manuseado para a introdução de modelagem com dados de sobrevivência. No entanto, devido a sua simplicidade, poucas situações na prática são adequadamente ajustadas por este modelo. De acordo com Nelson (1990), somente 10% de produtos industriais têm tempos de vida com distribuição exponencial. Uma forma de generalizar o modelo (4.4) é incluir um parâmetro extra de escala em sua formulação. Isto, em modelos lineares, é equivalente a assumir, para os erros, uma distribuição normal com variância σ^2, em vez de uma distribuição normal padrão. O modelo linear (4.4) passa, então, a ter a forma $Y = \log(T) = \beta_0 + \beta_1 x + \sigma\nu$ ou, considerando a presença de p covariáveis,

$$Y = \log(T) = \beta_0 + \beta_1 x_1 + \ldots + \beta_p x_p + \sigma\nu = \mathbf{x}'\boldsymbol{\beta} + \sigma\nu, \qquad (4.9)$$

em que $\mathbf{x}' = (1, x_1, \ldots, x_p)$ e $\boldsymbol{\beta} = (\beta_0, \beta_1, \ldots, \beta_P)'$. Este modelo é conhecido como modelo de regressão Weibull, pois T deve ter uma distribuição de Weibull para que $\log(T)$ tenha uma distribuição do valor extremo com parâmetro de escala σ. Sendo assim, a função de sobrevivência para Y condicional a $\mathbf{x}$ é expressa por:

$$S(y \mid \mathbf{x}) = \exp\left\{-\exp\left\{\frac{y - \mathbf{x}'\boldsymbol{\beta}}{\sigma}\right\}\right\}$$

e, para T condicional a $\mathbf{x}$, por:

$$S(t \mid \mathbf{x}) = \exp\left\{ - \left(\frac{t}{\exp\{\mathbf{x}'\boldsymbol{\beta}\}} \right)^{1/\sigma} \right\}.$$

4.2.3 Modelo de Tempo de Vida Acelerado

Extensões do modelo (4.9) podem ser obtidas considerando-se outras distribuições para ν ou T. Distribuições adequadas para T são, por exemplo, a log-normal, a gama e a log-logística, entre outras. De forma correspondente, a distribuição para ν é normal, log-gama e logística. O modelo na forma (4.9) é bastante utilizado na prática e conhecido como **modelo de tempo de vida acelerado**. Isto porque a função das covariáveis é acelerar ou desacelerar o tempo de vida. Este fato pode ser melhor entendido se for considerada a escala original:

$$T = \exp\{\mathbf{x}'\boldsymbol{\beta}\} \exp\{\sigma\nu\}. \tag{4.10}$$

A generalização deste modelo pode ser obtida em termos paramétricos se for acrescentado mais um parâmetro de forma. A gama generalizada é um exemplo de tal modelo. No entanto, a parte inferencial e seu correspondente aspecto computacional se tornam complexos. A generalização mais utilizada é, no entanto, a proposta por Cox (1972), que sugere um modelo semiparamétrico em que alguns modelos na forma (4.9) aparecem como casos particulares. Devido à importância deste modelo na análise de dados de sobrevivência, o Capítulo 5 é dedicado para a sua apresentação e discussão.

A inferência estatística nos modelos de tempo de vida acelerado é realizada por meio das propriedades assintóticas dos estimadores de máxima verossimilhança conforme apresentado no Capítulo 3. A forma geral da função de verossimilhança é a expressão (4.7). Após ser especificada uma

4.3. Adequação do Modelo Ajustado

distribuição para T, ou de forma equivalente para Y, a função de verossimilhança fica completamente determinada. Os estimadores de máxima verossimilhança e suas propriedades apresentadas no Capítulo 3 são úteis para construir intervalos de confiança e testar hipóteses referentes aos parâmetros do modelo.

4.3 Adequação do Modelo Ajustado

Uma avaliação da adequação do modelo ajustado é parte fundamental da análise dos dados. No modelo de regressão linear usual, uma análise gráfica dos resíduos é usada para esta finalidade. Diversos resíduos têm sido propostos na literatura para avaliar o ajuste do modelo apresentado neste capítulo (Lawless, 2003, Klein e Moeschberger, 2003, Therneau e Grambsch, 2000).

Técnicas gráficas, que fazem uso dos diferentes resíduos propostos, são, em particular, bastante utilizadas para examinar diferentes aspectos do modelo. Um desses aspectos é avaliar, por meio dos resíduos, a distribuição dos erros. Estas técnicas, como bem observado por Klein e Moeschberger (2003), devem ser utilizadas como um meio de rejeitar modelos claramente inapropriados e não para "provar" que um particular modelo paramétrico está correto, mesmo porque, em muitas aplicações, dois ou mais modelos paramétricos podem fornecer ajustes razoáveis, bem como estimativas similares das quantidades de interesse.

Nas seções que se seguem, os seguintes resíduos são descritos: i) os *resíduos de Cox-Snell* (1968) e os *resíduos padronizados*, úteis para examinar o ajuste global do modelo, ii) os *resíduos martingal*, úteis para determinar a forma funcional (linear, quadrática etc.) de uma covariável, em geral contínua, sendo incluída no modelo de regressão, e iii) os *resíduos deviance* que auxiliam a examinar a acurácia do modelo para cada indivíduo sob estudo.

4.3.1 Resíduos de Cox-Snell

Os resíduos de Cox-Snell (1968) auxiliam, como dito anteriormente, a examinar o ajuste global do modelo. Esses resíduos são quantidades determinadas por:

$$\widehat{e}_i = \widehat{\Lambda}(t_i \mid \mathbf{x}_i), \qquad (4.11)$$

em que $\widehat{\Lambda}(\cdot)$ é a função de taxa de falha acumulada obtida do modelo ajustado. Para os modelos de regressão exponencial, Weibull e log-normal, os resíduos de Cox-Snell são dados, respectivamente, por:

$$\text{Exponencial: } \widehat{e}_i = \left[t_i \exp\{-\mathbf{x}_i'\widehat{\boldsymbol{\beta}}\} \right],$$

$$\text{Weibull: } \widehat{e}_i = \left[t_i \exp\{-\mathbf{x}_i'\widehat{\boldsymbol{\beta}}\} \right]^{\widehat{\gamma}}$$

e

$$\text{log-normal: } \widehat{e}_i = -\log\left[1 - \Phi\left(\frac{\log(t_i) - \mathbf{x}_i'\widehat{\boldsymbol{\beta}}}{\widehat{\sigma}} \right) \right].$$

Os resíduos $\widehat{e}_i$ vêm de uma população homogênea e devem seguir uma distribuição exponencial padrão se o modelo for adequado (Lawless, 2003). Desse modo, pode-se fazer uso das técnicas gráficas apresentadas na Seção 3.5. Assim, o gráfico $\widehat{e}_i$ versus $\widehat{\Lambda}(\widehat{e}_i)$ deve ser aproximadamente uma reta com inclinação 1, quando o modelo exponencial for adequado, uma vez que $\widehat{\Lambda}(\widehat{e}_i) = -\log(\widehat{S}(\widehat{e}_i))$. Aqui, $\widehat{S}(\widehat{e}_i)$ é a função de sobrevivência dos $\widehat{e}_i$'s obtida pelo estimador de Kaplan-Meier. O gráfico das curvas de sobrevivência desses resíduos, obtidas por Kaplan-Meier e pelo modelo exponencial padrão, também auxiliam na verificação da qualidade do modelo ajustado. Quanto mais próximas elas se apresentarem, melhor é considerado o ajuste do modelo aos dados.

De acordo com Lawless (2003), quando existirem poucas observações censuradas e os modelos exponencial ou de Weibull estiverem sendo usados, é conveniente ajustar os resíduos censurados e tratá-los como se fossem não

4.3. Adequação do Modelo Ajustado 125

censurados. Assim, para todo t_i correspondente a um tempo censurado, tem-se, nessas situações, os correspondentes resíduos redefinidos por:

$$\widehat{e}_i = \left[t_i \exp(-\mathbf{x}'_i \widehat{\boldsymbol{\beta}}) \right]^{\widehat{\gamma}} + 1 = \widehat{\Lambda}(t_i \mid \mathbf{x}_i) + 1.$$

Embora os resíduos de Cox-Snell sejam úteis para examinar o ajuste global do modelo, eles não indicam o tipo de falha, detectado a partir do modelo, quando o gráfico de $\widehat{e}_i$ *versus* $\widehat{\Lambda}(e_i)$ apresentar um comportamento não linear (Crowley e Storer, 1983). Outros tipos de resíduos como, por exemplo, os resíduos *martingal*, podem ser úteis nessas situações.

Klein e Moeschberger (2003) observam, ainda, que os resíduos de Cox-Snell deveriam ser usados com cuidado, pois a distribuição exponencial dos mesmos mantém-se somente quando os verdadeiros valores dos parâmetros são usados em (4.11). Quando as estimativas dessas quantidades são usadas para o cálculo dos resíduos, como é feito aqui, falhas quanto à distribuição exponencial podem ocorrer devido, parcialmente, à incerteza no processo de estimação do vetor de parâmetros $\boldsymbol{\beta}$. Essa incerteza é maior na cauda direita da distribuição e para amostras pequenas.

4.3.2 Resíduos Padronizados

Examinar o ajuste do modelo por meio dos resíduos de Cox-Snell é equivalente a fazer uso dos, assim denominados, *resíduos padronizados* baseados na representação dos modelos log-lineares apresentados em (4.4) e (4.9). Neste caso, e por analogia aos resíduos usados no modelo de regressão linear-normal, os resíduos padronizados são quantidades calculadas por:

$$\widehat{\nu}_i = \frac{(y_i - \mathbf{x}'_i \widehat{\boldsymbol{\beta}})}{\widehat{\sigma}}, \qquad (4.12)$$

com $y_i = \log(t_i)$.

Assim, se, por exemplo, o modelo de regressão exponencial for adequado, esses resíduos devem ser uma amostra censurada da distribuição

126   *Capítulo 4. Modelos de Regressão Paramétricos*

valor extremo padrão. De modo análogo, se o modelo log-normal for apropriado, os mesmos devem ser uma amostra censurada da distribuição normal padrão.

Note que os resíduos $\widehat{\nu}_i$ são estimativas dos erros que vêm de uma população homogênea. Desta forma, as probabilidades de sobrevivência $\widehat{S}(\widehat{\nu}_i)$ obtidas para estes resíduos pelo estimador de Kaplan-Meier *versus* os respectivos valores obtidos utilizando-se o modelo valor extremo padrão, devem ser aproximadamente uma reta para que o modelo de regressão exponencial seja considerado adequado. O mesmo vale para o modelo de regressão Weibull. Ou seja, as mesmas técnicas apresentadas no Capítulo 3 no contexto de populações homogêneas podem ser utilizadas para esses resíduos.

Similarmente, o modelo de regressão log-normal é considerado adequado se o gráfico de probabilidade normal dos resíduos $\widehat{\nu}_i$ for aproximadamente uma reta. Equivalentemente, o gráfico das probabilidades de sobrevivência dos resíduos $\widehat{e}_i^* = \exp\{\widehat{\nu}_i\}$, obtidas pelo estimador de Kaplan-Meier, *versus* as probabilidades de sobrevivência destes resíduos obtidas pelo modelo log-normal padrão, deve ser aproximadamente uma reta para que o modelo de regressão log-normal apresente um ajuste satisfatório. O gráfico das curvas de sobrevivência dos $\widehat{e}_i^*$'s, obtidas por Kaplan-Meier e pelo modelo log-normal padrão, pode também auxiliar a verificar a qualidade do modelo ajustado. Quanto mais próximas elas se apresentarem, melhor é considerado o ajuste do modelo aos dados.

4.3.3 Resíduos Martingal

Para os modelos de regressão paramétricos apresentados neste capítulo, os resíduos *martingal* são definidos por:

$$\widehat{m}_i = \delta_i - \widehat{e}_i, \tag{4.13}$$

em que δ_i é a variável indicadora de falha e $\widehat{e}_i$, os resíduos de Cox-Snell. Esses resíduos, que na realidade são uma ligeira modificação dos resíduos de

Cox-Snell, são vistos como uma estimativa do número de falhas em excesso observada nos dados mas não predito pelo modelo. Os mesmos são usados, em geral, para examinar a melhor forma funcional (linear, quadrática etc.) para uma dada covariável em um modelo de regressão assumido para os dados sob estudo. Por exemplo, se uma curva suavizada do diagrama de dispersão resultante dos pares $(x_{i1}, \widehat{m}_i)$, para $i = 1, \cdots n$, em que X_1 é uma covariável contínua, for linear, nenhuma transformação em X_1 é necessária. Se esta curva, contudo, apresentar uma mudança em um determinado valor de X_1, uma versão discretizada da covariável é indicada. Outros comportamentos desta curva podem indicar, por exemplo, a inclusão de um termo quadrático da covariável no modelo ou sugerir alguma transformação da mesma.

4.3.4 Resíduos Deviance

Os resíduos *deviance* nos modelos de regressão paramétricos são definidos por:

$$\widehat{d}_i = \text{sinal}(\widehat{m}_i)\left[-2\left(\widehat{m}_i + \delta_i \log(\delta_i - \widehat{m}_i)\right)\right]^{1/2}. \qquad (4.14)$$

Esses resíduos, que são uma tentativa de tornar os resíduos *martingal* mais simétricos em torno de zero, facilitam, em geral, a detecção de pontos atípicos (*outliers*). Se o modelo for apropriado, esses resíduos devem apresentar um comportamento aleatório em torno de zero. Gráficos dos resíduos *martingal*, ou *deviance*, *versus* os tempos fornecem, assim, uma forma de verificar a adequação do modelo ajustado, bem como auxiliam na detecção de observações atípicas.

4.4   Interpretação dos Coeficientes Estimados

A interpretação dos coeficientes estimados do modelo não é simples, pois a escala da resposta foi transformada para a logarítmica. Isto significa que a interpretação direta, como é feita em regressão linear, para um $\widehat{\beta} = 2$, fixando-se os outros termos do modelo, seria que, com o aumento de uma unidade na covariável x, a $\widehat{E}(\log T)$ (média do logaritmo do tempo) fica aumentada de duas unidades. Certamente que esta interpretação não é de interesse. Como se sabe que:

$$E(\log T) \neq \log E(T),$$

segue que interpretar e^β não é a solução para esta questão.

Uma proposta razoável de interpretação é a de se fazer uso da razão de tempos medianos (Hosmer e Lemeshow, 1999). Ou seja, pode-se mostrar para uma covariável binária que a razão dos tempos medianos é:

$$\frac{t_{0,5}(x=1,\widehat{\beta})}{t_{0,5}(x=0,\widehat{\beta})} = e^{\widehat{\beta}}.$$

Por exemplo, se T tem uma distribuição de Weibull com parâmetros $\exp\{\beta_0 + \beta_1 x\}$ e γ, tem-se que:

$$t_{0,5}(x,\widehat{\boldsymbol{\beta}}) = [-\log 0,5]^{1/\widehat{\gamma}} \exp\{\widehat{\beta}_0 + \widehat{\beta}_1 x\}$$

e, desta forma,

$$\frac{t_{0,5}(x=1,\widehat{\boldsymbol{\beta}})}{t_{0,5}(x=0,\widehat{\boldsymbol{\beta}})} = \frac{[-\log 0,5]^{1/\widehat{\gamma}} \exp\{\widehat{\beta}_0 + \widehat{\beta}_1\}}{[-\log 0,5]^{1/\widehat{\gamma}} \exp\{\widehat{\beta}_0\}} = e^{\widehat{\beta}_1}$$

O mesmo resultado vale para o modelo log-normal. Na realidade, o modelo de tempo de vida acelerado garante esta proporcionalidade para todos os percentis.

Esta interpretação pode ser estendida para covariáveis categóricas. Neste caso, a covariável é representada por variáveis indicadoras e a interpretação acima vale para cada uma delas. Desta mesma forma, vale para covariáveis contínuas. Uma discussão cuidadosa da interpretação das quantidades estimadas pode ser encontrada em Hosmer e Lemeshow (1999).

4.5 Exemplos

Nesta seção, o modelo de regressão paramétrico é utilizado em três conjuntos de dados. Os dois primeiros envolvem pacientes com leucemia aguda e poucas covariáveis. O terceiro conjunto se refere ao estudo de aleitamento materno apresentado na Seção 1.5.5. A análise deste último é mais elaborada, pois envolve várias covariáveis.

4.5.1 Sobrevida de Pacientes com Leucemia Aguda

Considere os tempos de sobrevivência, em semanas, de 17 pacientes com leucemia aguda (Lawless, 2003) apresentados na Tabela 4.1. Para esses pacientes, suas contagens de glóbulos brancos (WBC) foram registradas na data do diagnóstico e estas, com seus correspondentes logaritmos, na base 10, encontram-se também na Tabela 4.1.

Tabela 4.1: Tempos de sobrevivência de pacientes com leucemia aguda.

Tempos	WBC	$\log_{10}$(WBC)	Tempos	WBC	$\log_{10}$(WBC)
65	2300	3,36	143	7000	3,85
156	750	2,88	56	9400	3,97
100	4300	3,63	26	32000	4,51
134	2600	3,41	22	35000	4,54
16	6000	3,78	1	100000	5,00
108	10500	4,02	1	100000	5,00
121	10000	4,00	5	52000	4,72
4	17000	4,23	65	100000	5,00
39	5400	3,73			

Observe, neste estudo, que a covariável WBC é contínua e, a menos que a mesma seja estratificada em no máximo dois estratos, uma vez que o tamanho amostral é relativamente pequeno, fica inviável a obtenção das curvas de sobrevivência por meio do método de Kaplan-Meier. Analisar os dados por meio de um modelo de regressão que considere a covariável WBC, ou o $\log_{10}(\text{WBC})$, parece ser, portanto, uma alternativa viável. Para isso, e como uma ferramenta auxiliar no processo de escolha do modelo de regressão adequado, foi inicialmente ignorada a covariável WBC e construídos os gráficos das linearizações, discutidos na Seção 3.5, dos modelos exponencial, de Weibull e log-normal. Esses gráficos encontram-se na Figura 4.1 e foram obtidos no R por meio dos comandos:

```
> temp<-c(65,156,100,134,16,108,121,4,39,143,56,26,22,1,1,5,65)
> cens<-rep(1,17)
> lwbc<-c(3.36,2.88,3.63,3.41,3.78,4.02,4.00,4.23,3.73,3.85,3.97,
          4.51,4.54,5.00,5.00,4.72,5.00)
> dados<-cbind(temp,cens,lwbc)
> require(survival)
> dados<-as.data.frame(dados)
> i<-order(dados$temp)
> dados<-dados[i,]
> ekm<- survfit(Surv(dados$temp,dados$cens)~1)
> summary(ekm)
> st<-ekm$surv
> temp<-ekm$time
> invst<-qnorm(st)
> par(mfrow=c(1,3))
> plot(temp, -log(st),pch=16,xlab="Tempos",ylab="-log(S(t))")
> plot(log(temp),log(-log(st)),pch=16,xlab="log(tempos)",ylab="log(-log(S(t))")
> plot(log(temp),invst,pch=16,xlab="log(tempos)",ylab=expression(Phi^-1*(S(t))))
```

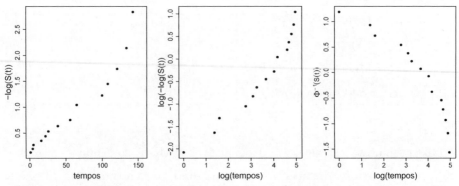

Figura 4.1: Gráficos $t \times -\log(\widehat{S}(t))$, $\log t \times \log(-\log(\widehat{S}(t))$ e $\log t \times \Phi^{-1}(\widehat{S}(t))$

4.5. Exemplos

As distribuições exponencial e de Weibull, pelo que foi discutido na Seção 3.5 e o que pode ser observado na Figura 4.1, apresentam-se visualmente como as melhores candidatas, dentre as consideradas, para a análise dos dados desse estudo. Considerando-se, então, os modelos de regressão exponencial e Weibull com a covariável $X_1 = \log(\text{WBC})$, foram obtidas as estimativas dos parâmetros apresentadas na Tabela 4.2. Os comandos usados no R para obtenção dessas estimativas foram os apresentados a seguir:

```
> ajust1<-survreg(Surv(dados$temp, dados$cens)~dados$lwbc, dist='exponential')
> ajust1
> ajust1$loglik
> ajust2<-survreg(Surv(dados$temp, dados$cens)~dados$lwbc, dist='weibull')
> ajust2
> ajust2$loglik
> gama<-1/ajust2$scale
> gama
```

Tabela 4.2: Estimativas para os dados de leucemia aguda.

Regressão exponencial	Regressão Weibull
$\widehat{\beta_0} = \quad 8,4775$	$\widehat{\beta_0} = \quad 8,4408$
$\widehat{\beta_1} = -1,1093$	$\widehat{\beta_1} = -1,0982$
$\gamma = \quad 1 \text{ (fixo)}$	$\widehat{\gamma} = \quad 1,0218$

Observa-se, a partir da Tabela 4.2, que a estimativa do parâmetro $\gamma = 1/\sigma$ encontra-se muito próxima de 1. Testando-se, então, as hipóteses H_0: $\gamma = 1$ versus H_A: $\gamma \neq 1$, obteve-se para o teste da razão de verossimilhanças o valor $TRV = 2(83,8771 - 83,8714) = 0,0113$ ($p = 0,915$, g.l. $= 1$). Este resultado fornece indicações favoráveis ao modelo de regressão exponencial.

Inicialmente, o modelo exponencial foi sugerido sem incluir a covariável $\log(\text{WBC})$. Este fato não atesta a adequação do modelo após a sua inclusão. Desta forma, é necessário avaliar o modelo ajustado. Para avaliar o ajuste do modelo de regressão exponencial aos dados desse estudo foi utilizado os resíduos de Cox-Snell, definidos aqui por:

$$\widehat{e}_i = \left[t_i \exp(-\widehat{\beta}_0 - \widehat{\beta}_1 x_1) \right],$$

para $i = 1, \cdots, n$. Se o modelo for adequado, esses resíduos, como visto na Seção 4.3.1, devem ser vistos como provenientes de uma amostra aleatória da distribuição exponencial padrão. Assim, as estimativas das curvas de sobrevivência desses resíduos obtidas por Kaplan-Meier $(\widehat{S}(\widehat{e}_i)_{KM})$ e pelo modelo exponencial padrão $(\widehat{S}(\widehat{e}_i)_{Exp})$ devem estar próximas, bem como, o gráfico dos pares de pontos $(\widehat{S}(\widehat{e}_i)_{KM}, \widehat{S}(\widehat{e}_i)_{Exp})$ deve ser aproximadamente uma reta, para que o modelo ajustado possa ser considerado satisfatório.

A Figura 4.2, que apresenta ambos os gráficos citados, mostra que o modelo exponencial padrão parece aceitável, o que indica sua adequação.

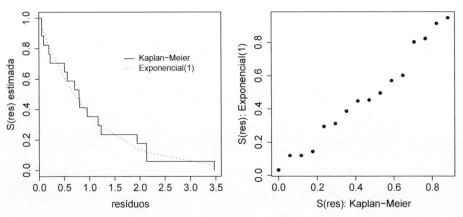

Figura 4.2: Análise dos resíduos de Cox-Snell do modelo de regressão exponencial ajustado para os dados de leucemia aguda.

Utilizando o modelo de regressão exponencial, testou-se, então, por meio do teste da razão de verossimilhanças, a hipótese nula H_0: $\beta_1 = 0$. O teste resultou em $TRV = 2(87,29 - 83,88) = 6,83$ ($p = 0,009$, g.l. $= 1$) e concluiu-se, portanto, pela rejeição da hipótese H_0. Sendo assim, é possível

4.5. Exemplos

dizer que parte da variação observada nos tempos de sobrevivência dos pacientes pode ser explicada pela contagem de glóbulos brancos.

A função de sobrevivência obtida pelo modelo de regressão exponencial ajustado para os dados desse exemplo é, portanto, expressa por:

$$\widehat{S}(t \mid x_1) = \exp\left\{-\left(\frac{t}{\exp\{8,4775 - 1,1093\, x_1\}}\right)\right\}, \quad t \geq 0, \quad (4.15)$$

em que x_1 = logaritmo, na base 10, da contagem de glóbulos brancos.

Note, a partir de (4.15), que $\widehat{\beta}_1$ é negativo, o que implica que quanto maior o valor de x_1, menor a probabilidade de sobrevivência estimada. Este fato pode ser claramente observado na Figura 4.3, em que as curvas de sobrevivência estimadas para dois pacientes, um com $x_1 = 4,0$ e outro com $x_1 = 3,0$, são apresentadas.

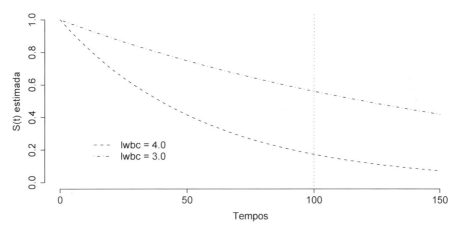

Figura 4.3: Curvas de sobrevivência estimadas pelo modelo de regressão exponencial para os dados de leucemia aguda.

A partir da Figura 4.3 pode-se, ainda, observar que $\widehat{S}(100 \mid x_1 = 4) = 0,172$, o que significa que em torno de 17% dos pacientes que apresentam, no diagnóstico, logaritmo da contagem de glóbulos brancos igual a 4,0 estarão vivos no tempo $t = 100$ semanas (linha vertical apresentada no gráfico). Por outro lado, estima-se, para pacientes que no diagnóstico apresentem logaritmo da contagem de glóbulos brancos igual a 3,0, que em torno de

56% deles estarão vivos na $100^{\underline{a}}$ semana, visto que $\widehat{S}(100 \mid x_1 = 3) = 0,559$.

Dos resultados apresentados, verificou-se, portanto, que o modelo de regressão exponencial ajustou-se satisfatoriamente aos dados dos tempos de sobrevivência dos pacientes com leucemia aguda. De maneira geral, pode-se ainda concluir, que o tempo de sobrevivência estimado dos pacientes diminui à medida que, no diagnóstico, são observadas contagens crescentes de glóbulos brancos. As probabilidades de sobrevivência, em qualquer tempo $t \geq 0$ e valor conhecido de x_1, são estimadas pela expressão (4.15).

A interpretação dos resultados nesse estudo não é muito conveniente, pois a covariável também foi transformada. A interpretação, de acordo com a Seção 4.4, indica que a cada aumento de uma unidade de WBC na escala logarítmica, o tempo mediano de vida dos pacientes fica reduzido para um terço ($e^{\widehat{\beta}} = e^{-1,1} = 0,33$). Uma propriedade importante do modelo de regressão exponencial é que ele pertence à classe dos modelos de tempo de vida acelerado e à de taxas de falha proporcionais (Kalbfleisch e Prentice, 2002). Isto significa que a interpretação acima também poderia ser feita em termos de taxas de falha proporcionais. Esta interpretação é apresentada e discutida no Capítulo 5.

Os comandos utilizados no R para obtenção das Figuras 4.2 e 4.3 encontram-se no Apêndice B.

4.5.2 Grupos de Pacientes com Leucemia Aguda

Considere, neste estudo, os mesmos tempos de sobrevivência, em semanas, dos 17 pacientes com leucemia aguda apresentados na Tabela 4.1 da Seção 4.5.1, com a informação adicional de que os mesmos apresentaram o antígeno *Calla* (antigo LLA comum) na superfície dos blastos (Ag+). Considere, também, outro grupo de 16 pacientes com leucemia aguda, mas que ainda não expressaram este antígeno na superfície (Ag−). Para todos os pacientes, a covariável contagem de glóbulos brancos (WBC) foi registrada

4.5. Exemplos

na data do diagnóstico. A WBC e seus respectivos logaritmos, na base 10, para os dois grupos (Ag+ e Ag−), encontram-se na Tabela 4.3. Os mesmos foram extraídos de Louzada-Neto et al. (2002).

Tabela 4.3: Sobrevivência dos grupos de pacientes com leucemia aguda.

| | Ag+ | | | Ag− | |
Tempos	WBC	$\log_{10}$(WBC)	Tempos	WBC	$\log_{10}$(WBC)
65	2300	3,36	56	4400	3,64
156	750	2,88	65	3000	3,48
100	4300	3,63	17	4000	3,60
134	2600	3,41	7	1500	3,18
16	6000	3,78	16	9000	3,95
108	10500	4,02	22	5300	3,72
121	10000	4,00	3	10000	4,00
4	17000	4,23	4	19000	4,28
39	5400	3,73	2	27000	4,43
143	7000	3,85	3	28000	4,45
56	9400	3,97	8	31000	4,49
26	32000	4,51	4	26000	4,41
22	35000	4,54	3	21000	4,32
1	100000	5,00	30	79000	4,90
1	100000	5,00	4	100000	5,00
5	52000	4,72	43	100000	5,00
65	100000	5,00			

As duas covariáveis de interesse neste estudo são, portanto: X_1 = logaritmo, na base 10, da contagem de glóbulos brancos e X_2 = grupos (Ag+ ou Ag−). Para esta última é considerado:

$$x_2 = \begin{cases} 0 & \text{se grupo Ag+,} \\ 1 & \text{se grupo Ag−.} \end{cases}$$

Para o grupo Ag+, analisado na Seção 4.5.1, foi escolhido o modelo de regressão exponencial. Procedendo-se, então, a uma investigação inicial de modo análogo ao que foi feito para o grupo Ag+, foram obtidos no R (ver comandos no Apêndice B) os gráficos das linearizações dos modelos exponencial, de Weibull e log-normal, apresentados na Figura 4.4, para ambos os grupos (Ag+ e Ag−). A partir desses gráficos, é possível observar indicações favoráveis ao modelo de regressão exponencial também para o grupo Ag−.

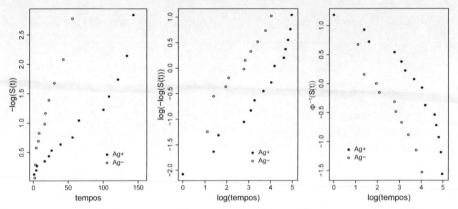

Figura 4.4: Gráficos de $t \times -\log(\widehat{S}(t))$, $\log t \times \log(-\log(\widehat{S}(t))$ e $\log t \times -\Phi^{-1}(\widehat{S}(t))$ para os grupos de pacientes Ag+ e Ag− com leucemia aguda.

Considerando-se, então, o modelo de regressão exponencial e as covariáveis $X_1 = \log_{10}(\text{WBC})$ e $X_2 = $ grupos, foram obtidos os resultados das estimativas dos parâmetros e os valores dos logaritmos das funções de verossimilhança apresentados na Tabela 4.4, para 5 modelos possíveis, um deles com a interação entre X_1 e X_2.

Para testar a significância da interação, foi usado o teste da razão de verossimilhanças que resultou em $TRV = 2[146,5 - 145,7] = 1,6$ (valor $p = 0,2059$, g.l. = 1). Deste resultado, pode-se concluir não haver evidências estatísticas de que a interação entre X_1 e X_2 seja significativa. Desse modo, foram testados os efeitos das covariáveis X_1 e X_2, cujos resultados, apresentados na Tabela 4.5, mostram evidências estatísticas de efeito da covariável X_1, bem como evidências de efeito da covariável X_2 na presença de X_1, com valores p, obtidos da distribuição $\chi^2_{(1)}$, de 0,0013 e 0,0058, respectivamente.

A análise dos resíduos de Cox-Snell desse modelo, análogo ao que foi feito no estudo anterior, é apresentada na Figura 4.5. Desta figura, observa-se que o modelo de regressão exponencial apresenta ajuste razoável aos

4.5. Exemplos

Tabela 4.4: Estimativas dos parâmetros e logaritmo das funções de verossimilhança dos modelos de regressão exponencial ajustados para os dados de leucemia.

Modelos	Covariáveis no modelo	Estimativas	Log verossimilhança
1	nenhuma	$\widehat{\beta_0} =\ \ 3{,}71$	$l_1 = -155{,}5$
2	X_1	$\widehat{\beta_0} =\ \ 7{,}37$	
		$\widehat{\beta_1} = -0{,}92$	$l_2 = -150{,}3$
3	X_2	$\widehat{\beta_0} =\ \ 4{,}13$	
		$\widehat{\beta_1} = -1{,}24$	$l_3 = -149{,}5$
4	X_1 e X_2	$\widehat{\beta_0} =\ \ 6{,}83$	
		$\widehat{\beta_1} = -0{,}70$	
		$\widehat{\beta_2} = -1{,}02$	$l_4 = -146{,}5$
5	X_1, X_2 e $X_1 * X_2$	$\widehat{\beta_0} =\ \ 8{,}47$	
		$\widehat{\beta_1} = -1{,}11$	
		$\widehat{\beta_2} = -4{,}14$	
		$\widehat{\beta_3} =\ \ 0{,}75$	$l_5 = -145{,}7$

Tabela 4.5: Resultados dos testes da razão de verossimilhanças (TRV).

Efeito	Hipótese nula	TRV	valor p
interação: $X_1 * X_2$	$H_0: \beta_3 = 0$	$2(146{,}5 - 145{,}7) =\ \ 1{,}6$	0,2059
de X_1	$H_0: \beta_1 = 0$	$2(155{,}5 - 150{,}3) = 10{,}4$	0,0013
de $X_2 \mid X_1$	$H_0: \beta_2 = 0$	$2(150{,}3 - 146{,}5) =\ \ 7{,}6$	0,0058

dados dos tempos de sobrevivência desses dois grupos de pacientes com leucemia aguda.

Resultados do ajuste do modelo de regressão exponencial final, incluindo as covariáveis X_1 e X_2, estão apresentados na Tabela 4.6.

A função de sobrevivência estimada, por este modelo, para um paciente com leucemia aguda é obtida por:

$$\widehat{S}(t \mid x_1, x_2) = \exp\left\{ -\left(\frac{t}{\exp\{6{,}83 - 0{,}70\ x_1 - 1{,}02\ x_2\}} \right) \right\}, \quad (4.16)$$

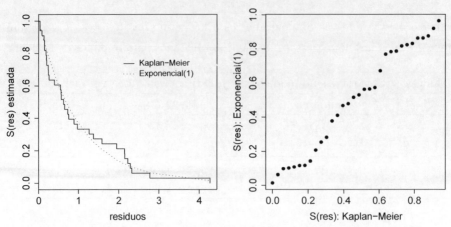

Figura 4.5: Análise gráfica dos resíduos do modelo de regressão exponencial ajustado aos dados de leucemia com as covariáveis X_1 e X_2.

Tabela 4.6: Resultados do modelo de regressão exponencial final ajustado aos dados de leucemia.

Termo	Estimativa	Erro Padrão	Estatística z	valor-p
Intercepto	6,83	1,158	5,90	$< 0,001$
$\log_{10}(\text{WBC})$	$-0,70$	0,286	$-2,45$	0,0144
Grupo	$-1,02$	0,364	$-2,80$	0,0051

para $t \geq 0$, em que x_1 é o logaritmo, na base 10, da contagem de glóbulos brancos observada para este paciente e x_2 indica se o paciente pertence ao grupo Ag+ ou Ag−. Para pacientes do grupo Ag+, tem-se $x_2 = 0$. Em caso contrário, $x_2 = 1$.

Note, para o modelo ajustado (4.16), que $\widehat{\beta}_1$ é negativo, o que implica que quanto maior o valor de x_1, menor a probabilidade de sobrevivência estimada. Observe, ainda, que $\widehat{\beta}_2$ também é negativo, o que implica que pacientes no grupo Ag− ($x_2 = 1$) apresentam probabilidade de sobrevivência estimada menor do que a dos pacientes no grupo Ag+ ($x_2 = 0$). Este fato pode ser claramente observado na Figura 4.6, em que as curvas de sobre-

4.5. Exemplos

vivência estimadas para dois pacientes pertencentes ao grupo Ag+ e dois outros pacientes pertencentes ao grupo Ag−, um com $x_1 = 4,0$ e outro com $x_1 = 3,0$, são apresentadas.

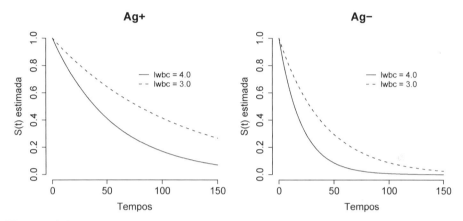

Figura 4.6: Curvas de sobrevivência estimadas pelo modelo de regressão exponencial para dois pacientes do grupo Ag+ e dois pacientes do grupo Ag− com leucemia aguda e diferentes contagens de glóbulos brancos no diagnóstico.

As correspondentes estimativas das taxas de falha dos pacientes considerados na Figura 4.6 encontram-se na Figura 4.7. Estas são constantes ao longo do tempo, o que é uma característica do modelo exponencial. Pode-se notar que a taxa instantânea de falha do paciente com $x_1 = 4,0$, em relação ao paciente com $x_1 = 3,0$, é maior tanto no grupo Ag+ quanto no grupo Ag−. Portanto, quanto maior a contagem de glóbulos brancos no diagnóstico, maior a taxa de falha. Comparativamente, os pacientes no grupo Ag− apresentam taxa de falha estimada maior do que a referida taxa estimada para os pacientes no grupo Ag+. Isto significa que pacientes que apresentam o antígeno *Calla* têm melhor prognóstico do que os que ainda não expressaram este antígeno.

No Apêndice B, o leitor encontra os comandos usados no R para obtenção dos resultados e figuras apresentadas para este estudo.

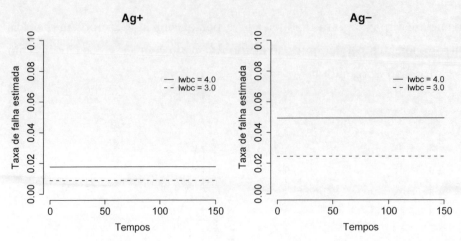

Figura 4.7: Taxas de falha estimadas pelo modelo de regressão exponencial para dois pacientes do grupo Ag+ e dois pacientes do grupo Ag− com leucemia aguda e diferentes contagens de glóbulos brancos no diagnóstico.

4.5.3 Análise dos Dados de Aleitamento Materno

(a) Descrição do estudo e das variáveis

As Organizações Internacionais de Saúde recomendam o leite materno como a única fonte de alimentação para crianças entre 4 e 6 meses de idade. Identificar fatores determinantes do aleitamento materno em diferentes populações é, portanto, fundamental para alcançar tal recomendação. Um artigo publicado na revista *American Institute of Nutrition*, intitulado "Exclusive Breast-Feeding Duration is Associated with Attitudinal, Socioeconomic and Biocultural Determinants in Three Latin American Countries" (Pérez-Escamilla et al., 1985), apresenta um estudo realizado em Honduras, México e Brasil nos anos de 1992 e 1993 cujo principal objetivo era identificar determinantes do aleitamento exclusivamente materno em populações urbanas de baixa renda. Os resultados desse estudo mostram que a condição sócio-econômica (Honduras e México) e o peso ao nascimento da criança (Brasil e Honduras) estão associados com o aleitamento exclusivamente materno. Além disso, as mulheres que têm acesso a maternidades

4.5. Exemplos

que promovem programas de aleitamento obtêm melhores resultados. Nessa mesma linha de pesquisa, um outro estudo foi realizado pelos professores Eugênio Goulart e Cláudia Lindgren, do Departamento de Pediatria da UFMG, no Centro de Saúde São Marcos, localizado em Belo Horizonte. Este centro é um ambulatório municipal que atende essencialmente a população de baixa renda. O estudo teve como objetivos principais conhecer a prática do aleitamento materno de mães que utilizam este centro, assim como os possíveis fatores de risco ou de proteção para o desmame precoce. Um inquérito epidemiológico composto por questões demográficas e comportamentais foi aplicado a 150 mães de crianças menores de 2 anos de idade. A variável resposta de interesse foi o tempo máximo de aleitamento materno, ou seja, o tempo contado a partir do nascimento até o desmame completo da criança.

No estudo foram registradas 11 covariáveis e a variável resposta. Algumas crianças não foram acompanhadas até o desmame e, portanto, registrase a presença de censuras. Os dados, que se encontram no Apêndice A, é composto por 13 variáveis: as 11 covariáveis (fatores) e a variável resposta, representada pelo tempo de acompanhamento e uma variável indicadora de ocorrência do desmame. A Tabela 4.7 apresenta uma descrição das 11 covariáveis estudadas.

Na análise estatística desses dados, são utilizadas, nesta seção, as técnicas de análise de sobrevivência apresentadas neste capítulo e nos anteriores. No Capítulo 5, é também ajustado a esses dados o modelo de regressão de Cox.

(b) Análise Descritiva e Exploratória

A primeira etapa de qualquer análise estatística de dados consiste de uma análise descritiva das variáveis em estudo. Em análise de sobrevivência, esta etapa consiste em utilizar os métodos não-paramétricos apresentados no Capítulo 2.

Capítulo 4. Modelos de Regressão Paramétricos

Tabela 4.7: Descrição das covariáveis utilizadas no estudo de aleitamento materno.

Código	Descrição	Categorias
V1	Experiência anterior amamentação	0 se sim e 1 se não
V2	Número de filhos vivos	0 se ≤ 2 e 1 se > 2
V3	Conceito materno sobre o tempo ideal de amamentação	0 se > 6 meses e 1 se ≤ 6 meses
V4	Dificuldades para amamentar nos primeiros dias pós-parto	0 se não e 1 se sim
V5	Tipo de serviço em que realizou o pré-natal	0 se público e 1 se privado/convênios
V6	Recebeu exclusivamente leite materno na maternidade	0 se sim e 1 se não
V7	A criança teve contato com o pai	0 se sim e 1 se não
V8	Renda per capita (em SM/mês)	0 se ≥ 1 SM e 1 se < 1 SM
V9	Peso ao nascimento	0 se $\geq 2{,}5$kg e 1 se $< 2{,}5$kg
V10	Tempo de separação mãe-filho pós-parto	0 se ≤ 6 horas e 1 se > 6 horas
V11	Permanência no berçário	0 se não e 1 se sim

Todas as covariáveis são dicotômicas e, portanto, é possível construir as estimativas de Kaplan-Meier para comparar as duas categorias. Isto foi feito para as 11 covariáveis, assim como foi testada a hipótese de igualdade das duas curvas utilizando-se os testes de Wilcoxon e *logrank*. Os 11 gráficos não são apresentados nesta seção mas, a título de ilustração, a Figura 4.8 apresenta as curvas de Kaplan-Meier para a covariável dificuldades para amamentar nos primeiros dias pós-parto (V4). Essas curvas foram obtidas no R usando-se os comandos a seguir:

```
> desmame<-read.table("http://www.ufpr.br/~giolo/Livro/ApendiceA/desmame.txt",h=T)
> attach(desmame)
> require(survival)
> ekm<- survfit(Surv(tempo,cens)~V4)
> summary(ekm)
> survdiff(Surv(tempo,cens)~V4,rho=0)
> plot(ekm,lty=c(1,4),mark.time=F,xlab="Tempo até o desmame (meses)",ylab="S(t)")
```

4.5. Exemplos

```
> text(18.5,0.93,c("Dificuldades para Amamentar"),bty="n", cex=0.85)
> legend(15.5,0.9,lty=c(4),c("Sim"),bty="n",cex=0.8)
> legend(18.5,0.9,lty=c(1),c("Não"),bty="n",cex=0.8)
```

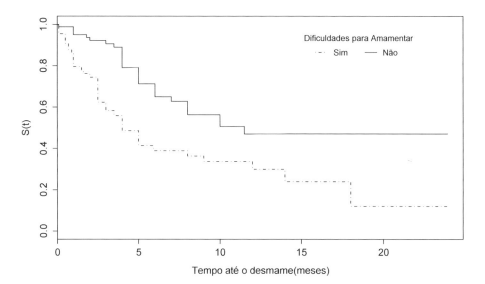

Figura 4.8: Curvas de sobrevivência estimadas pelo método de Kaplan-Meier para a covariável dificuldades para amamentar nos primeiros dias pós-parto (V4).

A Figura 4.8 indica que as mães que não tiveram dificuldades para amamentar nos primeiros dias pós-parto apresentam um tempo até o desmame maior do que aquelas que tiveram dificuldades. A Tabela 4.8 mostra os valores dos testes *logrank* e de Wilcoxon para as 11 covariáveis.

A próxima etapa da análise consiste em modelar separadamente cada uma das covariáveis com a resposta. Esta etapa tem por objetivo selecionar quais variáveis explicativas (covariáveis) prosseguirão na análise. O critério utilizado nesse trabalho foi o de permanecer com aquelas que apresentarem valores p inferiores a 0,25 em pelo menos um dos testes de comparação das curvas de sobrevivência. Esta proposta em escolher um nível relativamente modesto de significância é baseada em recomendações de Bendel e Afifi (1977) para regressão linear, de Costanza e Afifi (1979) para análise dis-

144   *Capítulo 4. Modelos de Regressão Paramétricos*

Tabela 4.8: Testes *logrank* e de Wilcoxon utilizados para testar a igualdade das curvas de sobrevivência obtidas para as covariáveis consideradas no estudo de aleitamento.

	Testes (valor p)	
Covariável	*logrank*	Wilcoxon
V1: Experiência anterior amamentação	$3,95\ (0,047)$	$6,73\ (0,010)$
V2: Número de filhos vivos	$2,60\ (0,107)$	$2,02\ (0,155)$
V3: Tempo ideal de amamentação	$6,15\ (0,013)$	$8,54\ (0,004)$
V4: Apresentou dificuldades amamentar	$12,26\ (< 0,001)$	$15,45\ (< 0,001)$
V5: Tipo de serviço do pré-natal	$1,38\ (0,241)$	$1,09\ (0,296)$
V6: Recebeu somente leite materno	$7,47\ (0,006)$	$6,31\ (0,012)$
V7: Contato com o pai	$1,84\ (0,175)$	$0,90\ (0,344)$
V8: Renda per capita	$2,11\ (0,146)$	$2,60\ (0,107)$
V9: Peso ao nascimento	$1,87\ (0,171)$	$2,59\ (0,108)$
V10: Tempo de separação mãe-filho	$2,60\ (0,107)$	$0,97\ (0,325)$
V11: Permanência no berçário	$2,93\ (0,087)$	$0,90\ (0,343)$

criminante e de Mickey e Greenland (1989) para mudanças nos coeficientes do modelo de regressão logística.

Com base nos resultados apresentados na Tabela 4.8, verifica-se que todas as covariáveis passaram por esse critério e, portanto, devem ser incluídas na etapa de modelagem estatística.

As técnicas utilizadas até o momento são importantes para descrever os dados de sobrevivência pela sua simplicidade e facilidade de aplicação, pois não envolvem nenhuma estrutura paramétrica. No entanto, elas não permitem a inclusão conjunta das covariáveis na análise. A forma mais eficiente de acomodar o efeito das covariáveis é utilizar um modelo de regressão apropriado para dados censurados. Entretanto, antes de realizar o ajuste desses modelos, é discutido, a seguir, um passo importante na análise estatística, que é o de seleção de covariáveis ou construção de modelos.

4.5. Exemplos

(c) Estratégia para a Seleção de Covariáveis

Onze covariáveis potencialmente importantes para descrever o comportamento da resposta foram selecionadas para serem incluídas no modelo. Existem, portanto, 2048 possíveis modelos formados pela combinação de todas estas covariáveis. É certamente impraticável ajustar todos estes possíveis modelos a fim de ser selecionado o que melhor explique a resposta. Nessas situações, rotinas automáticas para seleção de covariáveis podem ser utilizadas, tais como os métodos *forward, backward* ou *stepwise*. Estes métodos estão implementados e, portanto, disponíveis em pacotes estatísticos. Entretanto, tais rotinas possuem algumas desvantagens. Tipicamente, elas tendem a identificar um particular conjunto de covariáveis, em vez de possíveis conjuntos igualmente bons para explicar a resposta. Esse fato impossibilita que dois ou mais conjuntos de covariáveis igualmente bons sejam apresentados para o pesquisador, para a escolha do mais relevante em sua área de aplicação. Isto significa que esses métodos são automáticos e fazem com que o pacote estatístico escolha o modelo. Na realidade, o que se defende aqui é que o estatístico e o pesquisador tenham uma postura pró-ativa neste processo. Isto implica, por exemplo, que covariáveis importantes em termos clínicos devem ser incluídas independente de significância estatística, assim como a importância clínica deve ser considerada em cada passo de inclusão ou exclusão no processo de seleção de covariáveis.

Frente a estas limitações das rotinas automáticas, optou-se por utilizar métodos que envolvem a interferência mais de perto do analista. O leitor interessado em mais informações sobre os métodos *stepwise* pode consultar Draper e Smith (1998). Na verdade, a filosofia do método é essencialmente a mesma para qualquer classe de modelos. Neste estudo optou-se por utilizar uma estratégia de seleção de modelos derivada da proposta de Collett (2003a). Os passos utilizados no processo de seleção são apresentados a seguir:

146   *Capítulo 4. Modelos de Regressão Paramétricos*

1. Ajustar todos os modelos contendo uma única covariável. Incluir todas as covariáveis que forem significativas ao nível de 0, 10. É aconselhável utilizar o teste da razão de verossimilhanças neste passo.

2. As covariáveis significativas no passo 1 são, então, ajustadas conjuntamente. Na presença de certas covariáveis, outras podem deixar de ser significativas. Conseqüentemente, ajustam-se modelos reduzidos, excluindo-se uma única covariável de cada vez. Verificam-se as covariáveis que provocam um aumento estatisticamente significativo na estatística da razão de verossimilhanças. Somente aquelas que atingirem a significância permanecem no modelo.

3. Ajusta-se um novo modelo com as covariáveis retidas no passo 2. Neste passo, as covariáveis excluídas no passo 2 retornam ao modelo para confirmar que elas não são estatisticamente significativas.

4. As covariáveis significativas no passo 3 são incluídas ao modelo juntamente com aquelas do passo 2. Neste passo, retorna-se com as covariáveis excluídas no passo 1 para confirmar que elas não são estatisticamente significativas.

5. Ajusta-se um modelo incluindo-se as covariáveis significativas no passo 4. Neste passo, é testado se alguma delas pode ser retirada do modelo.

6. Utilizando as covariáveis que sobreviveram ao passo 5, ajusta-se o modelo final para os efeitos principais. Para completar a modelagem, deve-se verificar a possibilidade de inclusão de termos de interação dupla entre as covariáveis incluídas no modelo. O modelo final fica determinado pelos efeitos principais identificados no passo 5 e os termos de interação significativos identificados neste passo.

Ao ser utilizado este procedimento de seleção, deve-se incluir as informações clínicas no processo de decisão e evitar ser muito rigoroso ao testar cada nível individual de significância. Para decidir se um termo deve ser incluído, o nível de significância não deve ser muito baixo, sendo recomendado um valor próximo de 0, 10. Variações deste método de seleção de covariáveis podem ser encontrados na literatura. Hosmer e Lemeshow (1999) discutem estes métodos com bastante elegância.

4.5. Exemplos

(d) Ajuste de um modelo de regressão paramétrico

Nesta seção serão utilizados métodos paramétricos para modelar o tempo até o desmame em função das covariáveis medidas. A utilização desses métodos requer a especificação de uma distribuição de probabilidade para a variável resposta. Nessa situação, o passo mais importante da modelagem é encontrar uma distribuição de probabilidade adequada para os dados em estudo. Somente após encontrar esta distribuição é que será possível estimar e testar as quantidades de interesse.

Para determinar qual distribuição de probabilidade melhor se ajusta aos dados, partiu-se da distribuição gama generalizada. Esta distribuição, como discutido na Seção 3.2.5, assume uma variedade imensa de formas, pois tem dois parâmetros de forma além do parâmetro de escala. Além disso, as distribuições comumente utilizadas para modelagem de dados de sobrevivência, como a de Weibull e log-normal, são casos particulares dessa distribuição, o que a torna útil na discriminação dos modelos mencionados. Adicionalmente, essa mesma distribuição, quando plausível, pode ser utilizada para descrever o estudo, mas deve-se evitar este fato pela dificuldade de interpretação dos parâmetros em um modelo tão complexo.

Os passos da implementação da estratégia de seleção de covariáveis descritos anteriormente, considerando-se o modelo gama generalizado, estão apresentados na Tabela 4.9 e foram obtidos no pacote estatístico *SAS*. De forma a acompanhar os passos do processo, não foram utilizados os nomes originais das covariáveis mas, seus respectivos códigos identificadores, apresentados na Tabela 4.7. Em cada passo do processo de seleção de covariáveis, a estatística de teste, apresentada na Tabela 4.9, foi obtida utilizando-se o teste da razão de verossimilhanças com uma distribuição qui-quadrado de referência com graus de liberdade igual ao número de termos excluídos (diferença entre o número de parâmetros dos dois modelos a serem comparados).

Um ponto deve ser destacado no processo de seleção das covariáveis

148   *Capítulo 4. Modelos de Regressão Paramétricos*

Tabela 4.9: Seleção de covariáveis usando o modelo gama generalizado.

Passos	Modelo	$-2\log L(\theta)$	Estatística de teste (TRV)	Valor p
Passo 1	Nulo	335,540	–	–
	V1	330,235	5,305	0,0212
	V2	332,715	2,825	0,0933
	V3	329,746	5,794	0,0161
	V4	322,692	12,848	0,0003
	V5	333,756	1,784	0,1816
	V6	328,524	7,016	0,0080
	V7	333,291	2,249	0,1337
	V8	332,561	2,979	0,0843
	V9	332,592	2,948	0,0859
	V10	333,599	1,941	0,1635
	V11	333,449	2,091	0,1481
Passo 2	V1+V2+V3+V4+V6+V8+V9	304,038	–	–
	V2+V3+V4+V6+V8+V9	305,287	1,249	0,2639
	V1+V3+V4+V6+V8+V9	304,165	0,127	0,7226
	V1+V2+V4+V6+V8+V9	307,398	3,360	0,0667
	V1+V2+V3+V6+V8+V9	312,484	9,446	0,0021
	V1+V2+V3+V4+V8+V9	309,478	5,440	0,0201
	V1+V2+V3+V4+V6+V9	307,512	3,474	0,0623
	V1+V2+V3+V4+V6+V8	305,346	1.308	0,2527
Passo 3	V3+V4+V6+V8	307,485	–	–
	V3+V4+V6+V8+V1	305,529	1,956	0,1619
	V3+V4+V6+V8+V2	306,357	1,128	0,2882
	V3+V4+V6+V8+V9	306,382	1,103	0,2936
Passo 4	V3+V4+V6+V8	307,485	–	–
	V3+V4+V6+V8+V5	307,485	0,000	1,0000
	V3+V4+V6+V8+V7	305,725	1,759	0,1847
	V3+V4+V6+V8+V10	307,231	0,253	0,6149
	V3+V4+V6+V8+V11	307,322	0,163	0,6864
Passo 5	V3+V4+V6+V8	307,485	–	–
	V4+V6+V8	311.306	3,821	0,0506
	V3+V6+V8	320,594	13,109	0,0003
	V3+V4+V8	312,582	5,097	0,0239
	V3+V4+V6	312,999	5,514	0,0188
Passo 6	V3+V4+V6+V8	307,485	–	–
	V3+V4+V6+V8+V3*V4	306,777	0,708	0,4004
	V3+V4+V6+V8+V3*V6	305,678	1,807	0,1789
	V3+V4+V6+V8+V3*V8	307,206	0,279	0,5973
	V3+V4+V6+V8+V4*V6	306,735	0,750	0,3864
	V3+V4+V6+V8+V4*V8	306,740	0,745	0,3883
	V3+V4+V6+V8+V6*V8	307,200	0,285	0,5941
Etapa Final*	V3+V4+V6+V8	307,485		
	V1+V3+V4+V6	309,544		
Modelo Final	V1+V3+V4+V6	309,544		

* Escolha baseada em evidências clínicas e discussões com o pesquisador

apresentado na Tabela 4.9. Foi observado um efeito de multicolinearidade entre as covariáveis V1 e V8. Além disso, constatou-se que os modelos que continham apenas V1 ou apenas V8 não apresentavam muita discrepância

4.5. Exemplos

nos valores da estatística teste. Isso indica que os modelos são similares. Dessa forma, a decisão sobre qual das covariáveis deveria permanecer no modelo foi baseada em evidências clínicas. Assim, os pesquisadores decidiram por manter a covariável V1 (experiência anterior de amamentação). O modelo final ficou composto pelas covariáveis: experiência anterior de amamentação (V1), conceito materno sobre o tempo ideal de amamentação (V3), dificuldades de amamentação nos primeiros dias pós-parto (V4) e recebimento exclusivo de leite materno na maternidade (V6). Nenhum termo de interação dupla foi significativo.

Uma vez escolhido o conjunto de covariáveis prognósticas, o interesse se concentra agora em investigar a utilização de modelos mais simples, casos particulares da gama generalizada, mas não menos adequados aos dados. O teste da razão de verossimilhanças, utilizado para selecionar os modelos, apresentou os seguintes resultados:

i) adequação do modelo de regressão Weibull: $TRV = 5,347$ $(p = 0,0207)$

ii) adequação do modelo de regressão log-normal: $TRV = 0,218$ $(p = 0,6406)$.

A partir desses resultados é possível concluir que o modelo de regressão log-normal é indicado para ajustar os tempos até o desmame. Desse modo, todas as análises seguintes são baseadas neste modelo. Vale salientar que as covariáveis selecionadas para o modelo de regressão gama generalizado são as mesmas utilizadas para o modelo de regressão log-normal.

As estimativas dos parâmetros do modelo de regressão log-normal encontram-se na Tabela 4.10. Os coeficientes estimados estão expressos na escala logarítmica dos tempos, isto é, para $Y = \log(T) = \mathbf{x}'\boldsymbol{\beta} + \sigma\nu$ e foram obtidos no R utilizando-se os comandos a seguir:

```
> ajust1<-survreg(Surv(tempo,cens)~V1+V3+V4+V6, dist='lognorm')
> ajust1
> summary(ajust1)
```

150   *Capítulo 4. Modelos de Regressão Paramétricos*

Tabela 4.10: Estimativas dos parâmetros do modelo de regressão log-normal ajustado aos dados de aleitamento materno.

Covariável	Estimativa	E.P.	Valor p
Constante	$3,293$	$0,304$	$< 0,0001$
V1: Experiência anterior de amamentação	$-0,572$	$0,301$	$0,057$
V3: Conceito sobre tempo de amamentação	$-0,631$	$0,290$	$0,029$
V4: Dificuldades amamentação pós-parto	$-0,824$	$0,302$	$0,006$
V6: Recebimento exclusivo de leite materno	$-0,680$	$0,293$	$0,020$
Parâmetro de forma	$1,439$	$0,129$	$0,001$

E.P. = erro-padrão

(e) Adequação do Modelo Ajustado

Antes de proceder a interpretação das estimativas dos parâmetros do modelo ajustado, é desejável utilizar os resíduos para confirmar a adequação do modelo log-normal. Os métodos gráficos são bastante utilizados para este fim, como discutido na Seção 4.3.

Se o modelo log-normal estiver bem ajustado para esses dados, a distribuição dos resíduos na escala logarítmica $(\widehat{\nu}_i)$ deve estar bastante próxima da normal padrão. Como os resíduos são censurados, o estimador de Kaplan-Meier deve ser utilizado para estimar a função de sobrevivência dos resíduos. No entanto, os resíduos $\widehat{\nu}_i$ apresentam tanto valores positivos quanto negativos, e isso causa um pequeno problema para o cálculo do Kaplan-Meier em pacotes estatísticos, já que estes esperam valores de uma variável estritamente positiva. Por esse motivo, aplicou-se a transformação exponencial nos resíduos $\widehat{\nu}_i$, isto é, $\hat{e}_i^* = \exp\{\widehat{\nu}_i\}$ que, não somente resolve o problema de estimação da função de sobrevivência, mas produz resíduos de uma distribuição conhecida, a log-normal padrão. O gráfico das probabilidades de sobrevivência dos resíduos estimadas por Kaplan-Meier e pelo modelo log-normal padrão, bem como o gráfico de suas respectivas curvas de sobrevivência estimadas, encontram-se na Figura 4.9. A partir desta

4.5. Exemplos

figura pode-se considerar que o modelo de regressão log-normal se encontra bem ajustado aos dados sob análise.

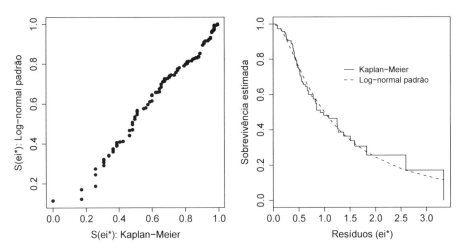

Figura 4.9: Sobrevivências dos resíduos $\hat{e}_i^*$ estimadas pelo método de Kaplan-Meier e pelo modelo log-normal padrão (gráfico à esquerda) e respectivas curvas de sobrevivência estimadas (gráfico à direita).

A Figura 4.9 foi obtida no R utilizando-se os comandos a seguir:

```
> xb<-ajust1$coefficients[1]+ajust1$coefficients[2]*V1+ajust1$coefficients[3]*V3+
    ajust1$coefficients[4]*V4+ ajust1$coefficients[5]*V6
> sigma<-ajust1$scale
> res<-(log(tempo)-(xb))/sigma        # resíduos padronizados
> resid<-exp(res)                      # exponencial dos resíduos padronizados
> ekm<- survfit(Surv(resid,cens)~1)
> resid<-ekm$time
> sln<-pnorm(-log(resid))
> par(mfrow=c(1,2))
> plot(ekm$surv,sln,xlab="S(ei*):Kaplan-Meier", ylab="S(ei*):Log-normal padrão",
                                                                        pch=16)
> plot(ekm, conf.int=F,mark.time=F,xlab="Resíduos (ei*)", ylab= "Sobrevivência
                                                        estimada",pch=16)
> lines(resid,sln,lty=2)
> legend(1.3,0.8,lty=c(1,2),c("Kaplan-Meier","Log-normal padrão"),cex=0.8,bty="n")
```

Equivalentemente, os resíduos de Cox-Snell devem seguir a distribuição exponencial padrão para que o modelo de regressão log-normal possa ser considerado adequado. A partir dos gráficos apresentados na Figura 4.10, pode-se também observar, da análise desses resíduos, que o modelo se encontra bem ajustado.

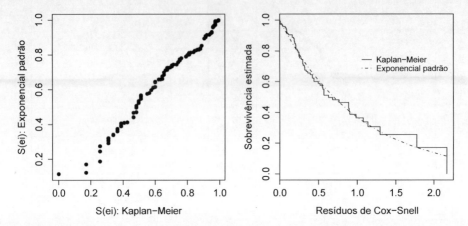

Figura 4.10: Sobrevivências dos resíduos de Cox-Snell estimadas pelo método de Kaplan-Meier e pelo modelo exponencial padrão (gráfico à esquerda) e respectivas curvas de sobrevivência estimadas (gráfico à direita).

```
> ei<- -log(1-pnorm(res))                  # resíduos de Cox-Snell
> ekm1<-survfit(Surv(ei,cens)~1)
> t<-ekm1$time
> st<-ekm1$surv
> sexp<-exp(-t)
> par(mfrow=c(1,2))
> plot(st,sexp,xlab="S(ei):Kaplan-Meier",ylab="S(ei):Exponencial padrão",pch=16)

> plot(ekm1,conf.int=F,mark.time=F, xlab="Resíduos de Cox-Snell",
                        ylab="Sobrevivência estimada")
> lines(t,sexp,lty=4)
> legend(1.0,0.8,lty=c(1,4),c("Kaplan-Meier","Exponencial padrão"),cex=0.8,bty="n")
```

(f) **Interpretação dos coeficientes estimados**

Tomando-se o exponencial dos coeficientes estimados apresentados na Tabela 4.10, obtém-se a razão dos tempos medianos de sobrevivência, como mostrado na Seção 4.4. Ou seja, para uma covariável codificada (0 e 1), como são as do estudo em questão, esta razão compara o tempo mediano de sobrevivência do grupo 1 em relação ao do grupo 0. Desse modo, as interpretações dos resultados obtidos são as seguintes:

i) o tempo mediano até o desmame de mães que não tiveram experiência anterior de amamentação é aproximadamente a metade daquele das mães que já tiveram esta experiência;

ii) as mães que acreditam que o tempo ideal de amamentação é superior a seis meses apresentam um tempo mediano até o desmame de aproximadamente duas vezes maior do que o das mães que pensam ser esse tempo inferior ou igual a seis meses;

iii) o tempo mediano até o desmame das mães que não apresentaram dificuldades de amamentar nos primeiros dias após o parto é 2,3 vezes maior do que o tempo mediano das que sofreram essas dificuldades e,

iv) as crianças que receberam exclusivamente leite materno na maternidade têm um tempo mediano de amamentação duas vezes maior do que o tempo mediano daquelas que receberam outro tipo de alimentação juntamente com o leite materno.

4.6 Exercícios

1. Os dados apresentados na Tabela 4.11 referem-se aos tempos de sobrevivência, em meses, de dois grupos de pacientes com a mesma doença que foram submetidos a um de dois tratamentos alternativos (A ou B). (+ indica censura)

   Considerando a covariável $X = $ tratamento recebido em que:

   $$X = \begin{cases} 0 & \text{se tratamento A} \\ 1 & \text{se tratamento B,} \end{cases}$$

Tabela 4.11: Tempos de pacientes submetidos aos tratamentos A ou B.

Tratamentos	Tempos de sobrevivência (em meses)
A	1 2 2 2 2^+ 6 8 8 9 9^+ 13 13^+ 16 17 22^+ 25^+ 29 34 36 43^+ 45^+
B	1 2 5 7 7^+ 11^+ 12 19 22 30 35^+ 39 42 46 55

(a) Ajuste os modelos de regressão exponencial, Weibull e log-normal e verifique qual é o mais adequado para esses dados.

(b) Utilizando o modelo escolhido no item anterior, use o teste da razão de verossimilhanças para testar se os tratamentos A e B diferem.

(c) Para o modelo final, apresente graficamente a análise dos resíduos e a(s) curva(s) de sobrevivência estimada(s).

(d) Utilizando o modelo ajustado, obtenha e interprete a sobrevivência estimada em $t = 40$ meses.

2. Ajuste um modelo de regressão paramétrico aos dados do Exercício 6 do Capítulo 2.

3. Ajuste um modelo de regressão paramétrico aos dados do Exercício 7 do Capítulo 2. Compare os resultados com aqueles obtidos no Capítulo 2.

Capítulo 5

Modelo de Regressão de Cox

5.1 Introdução

A modelagem em análise de sobrevivência utilizada para avaliar o poder de explicação das covariáveis foi tratada, em um contexto paramétrico, no Capítulo 4. Naquele capítulo, foram apresentados os modelos de regressão exponencial e Weibull e estes foram, então, generalizados para o modelo de tempo de vida acelerado. Outro modelo, no entanto, é utilizado com freqüência na análise de dados de sobrevivência: o de regressão de Cox. Este modelo é o mais utilizado em estudos clínicos por sua versatilidade e é o tema deste capítulo.

O modelo de regressão de Cox (Cox, 1972) abriu uma nova fase na modelagem de dados clínicos. Uma evidência quantitativa desse fato aparece em Stigler (1994). O autor usa citações feitas a periódicos indexados de todas as áreas entre os anos de 1987 e 1989, para quantificar a importância de algumas publicações na literatura estatística. O artigo de Cox (1972), em que o modelo é apresentado, foi neste período o segundo artigo mais citado na literatura estatística, somente ultrapassado pelo artigo de Kaplan-Meier (1958). Isto significa, em números, uma média de 600 citações por ano, o que representa aproximadamente 25% das citações anuais ao *Journal of the Royal Statistical Society B*, a revista que publicou o artigo.

O objetivo deste capítulo é apresentar este importante modelo para a análise de dados de sobrevivência. Na Seção 5.2, o modelo é inicialmente introduzido de forma simples e intuitiva e, em seguida, apresentado em sua forma geral. Vários aspectos relacionados ao modelo, tais como a estimação dos parâmetros, a interpretação dos coeficientes e a adequação do modelo ajustado, são apresentados nas Seções 5.3 a 5.6. Sua aplicação é ilustrada na Seção 5.7 por meio da análise de três conjuntos de dados, sendo um deles o da leucemia pediátrica descrito na Seção 1.5.3. Comentários adicionais sobre o modelo são apresentados na Seção 5.8.

5.2   O Modelo de Cox

O modelo de regressão de Cox permite a análise de dados provenientes de estudos de tempo de vida em que a resposta é o tempo até a ocorrência de um evento de interesse, ajustando por covariáveis. No caso especial em que a única covariável é um indicador de grupos, o modelo de Cox assume a sua forma mais simples. Este caso é apresentado a seguir, para introduzir a forma do modelo de Cox.

Suponha um estudo controlado que consiste na comparação dos tempos de falha de dois grupos em que os pacientes são selecionados aleatoriamente para receber o tratamento padrão (grupo 0) ou o novo tratamento (grupo 1). Representando a função de taxa de falha do primeiro grupo por $\lambda_0(t)$ e a do segundo grupo por $\lambda_1(t)$ e, assumindo proporcionalidade entre estas funções, tem-se que:

$$\frac{\lambda_1(t)}{\lambda_0(t)} = K,$$

em que K é a razão das taxas de falha, constante para todo tempo t de acompanhamento do estudo. Se x é a variável indicadora de grupo, em que:

$$x = \begin{cases} 0 & \text{se grupo 0,} \\ 1 & \text{se grupo 1,} \end{cases}$$

5.2. O Modelo de Cox

e $K = \exp\{\beta x\}$, então,

$$\lambda(t \mid x) = \lambda_0(t) \exp\{\beta x\}, \qquad (5.1)$$

ou seja,

$$\lambda(t \mid x) = \begin{cases} \lambda_1(t) = \lambda_0(t) \exp\{\beta\}, & \text{se } x = 1 \\ \lambda_0(t), & \text{se } x = 0. \end{cases}$$

A expressão (5.1) define o modelo de Cox para uma única covariável.

De forma genérica, considere p covariáveis, de modo que $\mathbf{x}$ seja um vetor com os componentes $\mathbf{x} = (x_1, \dots, x_p)'$. A expressão geral do modelo de regressão de Cox considera:

$$\lambda(t \mid \mathbf{x}) = \lambda_0(t) \; g(\mathbf{x}'\boldsymbol{\beta}), \qquad (5.2)$$

em que $g(\mathbf{x}'\boldsymbol{\beta})$ é uma função não-negativa que deve ser especificada, tal que $g(\mathbf{0}) = 1$. Este modelo é composto pelo produto de dois componentes, um não-paramétrico e outro paramétrico. O componente não-paramétrico, $\lambda_0(t)$, não é especificado e é uma função não-negativa do tempo. Ele é usualmente denominado função de taxa de falha de base, pois $\lambda(t \mid \mathbf{x}) = \lambda_0(t)$ quando $\mathbf{x} = \mathbf{0}$. O componente paramétrico é freqüentemente utilizado na seguinte forma multiplicativa:

$$g(\mathbf{x}'\boldsymbol{\beta}) = \exp\{\mathbf{x}'\boldsymbol{\beta}\} = \exp\{\beta_1 x_1 + \dots + \beta_p x_p\}, \qquad (5.3)$$

em que $\boldsymbol{\beta}$ é o vetor de parâmetros associado às covariáveis. Esta forma garante que $\lambda(t \mid \mathbf{x})$ seja sempre não-negativa. Outras formas para a função $g(\mathbf{x}'\boldsymbol{\beta})$ foram propostas na literatura (Storer et al., 1983). Entretanto, a forma multiplicativa é a mais utilizada e adotada neste texto. Observe que a constante β_0, presente nos modelos paramétricos, não aparece no componente mostrado em (5.3). Isto ocorre devido à presença do componente não-paramétrico no modelo que absorve este termo constante.

Este modelo é também denominado modelo de taxas de falha proporcionais, pois a razão das taxas de falha de dois indivíduos diferentes é

158   *Capítulo 5. Modelo de Regressão de Cox*

constante no tempo. Isto é, a razão das funções de taxa de falha para os indivíduos i e j dada por:

$$\frac{\lambda(t \mid \mathbf{x}_i)}{\lambda(t \mid \mathbf{x}_j)} = \frac{\lambda_0(t)\exp\{\mathbf{x}_i'\boldsymbol{\beta}\}}{\lambda_0(t)\exp\{\mathbf{x}_j'\boldsymbol{\beta}\}} = \exp\left\{\mathbf{x}_i'\boldsymbol{\beta} - \mathbf{x}_j'\boldsymbol{\beta}\right\},$$

não depende do tempo. Por exemplo, se um indivíduo no início do estudo tem uma taxa de falha igual a duas vezes a de um segundo indivíduo, então, esta razão de taxas de falha será a mesma para todo o período de acompanhamento.

A suposição básica para o uso do modelo de regressão de Cox é, portanto, que as taxas de falha sejam proporcionais ou, de forma equivalente para este modelo, que as taxas de falha acumulada sejam também proporcionais. A Figura 5.1 apresenta uma situação em que o uso desse modelo é inadequado. Esta figura mostra as curvas das taxas de falha acumulada para dois grupos na escala logarítmica. O grupo 2 tem uma taxa de mortalidade acumulada mais alta no início do acompanhamento. Esta taxa fica, contudo, menor do que a taxa acumulada do grupo 1 no restante do tempo. Neste caso, as taxas de falha não são proporcionais e, portanto, violam a suposição básica do modelo. As curvas seriam proporcionais se elas mantivessem uma diferença constante ao longo do período de acompanhamento em uma escala logarítmica.

O modelo de regressão de Cox é utilizado extensivamente em estudos médicos. A principal razão desta popularidade é a presença do componente não-paramétrico, que torna o modelo bastante flexível. Um exemplo da flexibilidade deste modelo é possuir alguns modelos paramétricos conhecidos como casos particulares (Kalbfleisch e Prentice, 2002). O modelo de regressão Weibull apresentado no Capítulo 4 é, por exemplo, um caso particular do modelo de Cox. Na Seção 5.8 este assunto é abordado com mais detalhes.

5.3. Ajustando o Modelo de Cox

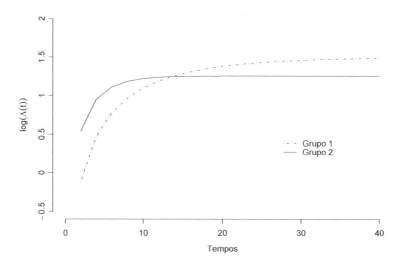

Figura 5.1: Exemplo de taxas de falha que não são proporcionais.

5.3 Ajustando o Modelo de Cox

O modelo de regressão de Cox é caracterizado pelos coeficientes β's, que medem os efeitos das covariáveis sobre a função de taxa de falha. Estas quantidades devem ser estimadas a partir das observações amostrais para que o modelo fique determinado.

Um método de estimação é necessário para se fazer inferências acerca dos parâmetros do modelo. O método de máxima verossimilhança é bastante conhecido (Cox e Hinkley, 1974) e freqüentemente utilizado para este propósito. Ele foi utilizado no Capítulo 4, no contexto de modelos paramétricos. No entanto, a presença do componente não-paramétrico $\lambda_0(t)$ na função de verossimilhança torna este método inapropriado. Ou seja, sabe-se que:

$$\begin{aligned} L(\boldsymbol{\beta}) &= \prod_{i=1}^{n} \Big[f(t_i \mid \mathbf{x}_i) \Big]^{\delta_i} \Big[S(t_i \mid \mathbf{x}_i) \Big]^{1-\delta_i} \\ &= \prod_{i=1}^{n} \Big[\lambda(t_i \mid \mathbf{x}_i) \Big]^{\delta_i} S(t_i \mid \mathbf{x}_i). \end{aligned} \tag{5.4}$$

No modelo de Cox,

$$S(t_i \mid \mathbf{x}_i) = \exp\left\{ - \int_0^{t_i} \lambda_0(u) \exp\{\mathbf{x}_i'\boldsymbol{\beta}\} du \right\} = [S_0(t_i)]^{\exp\{\mathbf{x}_i'\boldsymbol{\beta}\}}.$$

Assim, aplicando-se este resultado em (5.4), segue que:

$$L(\boldsymbol{\beta}) = \prod_{i=1}^{n} \left[\lambda_0(t_i) \exp\{\mathbf{x}_i'\boldsymbol{\beta}\}\right]^{\delta_i} [S_0(t_i)]^{\exp\{\mathbf{x}_i'\boldsymbol{\beta}\}},$$

que é função do componente não-paramétrico $\lambda_0(t)$.

Uma solução razoável consiste em condicionar a construção da função de verossimilhança ao conhecimento da história passada de falhas e censuras para eliminar esta função de perturbação da verossimilhança. Foi exatamente isto que Cox propôs no seu artigo original e formalizou em um artigo subseqüente (Cox, 1975), denominando de método de máxima verossimilhança parcial.

5.3.1 Método de Máxima Verossimilhança Parcial

Utilizando a mesma notação dos capítulos anteriores para escrever a função de verossimilhança parcial, considere que, em uma amostra de n indivíduos, existam $k \leq n$ falhas distintas nos tempos $t_1 < t_2 \ldots < t_k$. Uma forma simples de entender a verossimilhança parcial considera o seguinte argumento condicional: a probabilidade condicional da i-ésima observação vir a falhar no tempo t_i conhecendo quais observações estão sob risco em t_i é:

$$P[\text{ indivíduo falhar em } t_i \mid \text{ uma falha em } t_i \text{ e história até } t_i \ ] =$$

$$= \frac{P[\text{ indivíduo falhar em } t_i \mid \text{ sobreviveu a } t_i \text{ e história até } t_i \ ]}{P[\text{ uma falha em } t_i \mid \text{ história até } t_i \ ]} =$$

$$= \frac{\lambda_i(t \mid \mathbf{x}_i)}{\sum_{j \in R(t_i)} \lambda_j(t \mid \mathbf{x}_j)} = \frac{\lambda_0(t) \exp\{\mathbf{x}_i'\boldsymbol{\beta}\}}{\sum_{j \in R(t_i)} \lambda_0(t) \exp\{\mathbf{x}_j'\boldsymbol{\beta}\}} =$$

$$= \frac{\exp\{\mathbf{x}_i'\boldsymbol{\beta}\}}{\sum_{j \in R(t_i)} \exp\{\mathbf{x}_j'\boldsymbol{\beta}\}}, \tag{5.5}$$

em que $R(t_i)$ é o conjunto dos índices das observações sob risco no tempo t_i. Observe que condicional à história de falhas e censuras até o tempo t_i, o componente não-paramétrico $\lambda_0(t)$ desaparece de (5.5).

5.3. Ajustando o Modelo de Cox

A função de verossimilhança a ser utilizada para se fazer inferências acerca dos parâmetros do modelo é, então, formada pelo produto de todos os termos representados por (5.5) associados aos tempos distintos de falha, isto é,

$$L(\boldsymbol{\beta}) = \prod_{i=1}^{k} \frac{\exp\{\mathbf{x}_i'\boldsymbol{\beta}\}}{\sum_{j \in R(t_i)} \exp\{\mathbf{x}_j'\boldsymbol{\beta}\}} = \prod_{i=1}^{n} \left(\frac{\exp\{\mathbf{x}_i'\boldsymbol{\beta}\}}{\sum_{j \in R(t_i)} \exp\{\mathbf{x}_j'\boldsymbol{\beta}\}} \right)^{\delta_i}, \quad (5.6)$$

em que δ_i é o indicador de falha. Os valores de $\boldsymbol{\beta}$ que maximizam a função de verossimilhança parcial, $L(\boldsymbol{\beta})$, são obtidos resolvendo-se o sistema de equações definido por $U(\boldsymbol{\beta}) = 0$, em que $U(\boldsymbol{\beta})$ é o vetor escore de derivadas de primeira ordem da função $l(\boldsymbol{\beta}) = \log(L(\boldsymbol{\beta}))$. Isto é,

$$U(\boldsymbol{\beta}) = \sum_{i=1}^{n} \delta_i \left[x_i - \frac{\sum_{j \in R(t_i)} x_j \exp\{\mathbf{x}_j'\widehat{\boldsymbol{\beta}}\}}{\sum_{j \in R(t_i)} \exp\{\mathbf{x}_j'\widehat{\boldsymbol{\beta}}\}} \right] = 0. \quad (5.7)$$

A função de verossimilhança parcial (5.6) assume que os tempos de sobrevivência são contínuos e, conseqüentemente, não pressupõe a possibilidade de empates nos valores observados. Na prática, empates podem ocorrer nos tempos de falha ou de censura devido à escala de medida. Por exemplo, o tempo não é necessariamente registrado em horas, podendo, em alguns estudos, ser medido em dias, meses ou até mesmo em anos, dependendo da dificuldade em se obter a medida. Da mesma forma, podem ocorrer empates entre falhas e censuras. Quando ocorrem empates entre falhas e censuras, usa-se a convenção de que a censura ocorreu após a falha, o que define as observações a serem incluídas no conjunto de risco em cada tempo de falha.

A função de verossimilhança parcial (5.6) deve ser modificada para incorporar as observações empatadas quando estas estão presentes. A aproximação para (5.6) proposta por Breslow (1972) e Peto (1972) é simples e freqüentemente usada nos pacotes estatísticos comerciais. Considere $\mathbf{s}_i$ o vetor formado pela soma das correspondentes p covariáveis para os indivíduos que falham no mesmo tempo t_i $(i = 1, \ldots, k)$ e d_i o número de falhas neste mesmo tempo. A aproximação mencionada anteriormente considera a seguinte função de verossimilhança parcial:

$$L(\boldsymbol{\beta}) = \prod_{i=1}^{k} \frac{\exp\{\mathbf{s}_i'\boldsymbol{\beta}\}}{\left[\sum_{j\in R(t_i)} \exp\{\mathbf{x}_j'\boldsymbol{\beta}\}\right]^{d_i}}. \tag{5.8}$$

Esta aproximação é adequada quando o número de observações empatadas em qualquer tempo não é grande. Naturalmente, a expressão (5.8) se reduz a (5.6) quando não houver empates. Outras aproximações para empates foram propostas por Efron (1977), Farewell e Prentice (1980), entre outros. Quando o número de empates em qualquer tempo é grande, o modelo de regressão de Cox para dados grupados deve ser usado (Lawless, 2003, Prentice e Gloeckler, 1978). Outras aproximações para a função de verossimilhança parcial na presença de empates são mostradas no Capítulo 8. Neste capítulo são apresentados, também, os modelos de regressão discretos que são indicados quando o número de empates é grande.

As propriedades assintóticas dos estimadores de máxima verossimilhança parcial são necessárias para a construção de intervalos de confiança e para testar hipóteses sobre os coeficientes do modelo. Vários autores estudaram estas propriedades (Cox, 1975, Tsiatis, 1981), mas foram Andersen e Gill (1982) que apresentaram as provas mais gerais das propriedades desses estimadores. Eles usaram a relação entre os tempos de falha e *martingais* para mostrar que estes estimadores são consistentes e assintoticamente normais sob certas condições de regularidade. Desta forma, é possível utilizar as conhecidas estatísticas de Wald, da Razão de Verossimilhanças e Escore, apresentadas no Capítulo 3, para se fazer inferências sobre os parâmetros do modelo de Cox utilizando-se a função de verossimilhança parcial.

5.4 Interpretação dos Coeficientes

A partir da expressão (5.2) do modelo de Cox, pode-se observar que o efeito das covariáveis é de acelerar ou desacelerar a função de taxa de falha. No

5.4. Interpretação dos Coeficientes

entanto, a propriedade de taxas de falha proporcionais do modelo deve ser usada para interpretar os coeficientes estimados. Tomando-se a razão das taxas de falha de dois indivíduos, i e j, que têm os mesmos valores para as covariáveis com exceção da l-ésima, tem-se:

$$\frac{\lambda(t \mid \mathbf{x}_i)}{\lambda(t \mid \mathbf{x}_j)} = \exp\left\{\beta_l(x_{il} - x_{jl})\right\},$$

que pode ser interpretado como a razão de taxas de falha instantânea no tempo t. Entretanto, como esta razão é constante para todo o acompanhamento, pode-se suprimir a palavra instantânea da interpretação. Por exemplo, suponha que x_l seja uma covariável dicotômica indicando pacientes hipertensos. Então, a taxa de morte entre os hipertensos é $\exp\{\beta_l\}$ vezes a de pacientes com pressão normal, mantidas fixas as outras covariáveis.

Estimativa por ponto para $\exp\{\beta_l\}$ pode ser obtida utilizando-se a propriedade de invariância do estimador de máxima verossimilhança parcial discutida na Seção 3.4. Para obtenção da estimativa intervalar, é necessário obter uma estimativa do erro-padrão de $\exp\{\widehat{\beta}_l\}$. Isto pode ser feito utilizando-se o *método delta*, também apresentado na Seção 3.4. O valor 1 pertencendo ao intervalo estimado, indica não haver evidências de que as taxas de falha dos pacientes hipertensos e com pressão normal apresentam diferenças significativas.

A interpretação dos coeficientes segue em linhas gerais as idéias apresentadas na Seção 4.4 para os modelos de tempo de vida acelerado. Naquele caso, a medida de associação é a razão de tempos medianos e neste, a razão de taxas de falha. Por exemplo, considere que a covariável grupo com três níveis (0 se controle, 1 se grupo 1 e 2 se grupo 2) seja representada por duas variáveis indicadoras com o grupo controle como referência. Isto é, o termo referente a esta covariável no modelo é $\beta_1 x_1 + \beta_2 x_2$, em que x_1 é o indicador do grupo 1 e x_2 o do grupo 2. As estimativas por ponto e por intervalo de máxima verossimilhança parcial são $e^{\widehat{\beta}_1} = 2,0$ $(1,5; 4,1)$ e $e^{\widehat{\beta}_2} = 1,2$ $(0,7; 1,8)$. Neste caso, existe diferença significativa entre os grupos controle e 1, mas não existe entre os grupos controle e 2. A interpretação é a seguinte: a taxa de morte para os pacientes do grupo 1 é duas vezes a dos pacientes do grupo controle com um intervalo de 95% de confiança de 1,5 a 4,1.

Uma interpretação similar é obtida para covariáveis contínuas. Por exemplo, se o efeito de idade for significativo e $e^{\hat{\beta}} = 1,05$ para este termo, tem-se que, ao aumentarmos em 1 ano a idade, a taxa de morte fica aumentado em 5%. Uma discussão mais detalhada das interpretações das estimativas pode ser encontrada em Hosmer e Lemeshow (1999).

5.5 Estimando Funções Relacionadas a $\lambda_0(t)$

Os coeficientes de regressão $\boldsymbol{\beta}$ são as quantidades de maior interesse na modelagem estatística de dados. Entretanto, funções relacionadas a $\lambda_0(t)$ são também importantes no modelo de Cox. Estas funções referem-se basicamente à função de taxa de falha acumulada de base:

$$\Lambda_0(t) = \int_0^t \lambda_0(u)du$$

e à correspondente função de sobrevivência de base:

$$S_0(t) = \exp\left\{ - \Lambda_0(t) \right\}.$$

A maior importância dessas funções diz respeito ao uso delas em técnicas gráficas para avaliar a adequação do modelo ajustado. Isto será visto na próxima seção. A função de sobrevivência,

$$S(t \mid \mathbf{x}) = [S_0(t)]^{\exp\{\mathbf{x}'\boldsymbol{\beta}\}}$$

é também útil quando se deseja concluir a análise em termos de percentis associados a grupos de indivíduos.

Se $\lambda_0(t)$ fosse especificado parametricamente, poderia ser estimado usando-se a função de verossimilhança. Entretanto, na função de verossimilhança parcial, o argumento condicional elimina completamente esta função.

Desta forma, os estimadores para estas quantidades são de natureza não-paramétrica.

Uma estimativa simples para $\Lambda_0(t)$, proposta por Breslow (1972), é uma função escada com saltos nos tempos distintos de falha e expressa por:

$$\widehat{\Lambda}_0(t) = \sum_{j\,:\,t_j < t} \frac{d_j}{\sum_{l \in R_j} \exp\{\mathbf{x}_l'\widehat{\boldsymbol{\beta}}\}}, \tag{5.9}$$

em que d_j é o número de falhas em t_j. Conseqüentemente, as funções de sobrevivência $S_0(t)$ e $S(t \mid \mathbf{x})$ podem ser estimadas a partir de (5.9) por, respectivamente,

$$\widehat{S}_0(t) = \exp\left\{-\widehat{\Lambda}_0(t)\right\}$$

e

$$\widehat{S}(t \mid \mathbf{x}) = [\widehat{S}_0(t)]^{\exp\{\mathbf{x}'\widehat{\boldsymbol{\beta}}\}}.$$

Tanto $\widehat{S}_0(t)$ quanto $\widehat{S}(t \mid \mathbf{x})$ são funções escada decrescentes com o tempo. Note que, na ausência de covariáveis, a expressão (5.9) reduz-se a:

$$\widehat{\Lambda}_0(t) = \sum_{j\,:\,t_j < t} \left(\frac{d_j}{n_j}\right),$$

que é o estimador de Nelson-Aalen descrito na Seção 2.4.1 do Capítulo 2. Por este fato, o estimador apresentado em (5.9) é também referenciado na literatura como estimador de Nelson-Aalen-Breslow.

5.6 Adequação do Modelo de Cox

O modelo de regressão de Cox é bastante flexível devido à presença do componente não-paramétrico. Mesmo assim, ele não se ajusta a qualquer situação clínica e, como qualquer outro modelo estatístico, requer o uso de técnicas para avaliar a sua adequação. Em particular, e como mencionado na Seção 5.2, ele tem uma suposição básica que é a de taxas de falha

166   *Capítulo 5. Modelo de Regressão de Cox*

proporcionais. A violação desta suposição pode acarretar sérios vícios na estimação dos coeficientes do modelo (Struthers e Kalbfleisch, 1986).

Diversos métodos para avaliar a adequação deste modelo encontram-se disponíveis na literatura. Estes baseiam-se, essencialmente, nos mesmos tipos de resíduos definidos para os modelos paramétricos apresentados no Capítulo 4. Alguns desses métodos, usados para verificar aspectos relacionados à qualidade geral de ajuste do modelo e à suposição de taxas de falha proporcionais, dentre outros, são apresentados a seguir.

5.6.1 Avaliação da Qualidade Geral do Modelo Ajustado

Assim como nos modelos paramétricos, os resíduos de Cox-Snell (1968) são também utilizados com o propósito de avaliar a qualidade geral de ajuste do modelo de Cox. Para este modelo, os resíduos de Cox-Snell são definidos por:

$$\widehat{e}_i = \widehat{\Lambda}_0(t_i) \exp\left\{ \sum_{k=1}^{p} x_{ik}\widehat{\beta}_k \right\}, \qquad i = 1, \cdots, n,$$

com $\widehat{\Lambda}_0(t_i)$ estimado por (5.9). Desse modo, se o modelo estiver bem ajustado, os $\widehat{e}_i$'s devem ser olhados como uma amostra censurada de uma distribuição exponencial padrão e, então, o gráfico de, por exemplo, $\widehat{\Lambda}(\widehat{e}_i)$ versus $\widehat{e}_i$ deve ser aproximadamente uma reta. A análise gráfica desses resíduos não fornece, contudo, informações sobre o tipo de problema que estaria ocorrendo caso o ajuste não se apresentar satisfatório. Sendo assim, gráficos envolvendo esses resíduos não são recomendados para avaliação da suposição de taxas de falha proporcionais. Ainda, os mesmos comentários feitos na Seção 4.3.1 para esses resíduos quanto aos cuidados e desvantagens de sua utilização, são também válidos para o modelo de Cox.

5.6.2 Avaliação da Proporcionalidade

Para avaliar a suposição de taxas de falha proporcionais no modelo de Cox, algumas técnicas gráficas e testes estatísticos encontram-se propostos na

5.6. Adequação do Modelo de Cox

literatura. A seguir, são descritas algumas dessas técnicas e testes.

(a) Método gráfico descritivo

A primeira técnica gráfica apresentada para avaliar a suposição de taxas de falha proporcionais consiste de um gráfico descritivo bastante simples proposto para esta finalidade. A obtenção deste gráfico consiste, inicialmente, em dividir os dados em m estratos, usualmente de acordo com alguma covariável. Por exemplo, dividir os dados em dois estratos de acordo com a covariável sexo. Em seguida, deve-se estimar $\widehat{\Lambda}_{0_j}(t)$ para cada estrato usando a expressão (5.9). Se a suposição for válida, as curvas do logaritmo de $\widehat{\Lambda}_{0_j}(t)$ versus t, ou $\log(t)$, devem apresentar diferenças aproximadamente constantes no tempo. Curvas não paralelas significam desvios da suposição de taxas de falha proporcionais, como por exemplo, a situação mostrada na Figura 5.1. É razoável construir este gráfico para cada covariável incluída no estudo. Se a covariável for de natureza contínua, uma sugestão é agrupá-la em um pequeno número de categorias. Uma vantagem dessa técnica gráfica é a de indicar a covariável que estaria gerando a violação da suposição, caso isto ocorra. Uma desvantagem é que a conclusão sobre a proporcionalidade das taxas de falha é subjetiva, pois depende da interpretação dos gráficos.

(b) Método com coeficiente dependente do tempo

Uma proposta adicional que vem sendo usada para avaliar a suposição de taxas de falha proporcionais no modelo de Cox é a de analisar os resíduos de Schoenfeld (1982). Para definir tais resíduos no modelo de Cox, considere que se o i-ésimo indivíduo com vetor de covariáveis $\mathbf{x}_i = (x_{i1}, x_{i2}, \cdots, x_{ip})'$ é observado falhar, tem-se para este indivíduo um vetor de resíduos de Schoenfeld $\mathbf{r}_i = (r_{i1}, r_{i2}, \cdots, r_{ip})$ em que cada componente r_{iq}, para $q = 1, \cdots, p$, é definido por:

$$r_{iq} = x_{iq} - \frac{\sum_{j \in R(t_i)} x_{jq} \, \exp\{\mathbf{x}_j' \widehat{\boldsymbol{\beta}}\}}{\sum_{j \in R(t_i)} \exp\{\mathbf{x}_j' \widehat{\boldsymbol{\beta}}\}}. \tag{5.10}$$

168   Capítulo 5. Modelo de Regressão de Cox

Os resíduos são definidos para cada falha e não são definidos para censuras.

Note que para cada uma das p covariáveis consideradas no modelo, tem-se, para o indivíduo i, um correspondente resíduo de Schoenfeld. Como os resíduos são definidos em cada falha, o conjunto de resíduos de Schoenfeld é, desse modo, uma matriz com d linhas e p colunas sendo d o número de falhas. Cada linha corresponde a um tempo de falha e cada coluna a uma das p covariáveis consideradas no modelo. A i-ésima linha desta matriz é obtida por (5.10). Condicional a uma falha no conjunto de risco $R(t_i)$, o valor esperado da covariável para esta falha é expresso pelo termo $\frac{\sum_{j \in R(t_i)} x_{jq} \exp\{\mathbf{x}'_j \widehat{\boldsymbol{\beta}}\}}{\sum_{j \in R(t_i)} \exp\{\mathbf{x}'_j \widehat{\boldsymbol{\beta}}\}}$, apresentado em (5.10) e, assim, a interpretação de r_{iq} como um resíduo é apropriada. Como usual para resíduos, $\sum_i \mathbf{r}_i = \mathbf{0}$. Para permitir que a estrutura de correlação dos resíduos seja considerada, uma forma padronizada dos resíduos de Schoenfeld (scaled Schoenfeld residuals) é freqüentemente usada e é definida por:

$$\mathbf{s}_i^* = [\mathcal{I}(\widehat{\boldsymbol{\beta}})]^{-1} \times \mathbf{r}_i,$$

com $\mathcal{I}(\widehat{\boldsymbol{\beta}})$ a matriz de informação observada (Therneau e Grambsch, 2000).

O uso dos resíduos padronizados de Schoenfeld para avaliar a suposição de taxas de falha proporcionais é baseado em um resultado importante, apresentado em Grambsch e Therneau (1994), que considera o modelo expresso por:

$$\lambda(t \mid \mathbf{x}) = \lambda_0(t) \exp\{\mathbf{x}'\boldsymbol{\beta}(t)\},$$

com a restrição de que $\boldsymbol{\beta}(t) = \boldsymbol{\beta}$, como uma forma alternativa de representar o modelo de Cox. Observe que a restrição $\boldsymbol{\beta}(t) = \boldsymbol{\beta}$ implica na proporcionalidade das taxas de falha. Quando $\boldsymbol{\beta}(t)$ não for constante, o impacto de uma ou mais covariáveis na taxa de falha pode variar com o tempo. Logo, se a suposição de taxas de falha proporcionais é válida, o gráfico de $\boldsymbol{\beta}_q(t)$ versus t deve ser uma linha horizontal. Grambsch e Therneau (1994) sugerem o gráfico de $s_{iq}^* + \widehat{\beta}_q$ versus t, para $q = 1, \ldots, p$, ou alguma função do tempo, $g(t)$, como um método de visualizar a suposição

5.6. Adequação do Modelo de Cox

de taxas de falha proporcionais. Inclinação zero mostra evidências a favor da proporcionalidade. Para auxiliar na detecção de uma possível falha da suposição de proporcionalidade, uma curva suavizada, com bandas de confiança, é adicionada a este gráfico. Essa curva suavizada é obtida no R usando-se *spline*. A Figura 5.2 ilustra tais gráficos em uma situação em que duas covariáveis (X_1 e X_2) são consideradas. O gráfico à esquerda, não apresenta nenhuma tendência acentuada ao longo de $g(t) = t$. O mesmo não pode ser concluído para o gráfico da direita. Neste caso, parece não haver fortes evidências a favor da suposição de taxas de falha proporcionais.

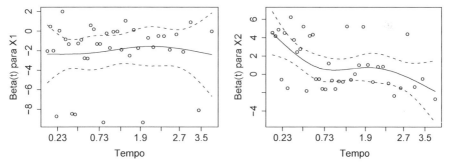

Figura 5.2: Resíduos padronizados de Schoenfeld *versus* os tempos para a covariável X_1 (gráfico à esquerda) e para a covariável X_2 (gráfico à direita).

Esta técnica gráfica envolve, como qualquer outra, conclusões subjetivas, pois depende da interpretação dos gráficos. A obtenção de medidas estatísticas, bem como a realização de testes de hipóteses são, desse modo, de grande utilidade nessas situações. O coeficiente de correlação de Pearson (ρ) entre os resíduos padronizados de Schoenfeld e $g(t)$, para cada covariável, é uma dessas medidas. Valores de ρ próximos de zero mostram não haver evidências para a rejeição da suposição de taxas de falha proporcionais.

Um teste para a hipótese geral (ou global) de proporcionalidade das taxas de falha sobre todas as covariáveis no modelo, assumindo $g_q(t) = g(t)$, pode ser realizado utilizando-se a estatística de teste:

$$T = \frac{(g - \bar{g})' S^* \mathcal{I} S^{*'} (g - \bar{g})}{d \sum_k (g_k - \bar{g})^2},$$

em que $\mathcal{I}$ é a matriz de informação observada, d é o número de falhas e $S^* = dR\mathcal{I}^{-1}$, sendo R a matriz $d \times p$ dos resíduos de Schoenfeld não-padronizados. Sob a hipótese nula de proporcionalidade das taxas de falha, T tem aproximadamente distribuição qui-quadrado com p graus de liberdade. Valores de $T > \chi^2_{p,1-\alpha}$ mostram evidências contra a suposição de taxas de falha proporcionais.

Adicionalmente, a hipótese de proporcionalidade para a q-ésima covariável, $q = 1, \cdots, p$, pode ser testada por meio da estatística de teste:

$$T_q = \frac{d\left(\sum_k (g_k - \bar{g})s^*_{qk}\right)^2}{\mathcal{I}_q^{-1}\sum_k (g_k - \bar{g})^2},$$

em que $\mathcal{I}_q^{-1}$ é o q-ésimo elemento da diagonal do inverso da matriz de informação observada. Sob a hipótese nula de taxas de falha proporcionais para a q-ésima covariável, T_q tem aproximadamente distribuição qui-quadrado com 1 grau de liberdade. Valores de $T_q > \chi^2_{1,1-\alpha}$ mostram evidências contra a suposição de proporcionalidade para a covariável q.

Algumas opções para $g(t)$ encontram-se disponíveis no R. Dentre elas, t, $\log(t)$, *rank* e *km*. A opção *rank* usa a ordem dos tempos de falha e a *km* usa uma versão contínua à esquerda da curva de sobrevivência de Kaplan-Meier sem covariáveis. Na prática, existe pouca diferença na escolha entre *km* e *rank* para $g(t)$. A primeira é, contudo, menos sensível a padrões de censura. O *default* do R é *km*.

(c) Método com covariável dependente do tempo

Outro teste proposto por Cox (1979) para examinar a suposição de taxas de falha proporcionais consiste em acrescentar ao modelo uma covariável dependente do tempo. Covariáveis dependentes do tempo generalizam o modelo de Cox apresentado em (5.2) e são abordadas no Capítulo 6.

Para apresentação do teste mencionado, considere um estudo clínico controlado em que cada paciente foi alocado de forma aleatória a dois grupos, um deles correspondendo ao tratamento padrão e o outro a um novo

5.6. Adequação do Modelo de Cox

tratamento. Uma situação como esta foi apresentada na Seção 5.2. O interesse é verificar se a razão das taxas de falha é a mesma em qualquer tempo t. Como visto, o modelo de Cox para esta situação é dado por:

$$\lambda(t \mid x_1) = \lambda_0(t) \exp\{\beta_1 x_1\},$$

em que x_1 é a covariável indicadora de tratamento, isto é, $x_1 = 0$, se tratamento padrão, e $x_1 = 1$, se tratamento novo. Como discutido na Seção 5.4, a razão das taxas de falha em qualquer tempo de um tratamento em relação ao outro é $\exp\{\beta_1\}$, se o modelo for adequado para os dados.

Uma outra covariável $x_2 = t$ pode ser adicionada ao modelo e, assim,

$$\lambda(t \mid \mathbf{x}) = \lambda_0(t) \exp\{\beta_1 x_1 + \beta_2 x_1 t\},$$

de modo que a razão das taxas de falha é agora:

$$\exp\{\beta_1 + \beta_2 t\}$$

e, portanto, não é mais constante no tempo e nem o modelo é mais de taxas de falha proporcionais. Em particular, se $\beta_2 < 0$, a razão das taxas de falha decresce com o tempo. Isto significa que a taxa de falha usando o novo tratamento, relativo ao padrão, diminui com o tempo. Por outro lado, se $\beta_2 > 0$, a taxa de falha do novo tratamento em relação ao padrão aumenta com o tempo. No caso em que $\beta_2 = 0$, essa taxa é constante e igual a $\exp\{\beta_1\}$, mostrando que esta hipótese corresponde à suposição de taxas de falha proporcionais. Esta situação é ilustrada na Figura 5.3.

Modelos incluindo covariáveis dependentes do tempo, como x_2, não podem ser ajustados da mesma maneira como aqueles que incluem somente covariáveis que não mudam com o tempo. A razão disso é que estas covariáveis assumem diferentes valores em diferentes tempos complicando o cálculo do denominador da função de verossimilhança parcial apresentada em (5.6). O ajuste desses modelos é abordado no Capítulo 6.

Outros testes de adequação foram propostos para o modelo de Cox. Entretanto, eles têm sérias limitações no seu uso. Alguns testes (Schoenfeld,

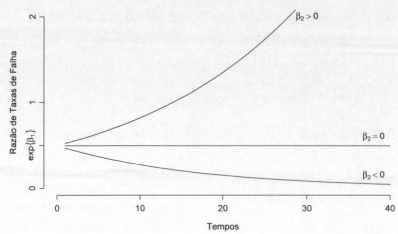

Figura 5.3: Gráfico da razão de taxas de falha $\exp\{\beta_1 + \beta_2 t\}$ versus t (tempos) para diferentes valores de β_2.

1980; Andersen, 1982) consideram uma partição arbitrária do eixo do tempo para a sua aplicação. Um grave problema é que diferentes partições geram testes diferentes. Há outros testes, como, por exemplo, o de Wei (1984), que não necessita desta partição; entretanto, só pode ser usado no modelo com uma única covariável. Todas estas limitações associadas aos testes de adequação indicam que as técnicas gráficas envolvendo resíduos definidos adequadamente são ferramentas úteis para esta finalidade.

5.6.3 Avaliação de outros Aspectos do Modelo de Cox

Além da suposição de proporcionalidade, há interesse, também, em examinar outros aspectos do ajuste do modelo de Cox. Dentre eles, verificar a melhor forma funcional para explicar a influência de uma dada covariável, verificar a presença de potenciais indivíduos atípicos (*outliers*) e examinar a influência que cada indivíduo exerce em vários aspectos do modelo ajustado.

Para examinar os aspectos mencionados, técnicas de diagnóstico também se encontram disponíveis para o modelo de regressão de Cox. Estas baseiam-se, essencialmente, nos resíduos *martingal* e *deviance*, definidos no Capítulo 4. Mais detalhes são apresentados a seguir.

5.6. Adequação do Modelo de Cox

(a) Pontos Atípicos e Forma Funcional das Covariáveis

Como visto no Capítulo 4, os resíduos *martingal* resultam de uma modificação dos resíduos de Cox-Snell. Assim, quando os dados apresentam censuras à direita e todas as covariáveis são fixadas no início do estudo, ou seja, não forem dependentes do tempo, os resíduos *martingal* para o modelo de Cox são definidos por:

$$\widehat{m}_i = \delta_i - \widehat{\Lambda}_0(t_i) \exp\left\{ \sum_{k=1}^{p} x_{ik}\widehat{\beta}_k \right\} = \delta_i - \widehat{e}_i, \qquad i = 1, \cdots, n.$$

Esses resíduos são freqüentemente utilizados para verificar a presença de pontos atípicos (*outliers*), bem como para verificar a forma funcional das covariáveis, isto é, se estas devem ser usadas no modelo como $\log(x_i)$, x_i^2, e assim por diante, em vez de x_i, ou mesmo categorizadas. Para, por exemplo, a covariável contínua x_q, o gráfico de $\widehat{m}_i$ versus x_{iq} é utilizado para que se possa avaliar a forma funcional desta covariável. Na prática, as interpretações desses gráficos não são muito simples em razão da distribuição assimétrica desses resíduos.

Outro resíduo usado, em geral, com o próposito de detectar pontos atípicos (*outliers*), é o resíduo *deviance*. Esses resíduos são definidos no modelo de Cox por:

$$\widehat{d}_i = \text{sinal}(\widehat{m}_i)\left[-2\left(\widehat{m}_i + \delta_i \log(\delta_i - \widehat{m}_i) \right) \right]^{1/2}, \tag{5.11}$$

e não são tão assimétricos como os resíduos *martingal*. O gráfico de $\widehat{d}_i$ versus o preditor linear $\sum_{l=1}^{p} \mathbf{x}_{il}\beta_l$, $i = 1, \cdots, n$, é utilizado, nesse caso, para avaliar a presença de dados atípicos.

b) Pontos Influentes

Outro uso importante dos resíduos é auxiliar na avaliação da influência (impacto) de cada observação no ajuste de um modelo. A medida mais direta de influência é o valor do resíduo *jackknife* obtido por:

$$J_i = \widehat{\beta} - \widehat{\beta}_{(i)}, \qquad i = 1, \cdots, n,$$

em que $\widehat{\beta}_{(i)}$ é o resultado de um ajuste que inclui todas as observações, exceto a i-ésima. Pode ser mostrado que a influência J_i de cada observação é proporcional a $(x_i - \bar{x})*$resíduo. Assim, uma observação causa uma influência significativa se estiver distante do valor médio e apresentar um resíduo grande.

O resíduo *jackknife* pode ser obtido de diversas maneiras. No modelo de Cox, um procedimento simples é olhar a primeira iteração do método de Newton-Raphson quando o inicializamos por $\widehat{\beta}$ (Storer e Crowley, 1985). Tem-se, desse modo,

$$\Delta\beta_i = [\mathcal{I}(\widehat{\beta})]^{-1} U(\widehat{\beta}),$$

em que $U(\widehat{\beta})$ é o vetor escore e $\mathcal{I}(\widehat{\beta})$, a matriz de informação observada. O gráfico de $\Delta\beta_i$ contra i para cada covariável é indicado para a identificação de observações influentes.

Uma medida global de efeito das observações pode ser obtida da seguinte forma:

$$\Delta\beta_i = (\widehat{\beta} - \widehat{\beta}_{(i)})'[\mathcal{I}(\widehat{\beta})]^{-1}(\widehat{\beta} - \widehat{\beta}_{(i)}), \qquad i = 1, \cdots, n,$$

com $\Delta\beta$ a mudança no vetor de coeficientes estimados obtida pela remoção, uma de cada vez, das observações. O gráfico desses resíduos *versus* i pode ser útil na detecção de observações influentes. Esta medida é usualmente chamada de D-Cook na literatura.

Para cada covariável no modelo de Cox é também possível obter tais resíduos. Para a q-ésima covariável $(q = 1, \cdots, p)$ os mesmos são obtidos por:

$$\Delta\beta_{i,q} = (\widehat{\beta}_q - \widehat{\beta}_{q,(i)})'[\mathcal{I}(\widehat{\beta})]_{qq}^{-1}(\widehat{\beta}_q - \widehat{\beta}_{q(i)}), \qquad i = 1, \cdots, n. \qquad (5.12)$$

A matriz D de dimensão $n \times p$ composta das p colunas dos resíduos definidos em (5.12) é denominada resíduos *dfbetas*. De modo similar ao que é feito para um modelo de regressão linear gaussiano, gráficos dos resíduos *dfbetas* associados a cada covariável *versus* os valores desta respectiva covariável são usados para a identificação de pontos influentes.

5.7 Exemplos

Para mais informações a respeito dos resíduos e medidas apresentadas, o leitor pode consultar Storer e Crowley (1985) e Therneau e Grambsch (2000).

5.7 Exemplos

Nesta seção, o modelo de regressão de Cox é utilizado na análise de três estudos clínicos. O primeiro envolve pacientes com câncer de laringe, o segundo refere-se a um estudo sobre aleitamento materno e o último trata de um estudo de crianças com leucemia. Os dois últimos foram descritos na Seção 1.5 do Capítulo 1.

5.7.1 Análise de um Estudo sobre Câncer de Laringe

Neste exemplo, os dados considerados referem-se a um estudo, descrito em Klein e Moeschberger (2003), realizado com 90 pacientes do sexo masculino diagnosticados no período de 1970 a 1978 com câncer de laringe e que foram acompanhados até 01/01/1983. Para cada paciente, foram registrados, no diagnóstico, a idade (em anos) e o estágio da doença (I = tumor primário, II = envolvimento de nódulos, III = metástases e IV = combinações dos 3 estágios anteriores), bem como seus respectivos tempos de morte ou censura (em meses). Os estágios encontram-se ordenados pelo grau de seriedade da doença (menos sério para mais sério).

Utilizando-se o modelo de Cox para a análise desses dados, foram ajustados diversos modelos cujos resultados, obtidos no R por meio dos comandos a seguir, encontram-se na Tabela 5.1.

```
> laringe<-read.table("http://www.ufpr.br/~giolo/Livro/ApendiceA/laringe.txt", h=T)
> attach(laringe)
> require(survival)
> fit2<-coxph(Surv(tempos,cens)~factor(estagio),data=laringe,x=T,method="breslow")
> summary(fit2)
> fit2$loglik
```

176   Capítulo 5. Modelo de Regressão de Cox

```
> fit3<-coxph(Surv(tempos,cens)~factor(estagio)+idade,data=laringe,x=T,
                                            method="breslow")
> summary(fit3)
> fit3$loglik
> fit4<-coxph(Surv(tempos,cens)~factor(estagio)+idade+factor(estagio)*idade,
                            data=laringe,x=T,method="breslow")
> summary(fit4)
> fit4$loglik
```

Tabela 5.1: Estimativas obtidas para os modelos de Cox ajustados aos dados de câncer de laringe.

Modelos	Covariáveis	Estimativas		Log verossimilhança parcial
1	nenhuma	-		$l_1 = -197,2129$
2	X_1: estágio II	$\widehat{\beta}_1 =$	0,0658	
	III	$\widehat{\beta}_2 =$	0,6121	
	IV	$\widehat{\beta}_3 =$	1,7228	$l_2 = -189,0812$
3	X_1: estágio II	$\widehat{\beta}_1 =$	0,1386	
	III	$\widehat{\beta}_2 =$	0,6383	
	IV	$\widehat{\beta}_3 =$	1,6931	
	X_2: idade	$\widehat{\beta}_4 =$	0,0189	$l_3 = -188,1794$
4	X_1: estágio II	$\widehat{\beta}_1 =$	$-7,9461$	
	III	$\widehat{\beta}_2 =$	$-0,1225$	
	IV	$\widehat{\beta}_3 =$	0,8470	
	X_2: idade	$\widehat{\beta}_4 =$	$-0,0026$	
	$X_1 * X_2$ (II* id)	$\widehat{\beta}_5 =$	0,1203	
	(III* id)	$\widehat{\beta}_6 =$	0,0114	
	(IV* id)	$\widehat{\beta}_7 =$	0,0137	$l_4 = -185,0775$

A partir da Tabela 5.1, tem-se, para o teste da razão de verossimilhanças parcial associado à interação entre estágio e idade, o resultado $TRV = 6,20$ ($p = 0,10$, g.l. $= 3$), indicando que esta interação não é significativa. Contudo, os resultados dos testes individuais dos parâmetros dessa interação, apresentados na Tabela 5.2, mostram evidências de que pelo menos um dos

5.7. Exemplos 177

β's associados à referida interação difere significativamente de zero, no caso β_5 com valor $p = 0{,}022$.

Tabela 5.2: Testes individuais dos parâmetros associados à interação.

parâmetro	estimativa	erro padrão	Wald	valor p
β_5 = idade : estágio II	0,1203	0,0523	2,2990	**0,022**
β_6 = idade : estágio III	0,0114	0,0374	0,3031	0,760
β_7 = idade : estágio IV	0,0137	0,0360	0,3802	0,700

Em conseqüência dos resultados encontrados, decidiu-se pela realização da avaliação do ajuste utilizando-se os resíduos padronizados de Schoenfeld dos modelos de Cox com e sem a presença da interação, para, então, proceder à escolha de um desses dois modelos.

Desse modo, e utilizando-se dos resíduos padronizados de Schoenfeld do modelo de Cox com a interação, foram obtidos, por meio dos comandos a seguir, os resultados apresentados na Tabela 5.3 e Figura 5.4.

```
> resid(fit4,type="scaledsch")
> cox.zph(fit4, transform="identity")        ### g(t) = t
> par(mfrow=c(2,4))
> plot(cox.zph(fit4))
```

Dos resultados apresentados na Tabela 5.3 pode-se observar que os valores dos coeficientes de correlação de Pearson (ρ) são todos próximos de zero. Ainda, tanto o teste global quanto os testes para cada covariável apresentaram evidências que não permitem a rejeição da hipótese nula de taxas de falha proporcionais (todos os valores p superiores a 0,30). Observando-se os gráficos apresentados na Figura 5.4, pode-se, visualmente, confirmar este fato, uma vez que tendências ao longo do tempo não são evidentes. Não há, portanto, evidências de que a suposição de taxas de falha proporcionais não seja válida para esse modelo. O modelo de Cox com a presença da interação apresenta-se, desse modo, como uma opção satisfatória para a análise dos dados desse exemplo.

Tabela 5.3: Testes da proporcionalidade das taxas de falha no modelo de Cox com a interação entre estágio e idade.

Covariável	rho (ρ)	χ^2	valor p
estágio II	0,0958	0,5033	0,478
estágio III	0,0462	0,1577	0,691
estágio IV	0,0269	0,0421	0,837
idade	0,1082	0,9376	0,333
estágio II * idade	$-0,0943$	0,4929	0,483
estágio III * idade	$-0,0768$	0,4364	0,509
estágio IV * idade	$-0,0443$	0,1160	0,733
GLOBAL	–	5,7988	0,563

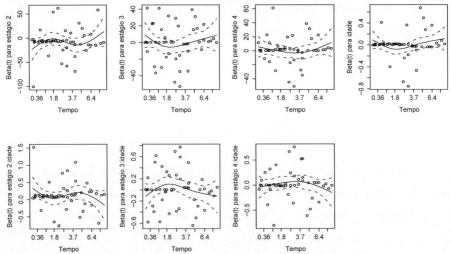

Figura 5.4: Resíduos padronizados de Schoenfeld do modelo de Cox com a interação entre estágio e idade.

De modo análogo, foram obtidos, para o modelo de Cox sem a presença da interação, os resultados apresentados na Tabela 5.4 e Figura 5.5.

```
> resid(fit3,type="scaledsch")
> cox.zph(fit3, transform="identity")    # g(t) = t
```

5.7. Exemplos

```
> par(mfrow=c(1,4))
> plot(cox.zph(fit3))
```

Note a partir da Tabela 5.4 que, embora não significativo ao nível de 5%, o estágio III é marginalmente significativo ($p = 0,092$), sugerindo uma possível violação da suposição de taxas de falha proporcionais para este nível da covariável.

Tabela 5.4: Testes da proporcionalidade das taxas de falha no modelo de Cox sem a interação entre as covariáveis estágio e idade.

Covariável	rho (ρ)	χ^2	valor p
estágio II	$-0,0107$	0,00605	0,938
estágio III	$-0,2440$	2,83791	0,092
estágio IV	$-0,1188$	0,62202	0,430
idade	0,1328	1,16886	0,280
GLOBAL	—	4,56330	0,335

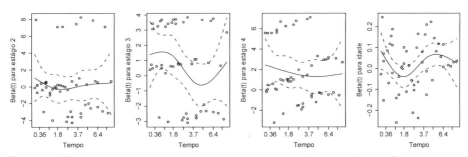

Figura 5.5: Resíduos padronizados de Schoenfeld do modelo de Cox sem a interação entre estágio e idade.

Para amostras muito grandes, o que não é o caso desse estudo, maior atenção deve ser dada aos valores dos coeficientes de correlação ρ, uma vez que, em tais situações, valores p muito pequenos, associados aos testes, podem ser obtidos em decorrência do tamanho amostral.

180   Capítulo 5. Modelo de Regressão de Cox

Comparando-se, então, os resultados de ambos os diagnósticos apresentados, decidiu-se pelo uso do modelo de Cox com a presença da interação. A Tabela 5.5 mostra os resultados obtidos a partir do ajuste desse modelo.

Tabela 5.5: Resultados do ajuste do modelo de Cox para os dados de câncer de laringe e as correspondentes razões de taxas de falha (RTF).

Covariável	Estimativa	Erro-Padrão	Valor p	RTF
Estágio II	$-7,946$	3,678	0,031	0,0003
Estágio III	$-0,123$	2,468	0,960	0,8847
Estágio IV	0,847	2,426	0,730	2,3326
Idade	$-0,003$	0,026	0,920	0,9974
Estágio II*idade	0,120	0,052	0,022	1,1278
Estágio III*idade	0,011	0,037	0,760	1,0114
Estágio IV*idade	0,014	0,036	0,700	1,0138

As funções de sobrevivência e de taxas de falha estimadas para o modelo ajustado são expressas, respectivamente, por:

$$\widehat{S}(t \mid \mathbf{x}) = \begin{cases} \left[\widehat{S}_0(t)\right]^{\exp\{\widehat{\beta}_4\, x_2\}} & \text{se estágio I} \\[2mm] \left[\widehat{S}_0(t)\right]^{\exp\{\widehat{\beta}_1+(\widehat{\beta}_4+\widehat{\beta}_5)\, x_2\}} & \text{se estágio II} \\[2mm] \left[\widehat{S}_0(t)\right]^{\exp\{\widehat{\beta}_2+(\widehat{\beta}_4+\widehat{\beta}_6)\, x_2\}} & \text{se estágio III} \\[2mm] \left[\widehat{S}_0(t)\right]^{\exp\{\widehat{\beta}_3+(\widehat{\beta}_4+\widehat{\beta}_7)\, x_2\}} & \text{se estágio IV} \end{cases}$$

e

$$\widehat{\lambda}(t \mid \mathbf{x}) = \begin{cases} \widehat{\lambda}_0(t)\ \exp\{\widehat{\beta}_4\, x_2\} & \text{se estágio I} \\[2mm] \widehat{\lambda}_0(t)\ \exp\{\widehat{\beta}_1+(\widehat{\beta}_4+\widehat{\beta}_5)\, x_2\} & \text{se estágio II} \\[2mm] \widehat{\lambda}_0(t)\ \exp\{\widehat{\beta}_2+(\widehat{\beta}_4+\widehat{\beta}_6)\, x_2\} & \text{se estágio III} \\[2mm] \widehat{\lambda}_0(t)\ \exp\{\widehat{\beta}_3+(\widehat{\beta}_4+\widehat{\beta}_7)\, x_2\} & \text{se estágio IV,} \end{cases}$$

em que x_2 é a idade.

5.7. Exemplos

Como pode ser observado, as estimativas $\widehat{S}_0(t)$ são necessárias para obtenção de $\widehat{S}(t \mid \mathbf{x})$. Essas estimativas, bem como as estimativas $\widehat{\Lambda}_0(t)$ encontram-se na Tabela 5.6 e foram obtidas no R por:

```
> Ht<-basehaz(fit4,centered=F)
> tempos<-Ht$time
> H0<-Ht$hazard
> S0<- exp(-H0)
> round(cbind(tempos, S0,H0),digits=5)
```

Tabela 5.6: Estimativas $\widehat{S}_0(t)$ e $\widehat{\Lambda}_0(t)$ para os dados de laringe.

	Tempos	$\widehat{S}_0(t)$	$\widehat{\Lambda}_0(t)$		Tempos	$\widehat{S}_0(t)$	$\widehat{\Lambda}_0(t)$
1	0,1	0,99377	0,00625	18	3,2	0,77965	0,24891
2	0,2	0,98739	0,01269	19	3,3	0,76923	0,26236
3	0,3	0,96737	0,03318	20	3,5	0,73805	0,30374
4	0,4	0,96039	0,04041	21	3,6	0,71695	0,33274
5	0,5	0,95319	0,04794	22	3,8	0,70498	0,34959
6	0,6	0,94596	0,05555	23	4,0	0,66650	0,40572
7	0,7	0,93875	0,06321	24	4,3	0,65242	0,42707
8	0,8	0,91713	0,08650	25	5,0	0,63406	0,45561
9	1,0	0,90154	0,10365	26	5,3	0,61308	0,48925
10	1,3	0,88552	0,12158	27	6,0	0,59024	0,52723
11	1,5	0,87745	0,13073	28	6,2	0,56680	0,56775
12	1,6	0,86907	0,14033	29	6,3	0,54126	0,61386
13	1,8	0,85231	0,15980	30	6,4	0,48988	0,71360
14	1,9	0,83549	0,17974	31	6,5	0,46291	0,77022
15	2,0	0,81848	0,20030	32	7,0	0,43005	0,84384
16	2,3	0,80945	0,21140	33	7,4	0,39625	0,92571
17	2,4	0,80004	0,22309	34	7,8	0,35937	1,02341

Na Figura 5.6 estão representadas as curvas de sobrevivência estimadas para pacientes com idades de 50 e 65 anos, em cada um dos 4 estágios da doença. Desta figura, pode-se observar que as curvas de sobrevivência estimadas para os estágios I, III e IV não apresentam diferenças muito acentuadas, quando comparadas entre as idades de 50 e 65 anos. No estágio II, contudo, observa-se um decréscimo expressivo desta curva para os pacientes de 65 anos de idade, quando comparados aos de 50 anos. Este fato justifica, assim, a presença da interação entre o estágio e idade no modelo, em especial entre idade e o estágio II.

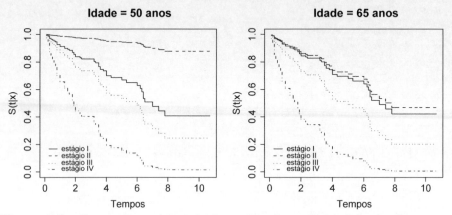

Figura 5.6: Curvas das sobrevivências estimadas pelo modelo de Cox para os dados de laringe.

Na Figura 5.7, encontram-se representadas as correspondentes curvas das taxas de falha acumulada estimadas para pacientes com idades de 50 e 65 anos, em cada um dos 4 estágios da doença.

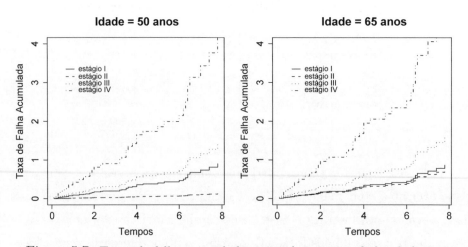

Figura 5.7: Taxas de falha acumulada estimadas para os dados de laringe.

Assim, por exemplo, para os pacientes i e l, em que ambos encontram-se no estágio II da doença, mas um deles apresenta idade de 65 anos e o outro

5.7. Exemplos

de 50 anos, tem-se que a razão de taxas de falha entre eles é de:

$$\frac{\widehat{\lambda}(t \mid \mathbf{x}_i)}{\widehat{\lambda}(t \mid \mathbf{x}_l)} = \frac{\exp\left\{\widehat{\beta}_1 + (\widehat{\beta}_4 + \widehat{\beta}_5) * 65\right\}}{\exp\left\{\widehat{\beta}_1 + (\widehat{\beta}_4 + \widehat{\beta}_5) * 50\right\}}$$

$$= \exp\left\{(\widehat{\beta}_4 + \widehat{\beta}_5) * (65 - 50)\right\} = 5,84,$$

o que significa que a taxa de morte de pacientes com 65 anos de idade e no estágio II da doença é de aproximadamente 6 vezes a taxa de morte de pacientes com 50 anos e no mesmo estágio da doença.

Por outro lado, tem-se, por exemplo, para os pacientes j e k, em que ambos têm 50 anos de idade, sendo que um deles se encontra no estágio IV da doença e o outro no estágio III, que a razão de taxas de falha entre eles é de:

$$\frac{\widehat{\lambda}(t \mid \mathbf{x}_j)}{\widehat{\lambda}(t \mid \mathbf{x}_k)} = \frac{\exp\left\{\widehat{\beta}_3 + (\widehat{\beta}_4 + \widehat{\beta}_7) * 50\right\}}{\exp\left\{\widehat{\beta}_2 + (\widehat{\beta}_4 + \widehat{\beta}_6) * 50\right\}} = 2,96.$$

Logo, a taxa de morte de pacientes com 50 anos de idade e no estágio IV da doença é de aproximadamente 3 vezes a taxa de morte de pacientes também com 50 anos de idade, mas que se encontram no estágio III da doença.

Razões de taxas de falha para todas as demais comparações de interesse podem ser obtidas e discutidas de forma análoga. No apêndice B, o leitor encontra os comandos usados no R para obtenção das Figuras 5.6 e 5.7.

5.7.2 Análise dos Dados de Aleitamento Materno

No Capítulo 4, após uma análise descritiva e exploratória das variáveis, métodos paramétricos foram utilizados para modelar o tempo máximo de aleitamento materno em função das covariáveis registradas no estudo. Dentre os modelos analisados, o modelo log-normal foi o mais adequado para ajustar os tempos até o desmame. Fazendo uso da estratégia de seleção de covariáveis, descrita na Seção 4.5.3, permaneceram no modelo final as covariáveis: experiência anterior de amamentação (V1), conceito materno

184   *Capítulo 5. Modelo de Regressão de Cox*

sobre o tempo ideal de amamentação (V3), dificuldades de amamentação nos primeiros dias pós-parto (V4) e recebimento exclusivo de leite materno na maternidade (V6).

De forma alternativa, a modelagem do tempo até o desmame pode ser feita com base no modelo semiparamétrico de Cox apresentado neste capítulo. Considerando, então, este modelo, os passos da implementação da estratégia de seleção das covariáveis podem ser vistos na Tabela 5.7.

Após o processo de seleção, o modelo de Cox resultante incluiu o mesmo conjunto de covariáveis identificadas pelo modelo paramétrico (V1, V3, V4 e V6). Este fato mostra que tais covariáveis são realmente importantes para descrever o comportamento do tempo até o desmame. Os comandos usados no R para obtenção dos resultados apresentados na Tabela 5.7 para, por exemplo, o modelo final, foram:

```
> require(survival)
> desmame<-read.table("http://www.ufpr.br/~giolo/Livro/ApendiceA/desmame.txt",h=T)
> fit<-coxph(Surv(tempo,cens)~V1+V3+V4+V6,data=desmame,x = T,method="breslow")
> summary(fit)
> fit$loglik
```

Como discutido na Seção 5.6, a suposição de taxas de falha proporcionais deve ser atendida para que o modelo de Cox possa ser considerado adequado aos dados desse estudo. Dois métodos gráficos foram apresentados para essa finalidade, um deles envolvendo o logaritmo da função de taxa de falha acumulada de base e, o outro, os resíduos padronizados de Schoenfeld. Em ambos os métodos, um gráfico deve ser construído para cada covariável incluída no modelo final.

Na Figura 5.8, encontram-se os gráficos envolvendo o logaritmo da função de taxa de falha acumulada de base para as covariáveis V1, V3, V4 e V6. Como pode ser observado desta figura, as curvas não indicam violação da suposição de taxas de falha proporcionais. Embora as mesmas não sejam perfeitamente paralelas ao longo do eixo do tempo, não existem, em termos descritivos, afastamentos marcantes desta característica.

5.7. Exemplos

Tabela 5.7: Seleção de covariáveis usando o modelo de regressão de Cox.

Passos	Modelo	$-2\log L(\theta)$	Estatística de teste (TRV)	Valor p
Passo 1	Nulo	560,628	–	–
	V1	556,958	3,670	0,0554
	V2	557,922	2,706	0,1000
	V3	554,920	5,708	0,0169
	V4	549,455	11,173	0,0008
	V5	559,402	1,226	0,2682
	V6	554,008	6,620	0,0101
	V7	558,420	2,208	0,1373
	V8	558,617	2,011	0,1562
	V9	558,597	2,031	0,1541
	V10	558,137	2,491	0,1145
	V11	557,872	2,756	0,0969
Passo 2	V1+V2+V3+V4+V6+V11	536,196	–	–
	V2+V3+V4+V6+V11	538,771	2,575	0,1085
	V1+V3+V4+V6+V11	536,196	0,000	1,0000
	V1+V2+V4+V6+V11	541,104	4,908	0,0267
	V1+V2+V3+V6+V11	543,629	7,433	0,0064
	V1+V2+V3+V4+V11	540,242	4,046	0,0443
	V1+V2+V3+V4+V6	536,346	0,150	0,6985
Passo 3	V3+V4+V6	539,433	–	–
	V3+V4+V6+V1	536,347	3,086	0,0790
	V3+V4+V6+V2	538,823	0,610	0,4348
	V3+V4+V6+V11	539,359	0,074	0,7856
Passo 4	V3+V4+V6+V1	536,347	–	–
	V3+V4+V6+V1+V5	536,076	0,271	0,6027
	V3+V4+V6+V1+V7	534,108	2,239	0,1346
	V3+V4+V6+V1+V8	533,257	3,090	0,0788
	V3+V4+V6+V1+V9	535,012	1,335	0,2479
	V3+V4+V6+V1+V10	536,268	0,079	0,7787
Passo 5	V1+V3+V4+V6+V8	533,257	–	–
	V3+V4+V6+V8	534,492	1,235	0,2497
	V1+V4+V6+V8	538,540	5,283	0,0215
	V1+V3+V6+V8	542,136	8,879	0,0029
	V1+V3+V4+V8	538,172	4,915	0,0266
	V1+V3+V4+V6	536,347	3,090	0,0788
Passo 6	V1+V3+V4+V6	536,347	–	–
	V1+V3+V4+V6+V1*V3	535,922	0,425	0,5145
	V1+V3+V4+V6+V1*V4	536,123	0,224	0,6360
	V1+V3+V4+V6+V1*V6	536,005	0,342	0,5587
	V1+V3+V4+V6+V3*V4	535,136	1,211	0,2711
	V1+V3+V4+V6+V3*V6	534,673	1,674	0,1957
	V1+V3+V4+V6+V4*V6	535,873	0,474	0,4912
Modelo Final	V1+V3+V4+V6	536,347		

A situação extrema de violação é caracterizada por curvas que se cruzam.

No Apêndice B, o leitor encontra os comandos utilizados no R para obtenção da Figura 5.8.

Os resíduos padronizados de Schoenfeld encontram-se, por sua vez,

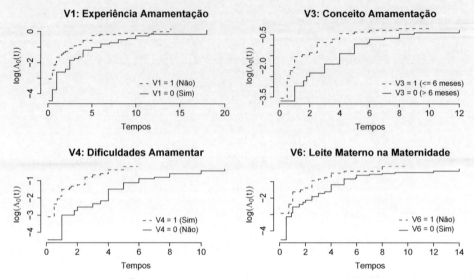

Figura 5.8: $\text{Log}(\widehat{\Lambda}_{0j}(t))$ versus tempo para as covariáveis V1, V3, V4 e V6.

apresentados na Figura 5.9.

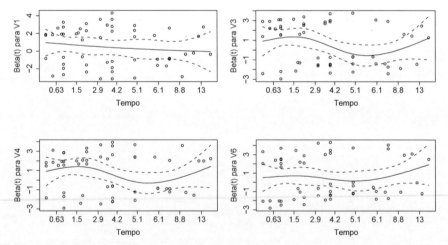

Figura 5.9: Resíduos padronizados de Schoenfeld associados às covariáveis V1, V3, V4 e V6 para averiguar a suposição de proporcionalidade.

A partir da Figura 5.9, pode-se observar a ausência de tendências acentuadas para qualquer uma das covariáveis presentes no modelo, o que pode

5.7. Exemplos 187

ser confirmado pelos testes apresentados na Tabela 5.8. Desse modo, a análise desses resíduos mostra também não haver evidências de violação da suposição de taxas de falha proporcionais. Os comandos do R utilizados para obtenção da Figura 5.9 foram os seguintes:

```
> resid(fit,type="scaledsch")
> cox.zph(fit, transform="identity")     ## g(t) = t
> par(mfrow=c(2,2))
> plot(cox.zph(fit))
```

Tabela 5.8: Testes da proporcionalidade das taxas de falha no modelo ajustado.

Covariável	rho (ρ)	χ^2	valor p
V1	$-0,1098$	0,754	0,385
V3	$-0,1289$	1,083	0,298
V4	$-0,1047$	0,653	0,419
V6	$0,0918$	0,608	0,435
GLOBAL	$-$	3,232	0,520

Os resultados obtidos do ajuste do modelo de taxas de falha proporcionais de Cox com as covariáveis selecionadas, isto é, V1, V3, V4 e V6, encontram-se na Tabela 5.9. As seguintes interpretações podem ser obtidas a partir desta tabela:

Tabela 5.9: Resultados do ajuste do modelo de Cox para os dados de aleitamento materno e correspondentes razões de taxas de falha (RTF).

Covariável	Estimativa	Erro-Padrão	Valor p	RTF	$IC_{95\%}(RTF)$
V1	0,471	0,268	0,079	1,60	(0,94; 2,71)
V3	0,579	0,262	0,027	1,78	(1,07; 2,99)
V4	0,716	0,264	0,007	2,05	(1,22; 3,43)
V6	0,578	0,264	0,028	1,78	(1,06; 2,99)

188   Capítulo 5. Modelo de Regressão de Cox

i) A taxa de desmame precoce em mães que não tiveram experiência anterior de amamentação é estimada ser 1,6 vezes a das mães que tiveram essa experiência. Além disso, pode-se dizer com 95% de confiança que essa estimativa varia entre $0,94$ e $2,71$.

ii) A taxa de desmame precoce em mães que acreditam que o tempo ideal de amamentação é menor ou igual a 6 meses é estimada ser aproximadamente 1,8 vezes a taxa das mães que acreditam que o tempo ideal de amamentação é superior a 6 meses. Essa estimativa, com 95% de confiança varia entre $1,07$ e $2,99$.

iii) A taxa de desmame precoce em mães que apresentaram dificuldades de amamentar nos primeiros dias pós-parto é de aproximadamente 2 vezes a das mães que não apresentaram essas dificuldades. Com 95% de confiança, pode-se dizer que essa estimativa é superior a $1,22$ e inferior a 3,44.

iv) A taxa de desmame precoce em crianças que não receberam exclusivamente leite materno na maternidade é 1,8 vezes a taxa de desmame precoce em crianças que receberam exclusivamente o leite materno. Essa estimativa, com 95% de confiança, varia entre $1,06$ e $2,99$.

Considerações Finais

Os modelos de Cox e paramétrico log-normal foram utilizados na análise dos dados de aleitamento materno com o intuito de identificar as covariáveis associadas ao tempo até o desmame. Dentre aquelas registradas no estudo, os dois modelos foram consistentes nos resultados, identificando o mesmo conjunto de fatores explicativos. Assim, o resultado alcançado para os ajustes confirmaram aquilo que se esperava, ou seja, que independente da estrutura de modelagem, as variáveis que melhor explicam a resposta (tempo até o desmame) são as mesmas. Além disso, destaca-se o fato de que as estimativas para os parâmetros das covariáveis de cada modelo apontam

5.7. Exemplos

na mesma direção. Isto significa que, apesar dos sinais dos coeficientes estimados serem contrários, eles apontam na mesma direção em termos de interpretação. Isto ocorre devido à estrutura distinta de cada modelo. No caso do modelo de Cox, a função de taxa de falha é modelada e no caso do modelo log-normal, é a própria resposta. No primeiro modelo, um coeficiente positivo indica um aumento da taxa de falha e, por conseqüência, uma redução do tempo até a falha. Esta é a razão dos coeficientes com sinais contrários.

Frente a dois modelos com estruturas diferentes, a interpretação dos coeficientes é realizada de acordo com a forma do modelo. Isto pôde ser observado ao longo da análise, quando a interpretação no modelo de Cox foi feita em termos de razão de taxas de falha e no modelo paramétrico em termos de razão de tempos medianos de falha. Desta forma, não se pode comparar a ordem de grandeza dos coeficientes estimados.

Os modelos paramétricos, se bem ajustados, devem produzir resultados mais precisos do que os do modelo de Cox. Isto acontece devido ao caráter semiparamétrico do modelo de Cox. Ou seja, a estimação utilizando-se o método de máxima verossimilhança parcial exclui parte da informação da amostra, pois baseia-se nos postos das observações. Isto foi mostrado por Cox (1975), quando da construção da função de verossimilhança parcial. Ele indica que, partindo da função de verossimilhança usual, parte desta última é descartada para formar a parcial. Isto pode ser constatado na comparação dos ajustes dos dois modelos apresentados nas Tabelas 4.10 e 5.9. Isto não pode ser feito simplesmente comparando-se as estimativas dos erros-padrão, pois os coeficientes estimados são diferentes, como já dito. No entanto, esta comparação pode ser realizada fazendo-se uso das estatísticas de teste ou de seus correspondentes valores p que estão na mesma unidade. Fazendo-se isto, o que se pode constatar é que o modelo paramétrico log-normal apresenta, em geral, valores p menores, evidenciando a maior precisão destes modelos. Entretanto, a diferença é bastante

190   *Capítulo 5. Modelo de Regressão de Cox*

pequena, indicando que a perda de precisão do modelo de Cox é mínima e certamente o ganho dele em termos de flexibilidade compensa largamente esta perda.

5.7.3 Análise dos Dados de Leucemia Pediátrica

Nesta seção, os dados de leucemia em crianças, descritos na Seção 1.5.3, são analisados por meio do modelo de taxas de falha proporcionais de Cox. As covariáveis consideradas nesta análise foram medidas na data do diagnóstico e encontram-se na Tabela 5.10. Desta tabela, pode-se notar que todas as covariáveis foram dicotomizadas, sendo a categoria inferior representada por 0 e a superior por 1. Esta categorização é arbitrária mas deve ser explicitada a fim de que seja feita a interpretação dos resultados. Isto significa que é possível utilizar qualquer representação dessas covariáveis categorizadas. Os resultados registram esta configuração, mas as conclusões são exatamente as mesmas.

Tabela 5.10: Descrição das covariáveis utilizadas no estudo de leucemia.

Código	Descrição	Categorias
LEUINI	No. de leucócitos no sangue periférico	0 se ≤ 75000 leuc/mm^3
		1 se > 75000 leuc/mm^3
IDADE	Idade em meses	0 se ≤ 96 meses
		1 se > 96 meses
ZPESO	Peso padronizado pela idade e sexo	0 se ≤ -2 e 1 se > -2
ZEST	Altura padronizada pela idade e sexo	0 se ≤ -2 e 1 se > -2
PAS	% de linfoblastos medulares reagindo	
	positivamente ao ácido de Schiff	0 se $\leq 5\%$ e 1 se $> 5\%$
VAC	% de vacúolos no citoplasma	
	dos linfoblastos	0 se $\leq 15\%$ e 1 se $>15\%$
RISK	Fator de risco obtido de uma fórmula	
	que é função dos tamanhos do fígado	
	e do baço e do no. de blastos	0 se $\leq 1,7\%$ e 1 se $>1,7\%$
R6	Remissão na 6a. semana de tratamento	0 se não e 1 se sim

5.7. Exemplos

Nesta análise estão incluídas 103 crianças com leucemia. Dezessete crianças foram excluídas, por apresentarem valores perdidos em pelo menos uma das covariáveis listadas na Tabela 5.10. Este conjunto de dados, com as covariáveis não dicotomizadas, é apresentado no Apêndice A. Nas análises, contudo, as covariáveis encontram-se dicotomizadas.

Assumindo que o modelo de Cox é adequado para esses dados, foram obtidos, no R, os resultados apresentados na Tabela 5.11. A segunda coluna desta tabela corresponde às estimativas de máxima verossimilhança parcial. Os valores p, apresentados na última coluna da Tabela 5.11, correspondem ao teste de Wald.

```
> leuc<-read.table("http://www.ufpr.br/~giolo/Livro/ApendiceA/leucemia.txt", h=T)
> attach(leuc)
> idadec<-ifelse(idade>96,1,0)
> leuinic<-ifelse(leuini>75,1,0)
> zpesoc<-ifelse(zpeso>-2,1,0)
> zestc<-ifelse(zest>-2,1,0)
> vacc<-ifelse(vac>15,1,0)
> pasc<-ifelse(pas>5,1,0)
> riskc<-ifelse(risk>1.7,1,0)
> r6c<-r6
> leucc<-as.data.frame(cbind(leuinic,tempos,cens,idadec,zpesoc,zestc,pasc,vacc,
                                                                  riskc,r6c))

> detach(leuc)
> attach(leucc)
> require(survival)
> fit<-coxph(Surv(tempos,cens)~leuinic+idadec+zpesoc+zestc+pasc+vacc+riskc+r6c,
                                      data=leucc, x = T, method="breslow")
> summary(fit)
```

Uma análise preliminar da Tabela 5.11 indica que, possivelmente, as covariáveis RISK, R6 e ZEST não são importantes para explicar o tempo até a recidiva ou morte de crianças com leucemia, na presença das demais. A Tabela 5.12 mostra os valores de menos 2 vezes o logaritmo da função de verossimilhança parcial ($\mathcal{L}$) para alguns modelos. Para o modelo 3, por exemplo, foram utilizados no R os comandos:

Tabela 5.11: Resultados do modelo de Cox ajustado aos dados de leucemia com as oito covariáveis.

Covariável	Coeficiente	Erro-Padrão	Valor p
LEUINI	0,979	0,424	0,021
IDADE	0,743	0,375	0,048
ZPESO	$-1,369$	0,788	0,082
ZEST	$-0,811$	0,759	0,290
PAS	$-1,041$	0,496	0,036
VAC	1,316	0,450	0,003
RISK	0,0005	0,476	1,000
R6	$-0,573$	0,521	0,270

```
> fit3<-coxph(Surv(tempos,cens)~leuinic+idadec+zpesoc+pasc+vacc,
                      data=leucc,x = T,method="breslow")
> summary(fit3)
> -2*fit3$loglik[2]
```

As covariáveis IDADE e leucometria inicial (LEUINI) foram mantidas em todos os modelos, pois sabe-se a partir da literatura médica que elas são importantes fatores de prognóstico.

Tabela 5.12: Valores de $\mathcal{L} = $ - 2(log-verossimilhança) obtidos para alguns modelos ajustados aos dados de leucemia.

MODELOS	$\mathcal{L}$
1- IDADE + LEUINI + ZPESO + ZEST + PAS + VAC + RISK + R6	280,45
2- IDADE + LEUINI + ZPESO + ZEST + PAS + VAC	281,60
3- IDADE + LEUINI + ZPESO + PAS + VAC	282,64
4- IDADE + LEUINI + ZEST + PAS + VAC	285,30
5- IDADE + LEUINI + ZPESO + PAS	291,11
6- IDADE + LEUINI + ZPESO + VAC	291,71
7- IDADE + LEUINI + ZPESO	297,47

O teste da razão de verossimilhanças parcial é utilizado para comparar

5.7. Exemplos

alguns modelos a partir dos valores apresentados na Tabela 5.12. O teste da importância conjunta das covariáveis RISK, R6 e ZEST é feito comparando-se os modelos 1 e 3, por meio da estatística da razão de verossimilhanças (TRV) parcial:

$$TRV = 282,64 - 280,45 = 2,19$$

que, sob a hipótese nula, tem aproximadamente uma distribuição qui-quadrado com 3 graus de liberdade, o que produz um valor p igual a $0,53$. Este valor mostra que estas covariáveis perdem o seu valor prognóstico na presença das outras covariáveis.

Sabe-se que o peso e a altura das crianças são importantes para explicar a resposta, mas são fortemente associados. A partir do modelo que inclui ambas (modelo 2), pode-se testar a possibilidade de exclusão de cada uma delas na presença das demais (modelos 3 e 4). Os seguintes valores foram obtidos:

$$TRV = 282,64 - 281,60 = 1,04 \quad (p = 0,31)$$

$$TRV = 285,30 - 281,60 = 3,70 \quad (p = 0,054).$$

Estes testes praticamente confirmam a afirmação estabelecida acima, ou seja, na presença da altura, o peso perde sua importância e vice-versa. No entanto, este efeito é muito mais acentuado para a exclusão da altura. O modelo 7 inclui IDADE, LEUINI e ZPESO. Os modelos 6 e 7 são usados para testar a inclusão de VAC ($TRV = 5,76$, p = 0,016) e os modelos 5 e 7, a inclusão de PAS ($TRV = 6,36$, p = 0,012). A inclusão de VAC e PAS simultaneamente é testada utilizando-se os modelos 3 e 7 ($TRV = 14,83$, p = 0,002). Desta forma, o modelo 3 é o escolhido.

Para verificar a suposição de taxas de falha proporcionais no modelo de Cox ajustado para os dados de leucemia pediátrica, os métodos gráficos descritos na Seção 5.6.2 foram utilizados. A Figura 5.10 mostra as curvas do logaritmo de $\widehat{\Lambda}_{0j}(t)$ *versus* os tempos para cada covariável mantida no modelo final ajustado. A partir desta figura, cujos comandos usados no

R para sua obtenção encontram-se no Apêndice B, pode-se observar que as curvas não se cruzam para nenhuma das covariáveis e, embora existam alguns desvios quanto ao paralelismo das curvas, em especial para as covariáveis PAS e VAC, não há evidências de que estes desvios possam sugerir uma séria violação da suposição de taxas de falha proporcionais.

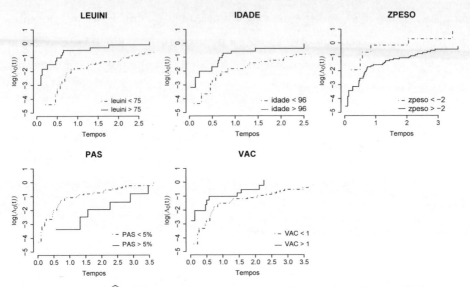

Figura 5.10: $\log(\widehat{\Lambda}_{0j}(t))$ versus os tempos para as covariáveis leuini, idade, zpeso, pas e vac.

A Figura 5.11 e Tabela 5.13 obtidas no R por:

```
> resid(fit3,type="scaledsch")
> cox.zph(fit3, transform="identity")    ## g(t) = t
> par(mfrow=c(2,3))
> plot(cox.zph(fit3))
```

apresentam, ainda, para estas mesmas covariáveis, os gráficos dos resíduos padronizados de Schoenfeld versus os tempos, bem como os respectivos testes associados. Destes gráficos e dos testes, tendências ao longo do tempo, embora não muito acentuadas, podem ser observadas para as covariáveis LEUINI, PAS e VAC. Tais tendências sugerem uma possível violação da suposição de taxas de falha proporcionais, bem como que as co-

5.7. Exemplos

variáveis citadas, em especial a covariável LEUINI ($p = 0,00624$), estariam gerando esta violação. Como visto, contudo, na Figura 5.10, situações extremas dessa violação, que são caracterizadas por curvas que se cruzam, não foram observadas para nenhuma dessas covariáveis. A análise das Figuras 5.10 e 5.11 sugere, desse modo, não haver evidências de séria violação da suposição de taxas de falha proporcionais.

Tabela 5.13: Testes da proporcionalidade no modelo ajustado.

Covariável	rho (ρ)	χ^2	valor p
LEUINI	$-0,4045$	7,4809	0,00624
IDADE	$-0,2295$	2,1939	0,13856
ZPESO	0,0282	0,0302	0,86207
PAS	0,3310	3,8405	0,05003
VAC	$-0,1329$	0,7276	0,39365
GLOBAL	–	16,834	0,00483

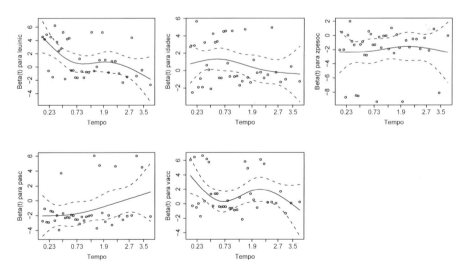

Figura 5.11: Resíduos padronizados de Schoenfeld associados às covariáveis leuini, idade, zpeso, pas e vac para averiguar a suposição de proporcionalidade.

A Figura 5.12, que pode ser obtida no R por:

```
> par(mfrow=c(1,2))
> rd<-resid(fit3,type="deviance")        # resíduos deviance
> rm<-resid(fit3,type="martingale")      # resíduos martingal
> pl<-fit3$linear.predictors
> plot(pl,rm, xlab="Preditor linear", ylab="Resíduo martingal", pch=16)
> plot(pl,rd, xlab="Preditor linear", ylab="Resíduo deviance" , pch=16)
```

apresenta, adicionalmente, os gráficos dos resíduos *martingal* e *deviance* do modelo ajustado. Tais gráficos não sugerem a existência de pontos que possam ser considerados atípicos (*outliers*), com uma possível exceção ao resíduo *martingal* de valor igual a $-3,15$. Para este resíduo *martingal* tem-se, contudo, um correspondente resíduo *deviance* de $-2,51$, o qual é um valor aceitável dentro da variação observada para estes resíduos. O comportamento aleatório dos resíduos *deviance* em torno de zero, observado no gráfico à direita da Figura 5.12, fornece, ainda, indicativos favoráveis à adequação do modelo ajustado aos dados desse estudo.

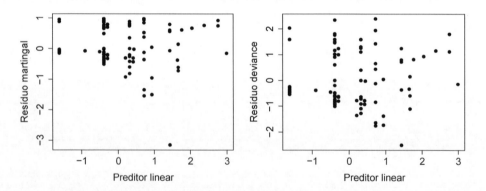

Figura 5.12: Resíduos *martingal* e *deviance versus* preditor linear do modelo de Cox final ajustado para os dados de leucemia pediátrica.

A Figura 5.13 mostra os resíduos *dfbetas* para cada uma das covariáveis no modelo de Cox final ajustado. Aparentemente, por estes gráficos, não há evidências de pontos influentes no ajuste. Estes gráficos podem ser obtidos no R utilizando-se os seguintes comandos:

```
> par(mfrow=c(2,3))
```

5.7. Exemplos

```
> dfbetas<-resid(fit3,type="dfbeta")
> plot(leuinic,dfbetas[,1], xlab="Leuini", ylab="Influência para Leuini")
> plot(idadec, dfbetas[,2], xlab="Idade",  ylab="Influência para Idade")
> plot(zpesoc, dfbetas[,3], xlab="Zpeso",  ylab="Influência para Zpeso")
> plot(pasc,   dfbetas[,4], xlab="Pas",    ylab="Influência para Pas")
> plot(vacc,   dfbetas[,5], xlab="Vac",    ylab="Influência para Vac")
```

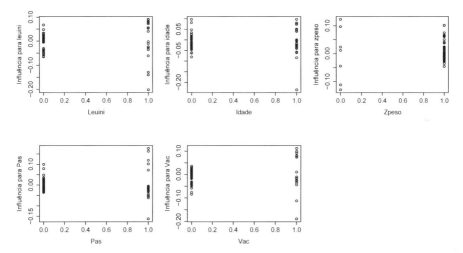

Figura 5.13: Resíduos *dfbetas versus* cada covariável no modelo de Cox final ajustado para os dados de leucemia pediátrica.

A Tabela 5.14 apresenta as estimativas do modelo de Cox final ajustado. A partir dos resultados desta tabela, é possível concluir que valores mais altos da leucometria inicial, da idade e da porcentagem de vacúolos aumentam a taxa de recidiva ou morte entre crianças com leucemia. O inverso acontece com as covariáveis PAS e ZPESO. A interpretação, por exemplo, do coeficiente estimado associado à idade é que a taxa de recidiva ou morte entre crianças com mais de 96 meses (8 anos) é cerca de 2 vezes a taxa daquelas com menos de 8 anos, mantidas as outras covariáveis fixas.

No Capítulo 6 será discutido o uso do modelo de Cox estratificado para a análise desses dados, em razão da possível violação da suposição de taxas de falha proporcionais indicada pela análise dos resíduos padronizados de Schoenfeld para, em especial, a covariável leucócitos iniciais (LEUINI).

198   Capítulo 5. Modelo de Regressão de Cox

Tabela 5.14: Modelo de Cox final para os dados de leucemia pediátrica.

Covariável	Coeficiente	Erro-Padrão	Valor p	RTF
LEUINI	1,11	0,394	0,005	$e^{1,109} = 3,03$
IDADE	0,71	0,371	0,055	$e^{0,711} = 2,04$
ZPESO	$-2,06$	0,496	<0,001	$e^{-2,055} = 0,13$
PAS	$-1,22$	0,456	0,007	$e^{-1,225} = 0,29$
VAC	1,32	0,414	0,001	$e^{1,324} = 3,76$

RTF = razão de taxas de falha

5.8   Comentários sobre o Modelo de Cox

O modelo de regressão Cox é, como dito anteriormente, extensivamente
utilizado em estudos médicos devido, essencialmente, à presença do componente não-paramétrico, o que o torna bastante flexível. Este modelo
apresenta, ainda, alguns modelos paramétricos como casos particulares
(Kalbfleisch e Prentice, 2002). O modelo de Weibull é, por exemplo, um
desses casos, quando se toma $\lambda_0(t) = \frac{\gamma}{\alpha^\gamma} t^{\gamma-1}$ na expressão dada em (5.2).
Como o modelo exponencial é um caso particular do modelo de Weibull,
segue que o mesmo também é um modelo de taxas de falha proporcionais.

Na verdade, alguns autores afirmam que existe um uso abusivo do modelo de Cox e tímido dos modelos paramétricos (Wei, 1992), em especial
em estudos clínicos.

Kalbfleish e Prentice (2002) mostraram que o modelo de Weibull de
parâmetros (γ, α) é o único modelo que pertence tanto à classe de modelos
log-lineares quanto à classe de modelos de taxas de falha proporcionais. O
modelo exponencial, como já citado, inclui-se nesse resultado por ser um
caso particular. A família de modelos de taxas de falha proporcionais é
essencialmente distinta da família de modelos log-lineares apresentada no
Capítulo 4.

5.9 Exercícios

1. Os seguintes dados representam o tempo (em dias) até a morte de pacientes com câncer de ovário tratados na Mayo Clinic (Fleming et al., 1980). O símbolo + indica censura.

   Amostra 1 (tumor grande): 28, 89, 175, 195, 309, 377+, 393+, 421+, 447+, 462, 709+, 744+, 770+, 1106+, 1206+

   Amostra 2 (tumor pequeno): 34, 88, 137, 199, 280, 291, 299+, 300+, 309, 351, 358, 369, 369, 370, 375, 382, 392, 429+, 451, 1119+.

   (a) Escreva o modelo de Cox para esses dados.

   (b) Escreva a função de verossimilhança parcial.

   (c) Ajuste o modelo de Cox e construa um intervalo de confiança para o parâmetro do modelo.

   (d) Teste a hipótese de igualdade dos dois grupos. Caso exista diferença entre os grupos, interprete o coeficiente estimado.

   (e) Sabendo-se que o teste *logrank* **coincide** com o teste escore associado ao modelo de Cox, use este teste para testar a hipótese estabelecida em (d).

2. Um estudo realizado para comparar dois tratamentos pós-cirúrgicos de câncer de ovário, envolveu o acompanhamento de 26 mulheres após a cirurgia de remoção do tumor. A resposta foi o tempo (em dias), contado a partir do início do tratamento (aleatorização) até a morte do paciente. As seguintes covariáveis foram registradas: X_1 = tratamento, X_2 = idade, X_3 = resíduo (1 se o resíduo da doença foi parcialmente removido e 2 se foi completamente removido) e X_4 = status (1 se a condição do doente no início do estudo era boa e 2 se ruim). Os dados encontram-se na Tabela 5.15.

   a) Encontre o modelo de Cox que melhor se ajuste a esses dados.

Capítulo 5. Modelo de Regressão de Cox

Tabela 5.15: Conjunto de dados referente ao Exercício 2.

Paciente	tempo	ind. falha	tratamento	idade	resíduo	status
1	156	1	1	66	2	2
2	1040	0	1	38	2	2
3	59	1	1	72	2	1
4	421	0	2	53	2	1
5	329	1	1	43	2	1
6	769	0	2	59	2	2
7	365	1	2	64	2	1
8	770	0	2	57	2	1
9	1227	0	2	59	1	2
10	268	1	1	74	2	2
11	475	1	2	59	2	2
12	1129	0	2	53	1	1
13	464	1	2	56	2	2
14	1206	0	2	44	2	1
15	638	1	1	56	1	2
16	563	1	2	55	1	2
17	1106	0	1	44	1	1
18	431	1	1	50	2	1
19	855	0	1	43	1	2
20	803	0	1	39	1	1
21	115	1	1	74	2	1
22	744	0	2	50	1	1
23	477	0	1	64	2	1
24	448	0	1	56	1	2
25	353	1	2	63	1	2
26	377	0	2	58	1	1

b) Use uma das técnicas de adequação apresentadas para verificar a suposição de taxas de falha proporcionais.

c) Caso a suposição de proporcionalidade seja válida, utilize o modelo ajustado no item (a) para verificar se existe diferença entre os tratamentos.

d) Estime a probabilidade de uma paciente com 45 anos, resíduo = 1 e status = 2, sobreviver aos primeiros dois anos após o uso do tratamento 2.

3. Utilizando o modelo de Cox, reanalise o exercício 7 do Capítulo 2.

Capítulo 6

Extensões do Modelo de Cox

6.1 Introdução

Algumas situações práticas envolvendo medidas longitudinais não são ajustadas adequadamente usando-se o modelo de Cox na sua forma original, como apresentado no Capítulo 5. Existem covariáveis que são monitoradas durante o estudo, e seus valores podem mudar ao longo desse período. Por exemplo, pacientes podem mudar de grupo durante o tratamento ou, a dose de quimioterapia aplicada em pacientes com câncer pode sofrer alterações durante o tratamento. Se esses valores forem incorporados na análise estatística, resultados mais precisos podem ser obtidos comparados àqueles que fazem uso somente das mesmas medidas registradas no início do estudo. Em outros exemplos, a não inclusão desses valores pode acarretar sérios vícios. Este tipo de covariável é chamada de dependente do tempo e o modelo de Cox pode ser estendido para incorporar as informações longitudinais registradas para estas covariáveis.

Em outras situações, a suposição de taxas de falha proporcionais é violada e o modelo de Cox não é adequado. Modelos alternativos existem para enfrentar estas situações. Um deles é uma extensão do próprio modelo de Cox, denominado modelo de taxas de falha proporcionais estratificado. Neste caso, supõe-se que as taxas de falha são proporcionais em cada estrato mas não entre estratos. Um outro modelo alternativo é o aditivo de Aalen. Neste caso, o efeito das covariáveis é aditivo na função de taxa de falha em vez de multiplicativo. Este tipo de modelagem produz vantagens e desvantagens em situações reais. A grande vantagem do modelo aditivo de Aalen é possibilitar o monitoramento do efeito da covariável ao longo do acompanhamento, enquanto a desvantagem é permitir valores estimados negativos para a função de taxa de falha. Este modelo não é uma extensão do modelo de Cox e é apresentado em mais detalhes no Capítulo 7.

O objetivo deste capítulo é essencialmente apresentar duas generalizações do modelo de Cox bastante úteis em situações práticas, a modelagem envolvendo covariáveis dependentes do tempo e o modelo estratificado. Tais generalizações são apresentadas nas Seções 6.2 e 6.3, respectivamente. O uso desses modelos em três conjuntos de dados reais é apresentado nas Seções 6.4 a 6.6. O primeiro conjunto refere-se ao estudo realizado com pacientes HIV descrito na Seção 1.5.4. O segundo, aos dados de leucemia pediátrica descritos na Seção 1.5.3 e analisados no Capítulo 5. O último, a um estudo realizado com crianças participantes de um programa hormonal de crescimento.

6.2 Modelo de Cox com Covariáveis Dependentes do Tempo

As covariáveis no modelo de Cox consideradas no Capítulo 5 foram medidas no início do estudo ou na origem do tempo. Entretanto, existem covariáveis que são monitoradas durante o estudo e seus valores podem mudar ao longo do período de acompanhamento. Um estudo bastante analisado na literatura é o do programa de transplantes de coração de Stanford (Crowley e Hu, 1977). Neste estudo, os pacientes eram aceitos no programa quando se tornavam candidatos a um transplante de coração. Quando surgia um doador, os médicos escolhiam, de acordo com alguns critérios, o candidato

6.2. Modelo de Cox com Covariáveis Dependentes do Tempo 203

que iria receber o coração. Alguns pacientes morreram sem receber o transplante. A forma de alocação estava fortemente viciada na direção daqueles pacientes com maior tempo de sobrevivência, pois somente estes pacientes viveram o suficiente para receber o coração. O uso de uma covariável, assumindo o valor zero para aqueles esperando o transplante e um para aqueles com coração novo, serve para minimizar esse vício. Esta covariável muda de valor assim que o transplante é realizado e é, portanto, dependente do tempo. A covariável citada é um exemplo de covariável discreta dependente do tempo. Covariáveis dependentes do tempo que são essencialmente contínuas são também possíveis. Alguns exemplos incluem pressão sangüínea, colesterol, índice de massa corporal e tamanho do tumor, dentre outros.

O estudo da ocorrência de sinusite em pacientes infectados pelo HIV, que foi apresentado na Seção 1.5, é outro exemplo com uma covariável dependente do tempo. A classificação do paciente (soropositivo assintomático, ARC e AIDS) pode mudar ao longo do estudo. Ou seja, alguns pacientes que iniciaram o estudo com a classificação soropositivo assintomático evoluíram para AIDS no final do estudo passando por ARC. Este estudo é analisado na Seção 6.4, utilizando-se o modelo de Cox com covariáveis dependentes do tempo apresentado a seguir.

Como visto, covariáveis que alteram seu valor ao longo do período de acompanhamento são conhecidas como covariáveis dependentes do tempo. Tais covariáveis, quando presentes em um estudo, podem ser incorporadas ao modelo de regressão de Cox, generalizando-o como:

$$\lambda(t \mid \mathbf{x}(t)) = \lambda_0(t) \exp\left\{\mathbf{x}'(t)\boldsymbol{\beta}\right\}. \tag{6.1}$$

Definido desta forma, o modelo (6.1) não é mais de taxas de falha proporcionais, pois a razão das funções de taxa de falha no tempo t para dois indivíduos i e j fica sendo:

$$\frac{\lambda(t \mid \mathbf{x}_i(t))}{\lambda(t \mid \mathbf{x}_j(t))} = \exp\left\{\mathbf{x}'_i(t)\boldsymbol{\beta} - \mathbf{x}'_j(t)\boldsymbol{\beta}\right\},$$

204   *Capítulo 6. Extensões do Modelo de Cox*

que é dependente do tempo. A interpretação dos coeficientes $\boldsymbol{\beta}$ do modelo deve considerar o tempo t. Cada coeficiente β_l, para $l = 1, \ldots, p$, pode ser interpretado como o logaritmo da razão de taxas de falha cujo valor da l-ésima covariável no tempo t difere de uma unidade, quando os valores das outras covariáveis são mantidos fixos neste tempo.

O ajuste do modelo de Cox (6.1) é obtido estendendo-se o logaritmo da função de verossimilhança parcial. Isto é feito usando-se:

$$U(\boldsymbol{\beta}) = \sum_{i=1}^{n} \delta_i \left[x_i(t_i) - \frac{\sum_{j \in R(t_i)} x_j(t_i) \exp\left\{ \mathbf{x}_j'(t_i)\widehat{\boldsymbol{\beta}} \right\}}{\sum_{j \in R(t_i)} \exp\left\{ \mathbf{x}_j'(t_i)\widehat{\boldsymbol{\beta}} \right\}} \right] = 0,$$

que é uma extensão da expressão (5.7) considerando covariáveis dependentes do tempo. Propriedades assintóticas dos estimadores de máxima verossimilhança parcial, para que se possa construir intervalos de confiança e testar hipóteses sobre os coeficientes do modelo, foram obtidas por Andersen e Gill (1982). Eles apresentaram provas bastante gerais das propriedades para o modelo de Cox incluindo covariáveis dependentes do tempo. Usaram, ainda, a relação entre os tempos de falha e *martingais*, como foi mencionado no Capítulo 5, para mostrar que esses estimadores são consistentes e assintoticamente normais sob certas condições de regularidade. Desta forma, pode-se usar as conhecidas estatísticas de Wald e da razão de verossimilhanças para a realização de inferências sobre os parâmetros do modelo de regressão de Cox com covariáveis dependentes do tempo.

6.3 Modelo de Cox Estratificado

Na Seção 5.6 foram apresentadas técnicas estatísticas para avaliar a adequação do modelo de Cox. Essencialmente, essas técnicas avaliam a suposição de taxas de falha proporcionais. O modelo (5.2) não pode ser usado se esta suposição for violada. Nesses casos, uma solução para o problema é estratificar os dados de modo que a suposição seja válida em cada estrato.

6.3. Modelo de Cox Estratificado

Por exemplo, as taxas de falha podem não ser proporcionais entre homens e mulheres, mas esta suposição pode valer no estrato formado somente por homens e naquele formado somente por mulheres.

A análise estratificada consiste em dividir os dados de sobrevivência em m estratos, de acordo com uma indicação de violação da suposição. O modelo de taxas de falha proporcionais (5.2) é, então, expresso como:

$$\lambda(t \mid \mathbf{x}_{ij}) = \lambda_{0_j}(t) \exp\left\{\mathbf{x}'_{ij}\boldsymbol{\beta}\right\}, \tag{6.2}$$

para $j = 1, \ldots, m$ e $i = 1, \ldots, n_j$, em que n_j é o número de observações no j-ésimo estrato. As funções de taxa de falha de base $\lambda_{0_1}(t), \ldots, \lambda_{0_m}(t)$ são arbitrárias e completamente não relacionadas.

A estratificação não cria nenhuma complicação na estimação do vetor de parâmetros $\boldsymbol{\beta}$. Uma função de verossimilhança parcial, como a apresentada em (5.6), é construída para cada estrato e a estimação dos β's é baseada na soma dos logaritmos das funções de verossimilhança parciais, isto é, em:

$$\ell(\boldsymbol{\beta}) = \left[\ell_1(\boldsymbol{\beta}) + \cdots + \ell_m(\boldsymbol{\beta})\right], \tag{6.3}$$

com $\ell_j(\boldsymbol{\beta}) = \log(L_j(\boldsymbol{\beta}))$ obtida usando-se somente os dados dos indivíduos no j-ésimo estrato (Kalbfleisch e Prentice, 2002). As derivadas para (6.3) são encontradas por meio da soma das derivadas obtidas para cada estrato e, então, $\ell(\boldsymbol{\beta})$ é maximizada com respeito a $\boldsymbol{\beta}$, de modo análogo ao apresentado no Capítulo 5. As propriedades assintóticas dos estimadores são obtidas a partir dos estimadores do modelo não estratificado (Colosimo, 1997).

Note que o modelo de Cox estratificado (6.2) assume que as covariáveis atuam de modo similar na função de taxa de falha de base de cada estrato, ou seja, $\boldsymbol{\beta}$ é assumido ser comum para todos os estratos. Esta suposição pode ser testada usando-se, por exemplo, o teste da razão de verossimilhanças, cuja estatística de teste é dada, nesse caso, por:

$$TRV = -2\left[\ell(\widehat{\boldsymbol{\beta}}) - \sum_{j=1}^{m} \ell_j(\widehat{\boldsymbol{\beta}}_j)\right],$$

206   *Capítulo 6. Extensões do Modelo de Cox*

sendo $\ell(\widehat{\boldsymbol{\beta}})$ o logaritmo da função de verossimilhança parcial sob o modelo que assume β's comuns em cada estrato e $\sum_{j=1}^{m} \ell_j(\widehat{\boldsymbol{\beta}}_j)$, o logaritmo da função de verossimilhança parcial sob o modelo que assume β's distintos em cada estrato. Sob a hipótese nula e para grandes amostras, a estatística TRV segue uma distribuição χ^2 com $(m-1)p$ graus de liberdade, em que m é o número de estratos e p a dimensão do vetor $\boldsymbol{\beta}$.

O modelo estratificado deve ser usado somente caso realmente necessário, ou seja, na presença de violação da suposição de taxas de falha proporcionais. O uso desnecessário da estratificação acarreta em uma perda de eficiência das estimativas obtidas. Informações adicionais sobre o modelo de Cox estratificado podem ser encontradas em Colosimo (1991).

6.4   Análise dos Dados de Pacientes HIV

6.4.1   Descrição dos Dados

Este estudo foi descrito brevemente na Seção 1.5.   Nesta seção são apresentadas informações adicionais e o mesmo é analisado utilizando-se o modelo de regressão de Cox com covariáveis dependentes do tempo apresentado em (6.1).

No estudo foram utilizadas informações provenientes de 91 pacientes HIV positivo e 21 HIV negativo, somando-se, assim, 112 pacientes estudados. Esses pacientes foram acompanhados no período entre março de 1993 e fevereiro de 1995, sendo somente considerados os que tiveram entrada até julho de 1994. Todos os pacientes incluídos no estudo foram encaminhados ao Centro de Treinamento e Referência em Doenças Infecto-parasitárias (CTR-DIP) da cidade de Belo Horizonte-MG, por pertencerem a grupos de comportamento de risco para adquirir o HIV ou por terem um exame elisa HIV positivo.   Após a primeira consulta clínica, os pacientes foram encaminhados ao Serviço de Otorrinolaringologia da Universidade Federal de Minas Gerais.

6.4. Análise dos Dados de Pacientes HIV 207

As doenças otorrinolaringológicas (ORL) avaliadas foram definidas com base nos estudos existentes na literatura sobre a prevalência dessas manifestações em pacientes infectados pelo HIV. Nesta seção, encontram-se os resultados para a infecção *sinusite*. A classificação do paciente quanto à infecção pelo HIV seguiu os critérios do CDC (*Centers of Disease Control*, 1987). Os pacientes foram classificados como: HIV soronegativo, HIV soropositivo assintomático, com ARC (*AIDS Related Complex*) e com AIDS.

Na covariável Grupos de Risco, pacientes HIV soronegativo são aqueles que não possuem o HIV. Pacientes HIV soropositivo assintomáticos são aqueles que possuem o vírus mas não desenvolveram o quadro clínico de AIDS e que apresentam um perfil imunológico estável. Pacientes com ARC são aqueles que apresentam baixa imunidade e outros indicadores clínicos que antecedem o quadro clínico de AIDS. Pacientes com AIDS são aqueles que já desenvolveram infecções oportunistas que definem esta doença, segundo os critérios do CDC de 1987. Esta covariável depende do tempo, pois os pacientes mudam de classificação ao longo do estudo. Outras covariáveis medidas no início deste estudo foram as contagens de células CD4 e CD8. Contudo, tais contagens não foram incluídas nas análises devido à falta de registro de ambas para cerca de 37% dos pacientes.

A cada consulta, a classificação do paciente foi reavaliada. Cada paciente foi acompanhado por meio de consultas trimestrais. A freqüência mediana foi de 4 consultas. A resposta de interesse foi o tempo, em dias, contado a partir da primeira consulta, até a ocorrência da sinusite. O objetivo foi identificar fatores de risco para esta manifestação. Os possíveis fatores de risco foram listados na Tabela 1.3 do Capítulo 1 e as covariáveis importantes, que foram identificadas após utilização das técnicas descritas no Capítulo 2, estão repetidas na Tabela 6.1.

Para as covariáveis Atividade Sexual e Uso de Cocaína foram registrados 23 valores perdidos. O conjunto de dados está no Apêndice A.

Tabela 6.1: Covariáveis medidas no estudo de ocorrência de sinusite.

Idade do Paciente	medida em anos
Sexo do Paciente	0 - Masculino
	1 - Feminino
Grupos de Risco	1 - Paciente HIV Soronegativo
	2 - Paciente HIV Soropositivo Assintomático
	3 - Paciente com ARC
	4 - Paciente com AIDS
Atividade Sexual	1 - Homossexual
	2 - Bissexual
	3 - Heterossexual
Uso de Droga	1 - Sim
Injetável	2 - Não
Uso de Cocaína	1 - Sim
por Aspiração	2 - Não

6.4.2 Modelagem Estatística

Os resultados do ajuste do modelo de Cox incluindo a covariável Grupos de Risco, que depende do tempo, estão apresentados na Tabela 6.2. Esta tabela também apresenta as estimativas para as outras covariáveis listadas na Tabela 6.1. Pode-se observar que, com exceção das covariáveis idade e grupos de risco, esta última dependente do tempo, as demais parecem ser não significativas. Removendo-se estas covariáveis gradativamente, chegou-se no modelo final para a ocorrência de sinusite. A Tabela 6.3 apresenta as estimativas obtidas para este modelo.

Dos resultados apresentados, pode-se observar que idade e grupos de risco foram identificados como fatores de risco para a ocorrência de sinusite. Por exemplo, a cada aumento de 10 anos na idade do paciente, estima-se que a taxa de ocorrência de sinusite diminua em 54% $(1 - \exp\{-0,077 \times 10\} \approx$

6.4. Análise dos Dados de Pacientes HIV

Tabela 6.2: Estimativas do modelo de Cox ajustado com as covariáveis medidas no estudo de sinusite e listadas na Tabela 6.1.

Covariável	Coeficiente Estimado	Valor p
Idade	$-0,101$	0,0210
Sexo	$1,036$	0,1700
HIV soroposositivo assintomático	$-0,308$	0,8300
com ARC	$3,074$	0,0094
com AIDS	$3,842$	0,0015
Atividade Bissexual	$0,344$	0,6500
Heterossexual	$-0,853$	0,2900
Uso de droga	$-0,152$	0,9000
Aspira cocaína	$1,454$	0,3200

Tabela 6.3: Estimativas obtidas para o modelo de Cox final ajustado.

Covariável	Coeficientes Estimados	Erro Padrão	Valor p	Razão de Taxas de Falha (I.C. 95%)
Idade	$-0,077$	0,0313	0,014	0,926 (0,871; 0,984)
HIV assintomático	$-0,730$	1,0006	0,470	0,482 (0,067; 3,424)
com ARC	$2,273$	0,8371	0,006	9,705 (1,881; 50,064)
com AIDS	$2,649$	0,7897	$<0,001$	14,141 (3,008; 66,473)

$0, 54$), o que indica que pacientes mais jovens estão mais sujeitos a esta infecção. Notou-se, também, que essa taxa em pacientes HIV soropositivo assintomáticos não difere significativamente da taxa dos pacientes no grupo HIV soronegativo. Entretanto, no grupo com ARC a taxa de ocorrência de sinusite é $\exp\{2,273\} = 9,7$ vezes a do grupo HIV soronegativo. Para o grupo com AIDS, essa taxa é 14,1 vezes a do grupo HIV soronegativo. Por outro lado, a precisão das estimativas associadas a estas duas últimas razões de taxas de falha é bastante reduzida, como pode ser observado pela grande amplitude de seus respectivos intervalos de confiança.

Para obtenção, no R, dos resultados apresentados, deve-se preparar o

210   *Capítulo 6. Extensões do Modelo de Cox*

arquivo de dados de modo que cada paciente seja representado por tantas linhas quantas forem as mudanças observadas na covariável dependente do tempo. Observe, por exemplo, a representação dos pacientes 23, 28 e 35, dentre outros, no arquivo de dados (Apêndice A2) preparado para esta análise. Os comandos utilizados para o ajuste do modelo final foram:

```
> aids<-read.table("http://www.ufpr.br/~giolo/Livro/ApendiceA/aids.txt",h=T)
> attach(aids)
> require(survival)
> fit1<-coxph(Surv(ti[ti<tf], tf[ti<tf], cens[ti<tf])~id[ti<tf]+factor(grp)[ti<tf],
                                                        method="breslow")
> summary(fit1)
```

Do que foi apresentado nesta seção, pode-se observar que, com o uso do modelo de regressão de Cox, foi possível incluir a covariável dependente do tempo *grupos de risco* na análise dos dados. Ainda, os resultados obtidos a partir da análise estatística dos dados desse estudo mostraram ser importantes para explicar a incidência de manifestações ORL em pacientes HIV positivos. A análise apresentada nesta seção é somente parte do estudo. Mais informações sobre o estudo e a interpretação clínica dos achados na análise desses dados podem ser encontradas em Gonçalves (1995).

6.5   Modelo de Cox Estratificado nos Dados de Leucemia

Na análise dos dados de leucemia pediátrica, apresentada e discutida no Capítulo 5, foi possível observar, quando da análise dos resíduos de Schoenfeld, uma indicação de violação da suposição de taxas de falha proporcionais para, em especial, a covariável LEUINI (contagem de leucócitos iniciais no sangue periférico). Uma possibilidade de análise desses dados seria, desse modo, estratificá-los de acordo com a covariável LEUINI, uma vez que a suposição de taxas de falha proporcionais pode não ser válida entre as crianças com LEUINI $\leq 75000\ mm^3$ e aquelas com LEUINI $> 75000\ mm^3$

6.5. Modelo de Cox Estratificado nos Dados de Leucemia

mas pode ser válida dentro de cada um desses dois estratos.

O modelo de Cox estratificado em que as crianças são separadas em dois estratos distintos, de acordo com as categorias da covariável LEUINI, fica expresso, nesse caso, por:

$$\lambda(t \mid \mathbf{x}_{ij}) = \lambda_{0_j}(t) \exp\left\{\mathbf{x}'_{ij}\boldsymbol{\beta}\right\},$$

para $j = 1, 2$ e $i = 1, \ldots, n_j$, em que n_j é o número de crianças no j-ésimo estrato. Para ajustar esse modelo, assumindo que o vetor $\boldsymbol{\beta}$ é comum para os estratos, fez-se uso dos seguintes comandos no R:

```
> leuc<-read.table("http://www.ufpr.br/~giolo/Livro/ApendiceA/leucemia.txt", h=T)
> attach(leuc)
> idadec<-ifelse(idade>96,1,0)
> leuinic<-ifelse(leuini>75,1,0)
> zpesoc<-ifelse(zpeso>-2,1,0)
> zestc<-ifelse(zest>-2,1,0)
> vacc<-ifelse(vac>15,1,0)
> pasc<-ifelse(pas>5,1,0)
> riskc<-ifelse(risk>1.7,1,0)
> r6c<-r6
> leucc<- as.data.frame(cbind(leuinic,tempos,cens,idadec,zpesoc,zestc,
                             pasc,vacc,riskc,r6c))
> detach(leuc)
> attach(leucc)
> require(survival)
> fit1<-coxph(Surv(tempos,cens)~idadec+zpesoc+pasc+vacc+strata(leuinic),
                             data=leucc,x = T,method="breslow")
> summary(fit1)
```

A Tabela 6.4 mostra as estimativas obtidas para o modelo ajustado. Desta tabela é possível observar resultados muito similares aos obtidos quando do ajuste do modelo de Cox realizado no Capítulo 5. Conclusões similares são, portanto, obtidas para as covariáveis IDADE, ZPESO, PAS e VAC quando o modelo de Cox estratificado é utilizado.

Considerando-se, ainda, a possibilidade do vetor $\boldsymbol{\beta}$ não ser comum para os estratos, foi ajustado o modelo que assume β's distintos em cada um deles

Tabela 6.4: Cox estratificado para os dados de leucemia pediátrica.

Covariável	Coeficiente	Erro-Padrão	Valor p	RTF
IDADE	0,80	0,384	0,037	$e^{0,8}$ = 2,22
ZPESO	$-2,41$	0,521	<0,001	$e^{-2,41}$ = 0,09
PAS	$-1,25$	0,465	0,007	$e^{-1,25}$ = 0,29
VAC	1,36	0,419	0,001	$e^{1,36}$ = 3,89

RTF = razão de taxas de falha

e, então, testou-se tal suposição, por meio do teste da razão de verossimilhanças descrito na Seção 6.3. O resultado do teste, $TRV = 5{,}37$ (valor $p = 0{,}25$, g.l. = 4), mostra não haver evidências de que os β's sejam distintos entre os estratos. O ajuste, bem como o teste da razão de verossimilhanças foram obtidos no R utilizando-se os comandos:

```
> leucc1<-as.data.frame(cbind(tempos[leuinic==0],cens[leuinic==0],idadec[leuinic==0],
                      zpesoc[leuinic==0],pasc[leuinic==0],vacc[leuinic==0]))
> leucc2<-as.data.frame(cbind(tempos[leuinic==1],cens[leuinic==1],idadec[leuinic==1],
                      zpesoc[leuinic==1],pasc[leuinic==1],vacc[leuinic==1]))
> fit2<-coxph(Surv(V1,V2)~V3+V4+V5+V6,data=leucc1,x=T,method="breslow")
> summary(fit2)
> fit3<-coxph(Surv(V1,V2)~V3+V4+V5+V6,data=leucc2,x=T,method="breslow")
> summary(fit3)
> trv<-2*(-fit1$loglik[2]+fit2$loglik[2]+fit3$loglik[2])
> trv
> 1-pchisq(trv,4)
```

Considerando-se, então, o modelo de Cox estratificado com β's comuns para os estratos, foram obtidos, por meio dos comandos:

```
> cox.zph(fit1, transform="identity")   # g(t) = t
> par(mfrow=c(1,4))
> plot(cox.zph(fit1))
```

os testes para a proporcionalidade das taxas de falha e os gráficos dos resíduos padronizados de Schoenfeld, que podem ser visualizados na Tabela 6.5 e Figura 6.1, respectivamente. Dos resultados obtidos, nenhuma séria

6.5. Modelo de Cox Estratificado nos Dados de Leucemia

violação à suposição de taxas de falha proporcionais é sugerida para as covariáveis consideradas no modelo.

Tabela 6.5: Proporcionalidade no modelo de Cox estratificado ajustado.

Covariável	rho (ρ)	χ^2	valor p
IDADE	-0,1211	0,6114	0,434
ZPESO	0,0285	0,0310	0,860
PAS	0,2795	2,6414	0,104
VAC	-0,0308	0,0391	0,843
GLOBAL	–	3,2177	0,522

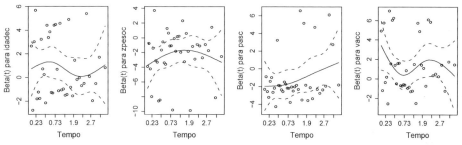

Figura 6.1: Resíduos padronizados de Schoenfeld *versus* os tempos para as covariáveis consideradas no modelo de Cox estratificado.

Note, da Tabela 6.4, que o modelo de Cox estratificado não fornece uma estimativa do efeito da covariável usada para a estratificação, no caso, a contagem de leucócitos iniciais (LEUINI). Este fato não representa, contudo, uma limitação desse modelo, pois as funções de taxa de falha acumulada de base, bem como as funções de sobrevivência de base, fornecidas por este mesmo modelo para cada uma das categorias da covariável estratificadora, permitem uma avaliação indireta desse efeito.

Com esta finalidade, e para o modelo ajustado, as funções de taxa de falha acumulada de base e de sobrevivência de base, para ambos os estratos, foram obtidas no R utilizando-se os comandos apresentados a seguir. Os respectivos gráficos dessas funções encontram-se na Figura 6.2.

```
> H0<-basehaz(fit1,centered=F)           # taxa de falha acumulada de base
> H0
> H01<-as.matrix(H0[1:27,1])             # taxa de falha ac. de base estrato 1
> H02<-as.matrix(H0[28:39,1])            # taxa de falha ac. de base estrato 2
> tempo1<- H0$time[1:27]                 # tempos do estrato 1
> S01<-exp(-H01)                         # sobrevivência de base estrato 1
> round(cbind(tempo1,S01,H01),digits=5)  # funções de base estrato 1
> tempo2<- H0$time[28:39]                # tempos do estrato 2
> S02<-exp(-H02)                         # sobrevivência de base estrato 2
> round(cbind(tempo2,S02,H02),digits=5)  # funções de base estrato 2
> par(mfrow=c(1,2))
> plot(tempo2,H02,lty=4,type="s",xlab="Tempos",xlim=range(c(0,4)),
                           ylab=expression(Lambda[0]*(t)))
> lines(tempo1,H01,type="s",lty=1)
> legend(0.0,9,lty=c(1,4),c("Leuini<75000","Leuini>75000"),lwd=1,bty="n",cex=0.8)
> plot(c(0,tempo1),c(1,S01),lty=1,type="s",xlab="Tempos",xlim=range(c(0,4)),
                           ylab="So(t)")
> lines(c(0,tempo2),c(1,S02),lty=4,type="s")
> legend(2.2,0.9,lty=c(1,4),c("Leuini<75000","Leuini>75000"),lwd=1,bty="n",cex=0.8)
```

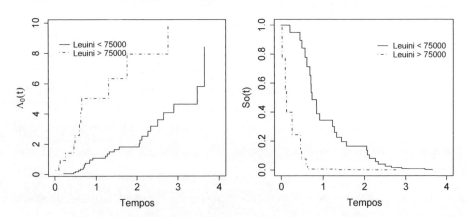

Figura 6.2: Taxa de falha acumulada de base e sobrevivência de base dos estratos formados a partir das categorias da covariável LEUINI.

Da Figura 6.2, pode-se observar que o estrato com valores mais altos de leucometria inicial ($> 75000\ mm^3$) apresenta taxa de recidiva ou morte maior entre crianças com leucemia. Ainda, este aumento na taxa tende a apresentar-se aproximadamente contante após um pequeno inter-

6.6. Estudo sobre Hormônio de Crescimento

valo de tempo inicial. A suposição de taxas de falha proporcionais para esta covariável apresenta-se, desse modo, e como já discutido no Capítulo 5, bastante razoável, uma vez que, em essência, as conclusões obtidas pelos ajustes do modelo de Cox e do modelo de Cox estratificado são as mesmas. Os resultados mostram, assim, não haver fortes evidências que justifiquem o uso do modelo de Cox estratificado para a análise dos dados de leucemia pediátrica. A opção pelo modelo de Cox é, portanto, indicada para a análise desses dados, uma vez que o uso desnecessário da estratificação, como mencionado na Seção 6.3, acarreta em uma perda de eficiência das estimativas obtidas. Essa perda de eficiência pode ser observada por meio da comparação dos erros-padrão das estimativas dos efeitos das covariáveis de ambos os modelos. No modelo estratificado, estes apresentam-se ligeiramente superiores.

6.6 Estudo sobre Hormônio de Crescimento

O Hormônio de Crescimento (GH) é um importante agente do desenvolvimento humano e, quando sua deficiência é diagnosticada, são ministradas doses periódicas de acordo com um acompanhamento médico. A deficiência do Hormônio de Crescimento pode se manifestar em graus variados e ter muitas causas diferentes. Por ocasião do diagnóstico, faz-se uma avaliação da baixa estatura, buscando-se informações sobre a história do paciente, condições da gestação, parto e nascimento, alimentação, prática de atividade física, determinação da altura alvo, avaliação do desenvolvimento puberal e da velocidade de crescimento, além de um exame físico detalhado. Em crianças com defasagem no crescimento, é feita uma avaliação para verificar se a baixa estatura é devido à má secreção/ação do hormônio de crescimento. Em caso positivo, são ministradas doses do hormônio sintetizado e o desenvolvimento de cada indivíduo é acompanhado em intervalos regulares de tempo.

O estudo apresentado nesta seção foi realizado com 80 crianças partici-

216   *Capítulo 6. Extensões do Modelo de Cox*

pantes do Programa Hormonal de Crescimento da Secretaria de Saúde de Minas Gerais, diagnosticadas com deficiência do hormônio de crescimento. As mesmas, em 31 de dezembro de 2002, tinham sido acompanhadas por um período de, no mínimo, 19 meses. O objetivo do estudo consistiu em identificar fatores determinantes do crescimento de crianças com deficiência do GH.

Na primeira visita ao consultório do médico responsável pelo programa, foram coletadas informações como condições referentes ao parto, ganho de altura e características sócio-econômicas da criança. O tratamento consistia na administração do hormônio de crescimento e o acompanhamento foi feito a cada três meses. A cada visita ao consultório, eram tomadas informações a respeito do desenvolvimento da criança (peso, altura, idade óssea e informações referentes à dosagem e aos efeitos colaterais do hormônio de crescimento). No estudo foram coletadas 16 covariáveis que foram consideradas potencialmente importantes para descrever o crescimento de crianças. As covariáveis e seus códigos identificadores estão na Tabela 6.6.

Uma variável que norteia a decisão de alta clínica é a altura alvo. Ela é definida como a média da altura dos pais, subtraída de 7 cm para meninas e somada de 7 cm para meninos. A variável resposta considerada foi, desse modo, o tempo, em meses, até a altura alvo ser atingida juntamente com a variável indicadora de falha.

Para seleção das covariáveis foram utilizados o modelo de Cox e a estratégia de construção de modelos proposta por Collett (2003a) apresentada na Seção 4.5.3. Após utilização do método e discussões com os pesquisadores, as covariáveis selecionadas foram: raça, ocorrência de parto traumático, recém-nascido, renda e altura inicial, com a presença das possíveis interações entre essas covariáveis.

Uma vez escolhido o conjunto das covariáveis que seriam determinantes do crescimento de crianças com deficiência do GH, o interesse se concentrou na avaliação do modelo de Cox ajustado com essas covariáveis. A suposição

6.6. Estudo sobre Hormônio de Crescimento

Tabela 6.6: Covariáveis coletadas no estudo do hormônio de crescimento.

Código	Covariável	Descrição
V1	Sexo	1 se Masculino e 2 se Feminino
V2	Raça	1 se Branca e 2 se Negra
V3	Naturalidade	1 se Grande BH e 2 se Interior
V4	Tipo de parto	1 se Normal, 2 se Cesário e 3 se Fórceps
V5	Parto traumático	1 se Sim e 2 se Não
V6	Recém nascido	1 se AIG e 2 se PIG
V7	Apresentação	1 se Cefálica e 2 se Pélvica
V8	Renda	1 se $\leq$ 2SM, 2 se 2 a 5SM, 3 se 5 a 10SM e 4 se > 10SM
V9	Diagnóstico/origem	1 se Idiopático e 2 se Orgânico
V10	Grau de deficiência	1 se Isolado e 2 se DMHH
V11	Peso ao nascimento	Entre 1250 e 4240 g
V12	Velocidade	Entre 0,5 e 5 cm/ano
V13	Idade óssea	Entre 0,3 e 13 anos
V14	Idade cronológica/inicial	Entre 2 e 21 anos
V15	Altura inicial	Entre 71 e 154,8 cm
V16	Dose inicial	Entre 0,20 e 0,71 mml/kg

AIG = adequado para idade gestacional e PIG = pequeno para idade gestacional, SM = salário mínimo, DMHH = deficiência mútipla de hormônios hipofisários e BH = Belo Horizonte.

de taxas de falha proporcionais, que deve ser atendida para que o modelo de Cox possa ser utilizado, foi inicialmente avaliada por meio dos gráficos dos tempos *versus* $\log(\widehat{\Lambda}_0(t))$ que são apresentados na Figura 6.3.

Da Figura 6.3, pode-se observar que as curvas para as covariáveis raça, trauma e recém-nascido não mostram situações de cruzamentos extremos que possam sugerir uma séria violação da suposição de taxas de falha proporcionais. Observa-se, ainda, que as curvas para as três categorias que envolvem renda igual ou inferior a 10 SM possivelmente não diferem entre si. O gráfico desta covariável considerando as categorias $\leq$ 10 SM e >10 SM pode ser observado nesta mesma figura e não sugere violação da suposição de taxas de falha proporcionais. O mesmo não pode ser concluído para a altura inicial, uma vez que o gráfico correspondente a esta covariável, que foi categorizada em dois níveis de acordo com seu valor mediano, mostra

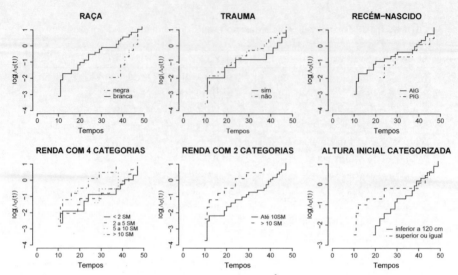

Figura 6.3: Gráficos dos tempos *versus* $\log(\widehat{\Lambda}_0(t))$ para as covariáveis selecionadas no estudo do hormônio de crescimento.

que as curvas apresentam desvios quanto ao paralelismo que sugerem a violação dessa suposição.

O modelo de Cox ajustado com as covariáveis selecionadas e a interação entre trauma e recém-nascido também indicam diferenças não significativas entre as três categorias de renda que consideram valores iguais ou inferiores a 10 SM. Considerando, assim, o mesmo modelo, mas com a covariável renda categorizada de acordo com os níveis $\leq$ 10 SM e > 10 SM, foram obtidos os gráficos dos resíduos padronizados de Schoenfeld mostrados na Figura 6.4 e respectivos testes associados à hipótese nula de proporcionalidade das taxas de falha. Os resultados desses testes são apresentados na Tabela 6.7.

Os resultados apresentados na Tabela 6.7 e Figura 6.4 também indicam a existência de violação da suposição de taxas de falha proporcionais e que a covariável altura inicial estaria causando esta violação. As informações das duas análises gráficas apresentadas evidenciam, assim, que o modelo de Cox deve ser estratificado pela covariável altura inicial. Para obtenção dos

6.6. Estudo sobre Hormônio de Crescimento

Tabela 6.7: Testes da proporcionalidade no modelo de Cox ajustado.

Covariável	rho (ρ)	χ^2	valor p
Raça	0,2686	2,6404	0,1042
Trauma	0,0606	0,1319	0,7164
Recém nascido	$-0,0971$	0,3042	0,5813
Renda	$-0,0177$	0,0126	0,9105
Altura Inicial	$-0,4108$	5,6068	0,0179
Trauma*Recém nascido	0,1450	0,7504	0,3863
GLOBAL	$-$	10,1775	0,1174

resultados apresentados para o modelo de Cox, o leitor pode usar no R os comandos a seguir:

```
> hg2<-read.table("http://www.ufpr.br/~giolo/Livro/ApendiceA/hg2.txt",h=T)
> attach(hg2)
> require(survival)
> fit1<-coxph(Surv(tempos,cens)~factor(raca)+ factor(trauma)+ factor(recemnas)+
        factor(renda)+ialtura+factor(trauma)*factor(recemnas),method="breslow")
> summary(fit1)
> rendac<-ifelse(renda<4,1,2)
> fit2<-coxph(Surv(tempos,cens)~factor(raca)+ factor(trauma)+ factor(recemnas)+
        factor(rendac)+ialtura+factor(trauma)*factor(recemnas),method="breslow")
> summary(fit2)
> cox.zph(fit2, transform="identity")
> par(mfrow=c(2,3))
> plot(cox.zph(fit2))
```

6.6.1 Resultados do Modelo de Cox Estratificado

Uma vez encontradas evidências de violação da suposição de taxas de falha proporcionais causada, em particular, pela covariável altura inicial, uma possibilidade de análise para esses dados é considerar o modelo de Cox estratificado, em que as crianças são consideradas de acordo com as duas categorias (estratos) consideradas para esta covariável, ou seja, < 120 cm e ≥ 120 cm. Assumindo-se que o vetor β é comum para os dois estratos, o

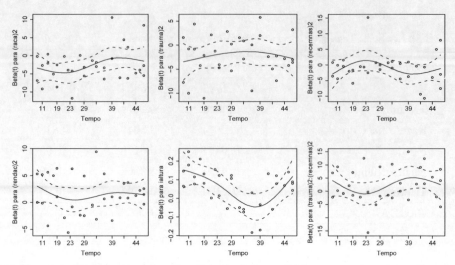

Figura 6.4: Resíduos padronizados de Schoenfeld para as covariaveis e interação consideradas no modelo de Cox ajustado para os dados do hormônio de crescimento.

modelo expresso por:

$$\lambda(t \mid \mathbf{x}_{ij}) = \lambda_{0_j}(t) \exp\left\{\mathbf{x}'_{ij}\boldsymbol{\beta}\right\},$$

para $j = 1, 2$ e $i = 1, \ldots, n_j$, em que n_j é o número de crianças no j-ésimo estrato, forneceu as estimativas apresentadas na Tabela 6.8.

Tabela 6.8: Estimativas do modelo estratificado por altura inicial.

Covariável	Coeficiente Estimado	Valor p
Raça	$-1,98$	0,0062
Trauma	$-1,35$	0,0210
Recém-nascido	$-0,47$	0,5800
Renda	1,19	0,0240
Trauma*recém-nascido	1,26	0,2300

A partir da Tabela 6.8, pode-se observar que o efeito da interação entre trauma e recém-nascido, bem como o efeito de recém-nascido, apresentam-se não significativos. Removendo-se, inicialmente, a interação e, em

6.6. Estudo sobre Hormônio de Crescimento

seguida, a covariável recém-nascido, chegou-se ao modelo final, cujas estimativas podem ser observadas na Tabela 6.9.

Tabela 6.9: Estimativas do modelo estratificado final ajustado aos dados do hormônio de crescimento.

Covariável	Coeficiente Estimado	Erro Padrão	Valor p	Razão de Taxas Falha Estimada (I.C. 95%)
Raça (2)	−1,96	0,687	0,0043	0,141 (0,0367; 0,541)
Trauma (2)	−1,01	0,527	0,0560	0,365 (0,1299; 1,026)
Renda (2)	1,03	0,505	0,0410	2,812 (1,0451; 7,565)

Os resíduos padronizados de Schoenfeld para este modelo e respectivos testes associados à hipótese nula de proporcionalidade das taxas de falha dentro de cada estrato são apresentados, respectivamente, na Figura 6.5 e Tabela 6.10. Os resultados mostram não haver evidências de violação da suposição de taxas de falha proporcionais dentro dos estratos formados pelas duas categorias consideradas para a covariável altura inicial.

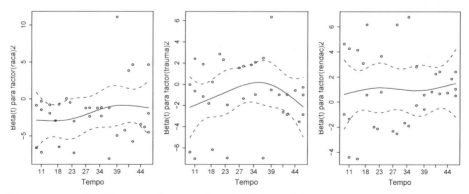

Figura 6.5: Resíduos padronizados de Schoenfeld do modelo de Cox estratificado por altura inicial ajustado aos dados do hormônio de crescimento.

As seguintes interpretações podem ser obtidas a partir das estimativas fornecidas pelo ajuste do modelo de Cox estratificado apresentadas na

Tabela 6.10: Proporcionalidade dos taxas de falha no modelo estratificado final.

Covariável	rho (ρ)	χ^2	Valor p
Raça	0,1963	1,170	0,279
Trauma	0,0659	0,151	0,697
Renda	0,0854	0,236	0,627
GLOBAL	–	1,525	0,676

Tabela 6.9.

i) a taxa de ocorrência da altura alvo em crianças brancas é estimada ser $\exp\{1,96\} = 7,1$ vezes a das crianças da raça negra. Essa estimativa, com intervalo de 95% de confiança, varia entre 1,85 e 27,27;

ii) para crianças que tiveram parto traumático, a taxa de ocorrência da altura alvo é estimada ser cerca de $\exp\{1,01\} = 2,74$ vezes a das crianças que não tiveram parto traumático. Este estimativa, com 95% de confiança, varia entre 0,97 e 7,7;

ii) e, finalmente, a taxa de ocorrência da altura alvo em crianças de famílias com renda superior a 10 SM é de 2,81 vezes a das crianças de famílias com renda até 10 SM. O corresponde intervalo de 95% de confiança para esta estimativa varia entre 1,04 e 7,5.

Para o modelo ajustado, as funções de taxa de falha acumulada de base e sobrevivência de base, para ambos os estratos, foram obtidas e seus respectivos gráficos encontram-se na Figura 6.6.

Diferente do que foi observado nos dados de leucemia pediátrica analisados na Seção 6.5, a Figura 6.6 mostra que as funções de taxa de falha acumulada de base e sobrevivência de base obtidas para os estratos da covariável altura inicial se cruzam. Este fato reforça as evidências de violação da suposição de taxas de falha proporcionais encontradas para esta covariável.

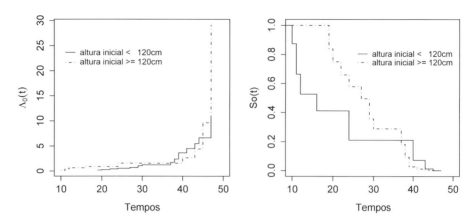

Figura 6.6: Taxa de falha acumulada de base e sobrevivência de base para os estratos da covariável altura inicial.

De modo geral, os resultados apresentados mostram evidências que justificam o uso do modelo de Cox estratificado para a análise dos dados do hormônio de crescimento, pois as taxas de falha se apresentaram não proporcionais entre os estratos da covariável altura inicial. O ajuste do modelo estratificado por altura inicial mostrou, ainda, que os fatores raça, ocorrência de parto traumático e renda influenciam no tempo até a criança atingir a altura alvo.

No apêndice B, o leitor encontra os comandos utilizados no R para obtenção dos resultados apresentados nesta seção.

6.7 Exercícios

1. A covariável altura inicial foi dicotomizada na mediana para realizar a análise apresentada na Seção 6.6. Dicotomize esta covariável no primeiro quartil e refaça a análise.

2. Um teste alternativo ao de proporcionalidade das taxas de falha baseado nos resíduos padronizados de Schoenfeld é aquele devido a Cox (1979) e apresentado na Seção 5.6.2 do Capítulo 5. Este teste introduz

uma covariável dependente do tempo no modelo. Faça este teste para verificar a existência de taxas de falha proporcionais nos dados de leucemia pediátrica devido à covariável leucócitos iniciais (LEUINI).

3. Repita o teste do Exercício 2 para verificar a suposição de taxas de falha proporcionais nos dados do hormônio de crescimento devido à altura inicial.

Capítulo 7

Modelo Aditivo de Aalen

7.1 Introdução

O modelo de taxas de falha proporcionais de Cox apresenta as vantagens de possuir uma interpretação simples dos resultados, ser facilmente estendido para incorporar covariáveis dependentes do tempo e estar disponível em vários pacotes estatísticos. Entretanto, Aalen (1989) citou algumas limitações desse modelo. A primeira delas é que as suposições do modelo podem não valer. Entretanto, é comum o uso deste modelo sem que suas suposições sejam verificadas. Isto ocorre com freqüência na literatura médica. Além disso, também não é claro que a adequação do modelo de Cox esteja garantida se as propriedades usuais de proporcionalidade estiverem satisfeitas. A segunda limitação é que o modelo de Cox não é adequado para detectar mudanças de efeitos de covariáveis ao longo do tempo. Por último, a suposição de proporcionalidade das taxas de falha é vulnerável a mudanças no número de covariáveis modeladas. Se as covariáveis são retiradas de um modelo ou medidas com um diferente nível de precisão, a proporcionalidade é geralmente afetada. Portanto, verifica-se uma falta de consistência do modelo de Cox a este respeito.

Essas limitações conduziram a propostas de modelos alternativos ao de

Cox para modelar a função de taxa de falha. Um modelo alternativo sugerido originalmente por Aalen (1980) foi o modelo aditivo para análise de regressão de dados censurados. Este modelo fornece uma alternativa útil ao modelo de taxas de falha proporcionais de Cox, pois permite que ambos, os parâmetros e os vetores de covariáveis, variem com o tempo. Já que efeitos temporais não são assumidos serem proporcionais para cada covariável, o modelo de Aalen é capaz de fornecer informações detalhadas a respeito da influência temporal de cada covariável. Os modelos de Cox e Aalen diferem fundamentalmente. O de Cox tem uma função de taxa de falha de base não-paramétrica, mas o efeito das covariáveis é modelado parametricamente. Por outro lado, o modelo de Aalen é completamente não-paramétrico no sentido que funções são ajustadas e não parâmetros. Ou seja, na estimação dos parâmetros o modelo de Aalen usa apenas informação local, o que faz este modelo bastante flexível. Os estimadores propostos por Aalen generalizam o tão conhecido estimador de Nelson-Aalen, que é um estimador natural no caso de populações homogêneas. Aplicações foram apresentadas por Mau (1986, 1988) e Andersen e Vaeth (1989) e resultados teóricos foram obtidos por McKeague (1986), McKeague e Utikal (1988) e Huffer e McKeague (1987), indicando que o modelo pode ser útil e é, sem dúvida, razoável para explorar vantagens da linearidade analogamente à teoria clássica de modelos lineares.

Este capítulo é, desse modo, dedicado à apresentação do modelo aditivo de Aalen. Nas Seções 7.2 e 7.3 são apresentados o modelo e um procedimento de estimação proposto para o mesmo. Testes dos efeitos das covariáveis e o ajuste do modelo são discutidos, respectivamente, nas Seções 7.4 e 7.5. As Seções 7.6 e 7.7 finalizam o capítulo com duas ilustrações. Na primeira, são utilizados os dados de câncer de laringe descritos na Seção 5.7.1 e, na segunda, os dados dos pacientes infectados pelo HIV descritos na Seção 1.5.4.

7.2 Modelo Aditivo de Aalen

Em diversos estudos é comum que os indivíduos sejam observados ao longo do tempo para se verificar a ocorrência de um determinado evento. A ocorrência deste evento é freqüentemente assumida ser independente entre os indivíduos. Seguindo a notação apresentada nos capítulos anteriores, tem-se para o i-ésimo indivíduo, nesses estudos, e como no modelo de taxa de falha multiplicativo, um tempo T_i até a ocorrência do evento, cuja distribuição depende de um vetor de covariáveis $\mathbf{x}_i(t) = (1, x_{i1}(t), x_{i2}(t), \ldots, x_{ip}(t))'$, possivelmente dependentes do tempo. Considerando n, o número de indivíduos, p, o número de covariáveis e $\lambda(t \mid \mathbf{x}_i(t))$, a função de taxa de falha para o tempo de sobrevivência t do indivíduo i, o modelo aditivo de Aalen, que assume que $\lambda(t \mid \mathbf{x}_i(t))$ é uma combinação linear dos $x_{ij}(t)$, é dado por:

$$\lambda(t \mid \mathbf{x}_i(t)) = \beta_0(t) + \sum_{j=1}^{p} \beta_j(t) \ x_{ij}(t). \tag{7.1}$$

Considerando-se a forma matricial, tem-se:

$$\lambda(t \mid \mathbf{x}(t)) = \mathbf{X}(t)\boldsymbol{\beta}(t),$$

com $\boldsymbol{\beta}(t) = (\beta_0(t), \beta_1(t), \ldots, \beta_p(t))'$ um vetor de funções do tempo desconhecido. O primeiro elemento $\beta_0(t)$ pode ser interpretado como uma função de taxa de falha de base, enquanto que $\beta_j(t)$, $j = 1, \ldots, p$, denominadas funções de regressão, medem a influência das respectivas covariáveis e são permitidas variar com o tempo. A matriz $\mathbf{X}(t)$ de ordem $n \times (p + 1)$ é definida da seguinte maneira: se o evento considerado ainda não ocorreu para o i-ésimo indivíduo e ele não é censurado, então, a i-ésima linha de $\mathbf{X}(t)$ é o vetor $\mathbf{x}_i(t) = (1, x_{i1}(t), x_{i2}(t), \ldots, x_{ip}(t))'$. Caso contrário, ou seja, se o indivíduo não está sob risco no tempo t, então, a correspondente linha de $\mathbf{X}(t)$ contém apenas zeros. Para exemplificar, considere $n = 5$ e $p = 3$. No início do estudo, isto é, em $t = 0$, todos os indivíduos estão sob risco e, sendo assim,

$$\mathbf{X}(0) = \begin{bmatrix} 1 & x_{11} & x_{12} & x_{13} \\ 1 & x_{21} & x_{22} & x_{23} \\ 1 & x_{31} & x_{32} & x_{33} \\ 1 & x_{41} & x_{42} & x_{43} \\ 1 & x_{51} & x_{52} & x_{53} \end{bmatrix}.$$

Se, no entanto, em $t = t_1 > 0$ somente os indivíduos 1, 4 e 5 estiverem sob risco, esta mesma matriz é, então, neste respectivo tempo, dada por:

$$\mathbf{X}(t_1) = \begin{bmatrix} 1 & x_{11} & x_{12} & x_{13} \\ 0 & 0 & 0 & 0 \\ 0 & 0 & 0 & 0 \\ 1 & x_{41} & x_{42} & x_{43} \\ 1 & x_{51} & x_{52} & x_{53} \end{bmatrix}.$$

O modelo aditivo de Aalen (7.1) pode ser obtido a partir de uma expansão em série de Taylor do modelo de Cox, ou seja, expandindo-se a função de taxa de falha em série de Taylor em torno de $\mathbf{x} = 0$ e ignorando-se os termos superiores ao de primeira ordem. Este modelo é considerado não-paramétrico pelo fato de nenhuma forma paramétrica particular ser assumida para as funções de regressão. Como visto, estas funções podem variar arbitrariamente com o tempo, revelando mudanças na influência das covariáveis. Esta é uma das vantagens do modelo (7.1), bem como a não exigência de tamanho de amostra extremamente grande. Uma desvantagem deste modelo é serem permitidos valores estimados negativos para a função de taxa de falha.

7.3 Estimação

No modelo de taxas de falha proporcionais de Cox, os efeitos das covariáveis são assumidos atuarem multiplicativamente na função de taxa de falha de

7.3. Estimação

base. Ainda, os coeficientes de regressão $\boldsymbol{\beta}$, que representam tais efeitos neste modelo, são constantes desconhecidas cujos valores não mudam com o tempo. No modelo aditivo de Aalen assume-se que as covariáveis atuam de maneira aditiva na função de taxa de falha de base, bem como que as funções de regressão desconhecidas $\boldsymbol{\beta}(t)$, também referenciadas como coeficientes de risco, são funções do tempo, ou seja, os efeitos das covariáveis podem variar durante o estudo. Os estimadores desses coeficientes são obtidos neste modelo com o auxílio das técnicas de mínimos quadrados e sua derivação é similar àquela do estimador de Nelson-Aalen da função de taxa de falha acumulada apresentada na Seção 2.4.1.

A aproximação para a estimação de $\boldsymbol{\beta}(t)$ depende das suposições sobre a forma funcional de tais funções que, neste caso, são não-paramétricas. A estimação direta das funções de regressão é difícil na prática, sendo mais fácil a estimação da função de regressão acumulada. A argumentação usada para comprovar este fato é a mesma usada para justificar que estimar a função de distribuição acumulada é mais fácil do que estimar a função de densidade de probabilidade. Considera-se, desse modo, a estimação do vetor coluna $\mathbf{B}(t)$ com elementos $B_j(t)$, $j = 1, \cdots, p$, que correspondem às funções de risco acumulada, definidas por:

$$B_j(t) = \int_0^t \beta_j(u)du.$$

Sendo $t_1 < t_2 < \ldots < t_k$ os tempos de falha ordenados, Aalen considerou um estimador razoável de $\mathbf{B}(t)$, denominado estimador de mínimos quadrados de Aalen, que é dado por:

$$\widehat{\mathbf{B}}(t) = \sum_{t_i \leq t} \mathbf{Z}(t_i)\mathbf{I}(t_i), \tag{7.2}$$

em que $\mathbf{I}(t_i)$ é um vetor com o i-ésimo elemento igual a 1 se o evento ocorre para o indivíduo no tempo t e 0, caso contrário, e $\mathbf{Z}(t_i)$ é a inversa generalizada de $\mathbf{X}(t_i)$. Em princípio, $\mathbf{Z}(t_i)$ pode ser qualquer inversa generalizada de $\mathbf{X}(t_i)$. Uma escolha simples pode ser baseada no princípio de mínimos

230   *Capítulo 7. Modelo Aditivo de Aalen*

quadrados local, ou seja,

$$\mathbf{Z}(t_i) = [\mathbf{X}'(t_i)\mathbf{X}(t_i)]^{-1}\mathbf{X}'(t_i).$$

Esta inversa, usada comumente em modelos de regressão, pode, em geral, não ser ótima. Uma escolha ótima dependerá do conhecimento dos verdadeiros valores dos parâmetros. Huffer e McKeague (1987) sugeriram o uso de uma outra inversa, definindo, assim, o estimador de mínimos quadrados ponderados. Neste texto é usada a inversa de mínimos quadrados.

É importante notar que o estimador de $\mathbf{B}(t)$ é definido apenas sobre o intervalo de tempo em que $\mathbf{X}(t)$ tem posto completo, ou seja, a estimação pára quando $\mathbf{X}(t)$ deixa de ser uma matriz não-singular, que é uma conseqüência do princípio não-paramétrico. O valor de t em que tal fato ocorre é denotado neste texto por τ. Os componentes de $\widehat{\mathbf{B}}(t)$ convergem assintoticamente, sob condições apropriadas, para um processo gaussiano (Aalen, 1989). Então, um estimador da matriz de covariância de $\widehat{\mathbf{B}}(t)$, para $t \leq \tau$, é dado por:

$$\widehat{\text{var}}(\widehat{\mathbf{B}}(t)) = \sum_{t_i \leq t} \mathbf{Z}(t_i)\mathbf{I}^D(t_i)\mathbf{Z}'(t_i), \qquad i = 1, \ldots, k,$$

em que $\mathbf{I}^D(t_i)$ é uma matriz diagonal com $\mathbf{I}(t_i)$ na diagonal.

As funções de regressão acumulada são obtidas em cada tempo distinto de falha pela estimação da contribuição instantânea das covariáveis para a taxa de falha. $\widehat{B}_j(t)$ pode ser considerada como uma função empírica descrevendo a influência da j-ésima covariável. A inclinação do gráfico da função de regressão acumulada contra o tempo fornece informação sobre a influência de cada covariável, sendo possível verificar se uma particular covariável tem um efeito constante ou varia com o tempo ao longo do período de estudo. Por exemplo, se $B_j(t)$ é constante, então, o gráfico deve se aproximar de uma linha reta. Inclinações positivas ocorrem durante períodos em que aumentos dos valores das covariáveis são associados com aumentos na função de taxa de falha. Por outro lado, inclinações negativas ocorrem em períodos em que crescimentos nos valores das covariáveis

7.3. Estimação

estão associados com decréscimos na função de taxa de falha. As funções de regressão acumulada têm inclinações aproximadamente iguais a zero em períodos em que as covariáveis não influenciam a função de taxa de falha. Ramlau-Hansen (1983) mostra que também é possível estimar tais funções utilizando-se métodos de estimação da densidade de probabilidade.

Não é difícil verificar, como conseqüência dos resultados obtidos anteriormente, que fornecidos os valores das covariáveis, é possível estimar as funções de taxa de falha acumulada e de sobrevivência correspondentes. Assim, quando todas as covariáveis são fixadas no tempo zero, um estimador da função de taxa de falha acumulada para um indivíduo com vetor $\mathbf{x} = (1, x_1, x_2, \ldots, x_p)'$ é dado por:

$$\widehat{\Lambda}(t \mid \mathbf{x}) = \mathbf{x}' \widehat{\mathbf{B}}(t) = \widehat{B}_0(t) + \sum_{j=1}^{p} \widehat{B}_j(t) \, x_j, \qquad t \leq \tau,$$

com $\widehat{B}_j(t)$, os estimadores de mínimos quadrados definidos em (7.2). Vale lembrar que essas estimativas encontram-se somente disponíveis para $t \leq \tau$, sendo τ o valor maximal de t para o qual a matriz $\mathbf{X}(t)$ é não-singular.

A partir da relação apresentada no Capítulo 2 entre a função de sobrevivência e a função de taxa de falha acumulada, a função de sobrevivência, para esse indivíduo, pode ser estimada por:

$$\widetilde{S}(t \mid \mathbf{x}) = \exp\{-\widetilde{\Lambda}(t \mid \mathbf{x})\}. \tag{7.3}$$

Alternativamente, baseado no estimador de Kaplan-Meier, a função de sobrevivência pode ser estimada por:

$$\widehat{S}(t \mid \mathbf{x}) = \prod_{t_i \leq t} \left[1 - (\mathbf{Z}(t_i)\mathbf{I}(t_i))' \mathbf{x} \right].$$

A função de sobrevivência estimada não é necessariamente monótona sobre todo o período de observação. Ela pode aumentar para alguns valores de t e, de acordo com a equação (7.3), decrescer para algum t.

7.4 Teste para os Efeitos das Covariáveis

É freqüentemente de interesse testar se uma covariável específica tem algum efeito na função de taxa de falha total. Para o modelo aditivo de Aalen isto corresponde a testar a hipótese nula de que não existe efeito da covariável sobre a função de taxa de falha. A hipótese nula para algum $j \geq 1$ é estabelecida como:

$$H_{0j} : \beta_j(t) = 0, \qquad t \in [0, \tau].$$

É importante lembrar que no contexto não-paramétrico, tal hipótese nula pode apenas ser testada sobre intervalos de tempo em que $\mathbf{X}(t)$ tenha posto completo. Dentro da estrutura do modelo, Aalen (1980, 1989) desenvolveu para todo tempo de falha uma estatística de teste para H_{0j} dada pelo j-ésimo elemento U_j do vetor:

$$\mathbf{U} = \sum_{t_i \leq \tau} \mathbf{K}(t_i)\mathbf{Z}(t_i)\mathbf{I}(t_i), \qquad (7.4)$$

em que $\mathbf{K}(t)$, uma função peso não negativa, é uma matriz diagonal $(p+1) \times (p+1)$. A estatística de teste da equação (7.4) surge como uma combinação ponderada da soma do estimador de $B_j(t)$ apresentado na equação (7.2). Os elementos diagonais de $\mathbf{K}(t)$ são funções peso e suas escolhas podem depender das alternativas para a hipótese nula de interesse.

Uma escolha ótima da função peso necessita do conhecimento das verdadeiras variâncias dos estimadores, o que, entretanto, depende de funções de parâmetros desconhecidos. Aalen considerou duas escolhas para a função peso. A primeira possibilidade é considerar cada função peso igual ao número de pacientes que permanecem no conjunto de risco em algum tempo específico. Neste caso, a matriz $\mathbf{K}(t)$ é substituída por um escalar $K_1(t_i)$ dado por:

$$K_1(t_i) = \sum_{i=1}^{n} K_{1i}(t),$$

7.4. Teste para os Efeitos das Covariáveis

em que $K_{1i}(t) = 1$, se o i-ésimo indivíduo está sob risco no tempo t, e $K_{1i}(t) = 0$, em caso contrário. Uma segunda escolha é tomar $K_2(t) = \{\text{diag}[(\mathbf{X}'(\text{t})\mathbf{X}(\text{t}))^{-1}]\}^{-1}$, em que $K_2(t)$ é a inversa de uma matriz diagonal tendo a mesma diagonal principal da matriz $(\mathbf{X}'(t)\mathbf{X}(t))^{-1}$. Este peso é escolhido por analogia ao problema de regressão de mínimos quadrados em que as variâncias dos estimadores são proporcionais aos elementos diagonais da matriz $(\mathbf{X}'\mathbf{X})^{-1}$, sendo $\mathbf{X}$ a matriz de delineamento. Estudos preliminares parecem indicar que a escolha da segunda opção pode ser mais poderosa em algumas situações. Neste texto foi utilizada esta última opção como função peso.

Um estimador da matriz de covariância de $\mathbf{U}$ dado pela equação (7.4) é:

$$\mathbf{V} = \sum_{t_i} \mathbf{K}(t_i)\{\mathbf{Z}(t_i)\mathbf{I}^D(t_i)\mathbf{Z}'(t_i)\}\mathbf{K}'(t_i).$$

Suponha que se queira testar simultaneamente H_{0j} para j em algum subconjunto A de $\{1, \ldots, p\}$ consistindo de s elementos. Seja $\mathbf{U}_A$ definido como o subvetor correspondente de $\mathbf{U}$ e $\mathbf{V}_A$ a submatriz correspondente de $\mathbf{V}$, isto é, $\mathbf{V}_A$ é a matriz de covariâncias estimadas de $\mathbf{U}_A$. A estatística de teste normalizada $\mathbf{U}'_A\mathbf{V}_A^{-1}\mathbf{U}_A$ é assintoticamente distribuída como uma qui-quadrado com s graus de liberdade sob H_{0j}, para todo j em A. Se o interesse é testar apenas uma das hipóteses nulas H_{0j}, então, é usada a estatística de teste $U_j V_{jj}^{-1/2}$. Esta estatística tem distribuição assintótica normal padrão sob a hipótese nula.

A partir da escolha de diferentes pesos, Lee e Weissfeld (1998) obtiveram quatro novas estatísticas de testes para o modelo aditivo. A primeira função peso contém $K_1(t)$ como caso especial e é dada por uma função quadrática, contínua e integrável em $[0, 1]$. A segunda função peso é uma combinação da primeira função peso proposta e de $K_2(t)$. A terceira, é baseada na estimativa de Kaplan-Meier e a quarta, combina a terceira e a função peso $K_2(t)$.

234   *Capítulo 7. Modelo Aditivo de Aalen*

7.5   Diagnóstico do Modelo

Tal como nos modelos clássicos de regressão linear, é conveniente a utilização de métodos para verificar a qualidade do ajuste. Uma importante ferramenta que pode ser utilizada para este fim são os resíduos. Contudo, o aspecto não-paramétrico do modelo, a possibilidade de incluir covariáveis dependentes do tempo e, o mais importante, a usual presença de dados censurados implicam na necessidade de uma definição especializada de resíduos. Como visto no Capítulo 5, um número de procedimentos baseados nos resíduos foi desenvolvido para verificar a qualidade do ajuste do modelo de Cox. Vários desses métodos podem ser modificados e aplicados ao modelo linear. Para mais detalhes, ver Mckeague e Utikal (1988). Uma definição bastante utilizada dos resíduos é baseada na observação de que o valor da taxa de falha acumulada de um indivíduo no tempo de falha tem distribuição exponencial de média igual a 1. Isto ocorre devido ao fato da função de sobrevivência ter uma distribuição uniforme em $(0,1)$. Assim, a taxa de falha acumulada, definida anteriormente por $\Lambda(t \mid \mathbf{x}) = -\log(S(t \mid \mathbf{x}))$, segue uma distribuição exponencial padrão.

Considerando, então, $t_i \leq \tau$ o tempo de falha ou censura para o i-ésimo indivíduo, a quantidade $\widehat{\Lambda}(t \mid \mathbf{x}_i)$ pode ser definida como o resíduo para a i-ésima observação da amostra. Se o modelo estiver bem ajustado, esses resíduos podem ser olhados como uma amostra censurada da distribuição exponencial padrão. Para verificar se os mesmos seguem aproximadamente tal distribuição, pode ser construído um gráfico de $\widehat{\Lambda}(t \mid \mathbf{x}_i)$*versus* t para $t \leq \tau$. Desvios de uma linha reta indicam que o modelo é inadequado. Os resíduos aqui definidos são, na realidade, os resíduos de Cox-Snell apresentados nos Capítulos 4 e 5.

7.6   Análise dos Dados de Câncer de Laringe

Para ilustrar o modelo aditivo de Aalen em uma situação em que todas as covariáveis não dependem do tempo, são utilizados nesta seção os dados do

7.6. Análise dos Dados de Câncer de Laringe

estudo de pacientes com câncer de laringe descritos e analisados por meio do modelo de Cox na Seção 5.7.1. As covariáveis registradas no diagnóstico, para cada paciente, e consideradas nesse estudo foram: estágio da doença (I, II, III ou IV) e idade (em anos) que, nesta análise, foi centrada em sua média ($\bar{x} = 64,61$).

As estimativas obtidas a partir do ajuste do modelo aditivo de Aalen considerando-se ambas as covariáveis são apresentadas na Tabela 7.1. Desta tabela, pode-se observar que a covariável idade, centrada em sua média, não apresenta significância estatística ($p = 0,629$). Desse modo, a mesma foi removida do modelo.

Tabela 7.1: Resultados do ajuste do modelo aditivo de Aalen para os dados de câncer de laringe considerando-se as covariáveis estágio e idade centrada em sua média.

Covariável	Coeficiente	Erro Padrão	valor p	I.C (95%)
Constante	0,352	0,121	0,003	(0,114; 0,589)
Estágio II	0,068	0,232	0,703	$(-0,388; 0,523)$
Estágio III	0,285	0,219	0,083	$(-0,144; 0,714)$
Estágio IV	1,657	0,736	0,004	(0,213; 3,100)
Idade - $\bar{x}$	0,008	0,012	0,629	$(-0,016; 0,032)$

O modelo aditivo de Aalen, após a covariável idade ter sido removida, apresentou as estimativas mostradas na Tabela 7.2. Em ambas as tabelas, as estimativas foram fornecidas para $\tau = 4,3$, com τ correspondendo ao maior tempo em que pelo menos um paciente ainda se encontrava em risco em cada um dos quatro estágios.

As estimativas apresentadas nas Tabelas 7.1 e 7.2 foram obtidas no R usando-se os comandos a seguir:

```
> laringe<-read.table("http://www.ufpr.br/~giolo/Livro/ApendiceA/laringe.txt", h=T)
> attach(laringe)
> require(survival)
```

Tabela 7.2: Estimativas do modelo aditivo de Aalen ajustado para os dados de câncer de laringe considerando-se a covariável estágio.

Covariável	Coeficiente	Erro Padrão	Valor p	I.C (95%)
Constante	0,380	0,121	0,002	(0,142; 0,618)
Estágio II	0,010	0,217	0,830	$(-0,416; 0,436)$
Estágio III	0,255	0,216	0,099	$(-0,169; 0,679)$
Estágio IV	1,539	0,722	0,004	(0,125; 2,954)

```
> source("Addreg.r")   # obter função em http://www.med.uio.no/imb/stat/addreg
> idadec<-idade-mean(idade)
> fit1<- addreg(Surv(tempos,cens)~factor(estagio)+idadec,laringe)
> summary(fit1)
> fit2<- addreg(Surv(tempos,cens)~factor(estagio),laringe)
> summary(fit2)
```

A qualidade do modelo aditivo de Aalen ajustado, ou seja, com somente a covariável estágio, foi avaliada por meio do gráfico dos resíduos obtido para esse modelo. Este gráfico é apresentado na Figura 7.1 e foi obtido no R por:

```
> i<-order(tempos)
> laringe<-laringe[i,]       # dados ordenados pelos tempos
> laringe1<-laringe[1:51,]    # como tau = 4.3 usa-se as linhas em que t <= 4.3
> xo<-rep(1,51)
> x1<-ifelse(laringe1$estagio==2,1,0)
> x2<-ifelse(laringe1$estagio==3,1,0)
> x3<-ifelse(laringe1$estagio==4,1,0)
> x <-as.matrix(cbind(xo,x1,x2,x3))
> t<-fit2$times
> coef<-fit2$increments
> xt<-t(x)
> Bt<-coef%*%xt
> riscoacum<-diag(Bt)
> for(i in 1:50){
>    riscoacum[i+1]<-riscoacum[i+1]+riscoacum[i]}
> riscoacum
> plot(t,riscoacum,xlab="Tempos", ylab = expression(Lambda*(t)), pch=16)
```

7.6. Análise dos Dados de Câncer de Laringe

A partir da Figura 7.1, pode-se observar que os pontos mostram evidências favoráveis ao modelo ajustado, uma vez que os mesmos apresentam uma correspondência razoável com uma linha reta.

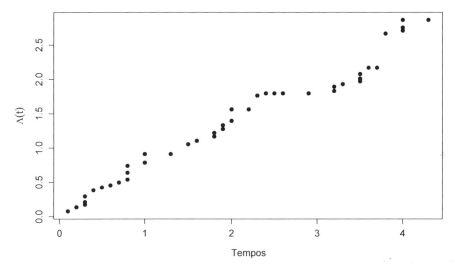

Figura 7.1: Gráfico dos resíduos $\widehat{\Lambda}(t \mid \mathbf{x})$ versus t, $t \leq \tau = 4,3$, para o modelo de Aalen final ajustado aos dados de câncer de laringe.

Para o modelo ajustado, as correspondentes funções de regressão acumulada (FRA) e seus respectivos intervalos de 95% de confiança para o modelo final ajustado são apresentados na Figura 7.2. O gráfico superior à esquerda desta figura mostra a taxa de falha acumulada de base estimado, $\widehat{B}_0(t)$, de pacientes no estágio I. Este gráfico indica que pacientes no estágio I apresentam uma taxa de falha que se eleva gradativamente ao longo dos anos, mais acentuadamente após o terceiro ano do diagnóstico. Os demais gráficos apresentados mostram o acréscimo na taxa de falha acumulada dos pacientes nos estágios II, III ou IV relativo a taxa de falha acumulada de base dos pacientes no estágio I. O gráfico superior à direita, por exemplo, apresenta inclinação muito próxima de zero. Isto significa que pacientes no estágio II apresentam taxa de falha muito similar àquela observada para os pacientes no estágio I. Por outro lado, os gráficos inferior à esquerda e inferior à direita apresentam inclinações acentuadas nos dois primeiros anos. Este fato mostra que pacientes no estágio III ou estágio IV apresentam, em relação aos pacientes no estágio I, taxa de falha mais elevada nos dois primeiros anos. Após esse período inicial de mais ou menos 2 anos, a diferença dessas taxas de falha acumulada permanece aproximadamente constante entre os pacientes nos estágios III e I (inclinação próxima de zero) e com crescimento gradativo para pacientes no estágio IV em relação àqueles no estágio I.

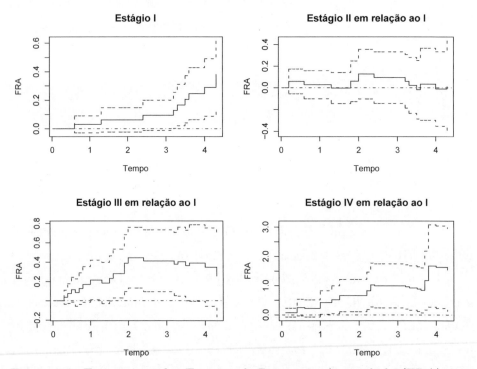

Figura 7.2: Estimativas das Funções de Regressão Acumulada (FRA) com intervalos de 95% de confiança para os dados de câncer de laringe.

A Figura 7.2 foi obtida no R por meio dos comandos a seguir:

```
> plot(fit2,xlab="Tempo",ylab="FRA",labelofvariable=c("Estágio I","Estágio II em
    relação ao I","Estágio III em relação ao I","Estágio IV em relação ao I"))
```

7.7 Análise dos Dados de Pacientes com HIV

O estudo de sinusite em pacientes infectados pelo HIV apresenta, como descrito na Seção 1.5.4, algumas covariáveis fixas e uma dependente do tempo. Devido à presença da covariável dependente do tempo, uma extensão do modelo de Cox, que permite incorporar esse tipo de covariável, foi utilizada no Capítulo 6 para analisar os dados desse estudo. O modelo aditivo de Aalen se apresenta, contudo, como uma outra possibilidade de análise desses dados. Essa possibilidade é, desse modo, explorada e apresentada a seguir.

Na Tabela 7.3 encontram-se os resultados do modelo aditivo de Aalen ajustado para os dados de sinusite. A covariável idade foi centrada em sua média. Da Tabela 7.3, nota-se que a covariável sexo não apresenta efeito significativo ($p = 0,889$) e, sendo assim, a mesma será retirada do modelo. Por outro lado, e tal como no modelo de Cox, as covariáveis idade do paciente e grupos de risco foram significativas e consideradas, desse modo, fatores influentes na ocorrência da sinusite. Assim como no modelo de Cox, a categoria da covariável que indica o grupo HIV soropositivo assintomático permaneceu no modelo por representar um dos grupos de classificação quanto à infecção pelo HIV.

Tabela 7.3: Estimativas obtidas, em $\tau = 617$, para um dos modelos de Aalen ajustados para os dados de sinusite em pacientes com HIV.

Covariável	Coeficiente	Erro Padrão	Valor p	I.C. (95%)
constante	$-0,029$	0,170	0,394	$(-0,362;\ 0,303)$
idade - $\bar{x}$	$-0,033$	0,015	0,013	$(-0,062;-0,004)$
sexo	0,063	0,195	0,889	$(-0,319;\ 0,445)$
HIV assint.	0,004	0,140	0,463	$(-0,270;\ 0,278)$
ARC	0,917	0,371	0,020	$(\ 0,189;\ 1,644)$
AIDS	1,566	0,545	0,000	$(\ 0,497;\ 2,635)$

240   *Capítulo 7. Modelo Aditivo de Aalen*

O modelo aditivo de Aalen reduzido, isto é, com as covariáveis idade e grupos de risco forneceu, em $\tau = 617$, as estimativas apresentadas na Tabela 7.4.

Tabela 7.4: Estimativas, em $\tau = 617$, do modelo de Aalen com as covariáveis idade e grupos de risco para os dados de sinusite em pacientes com HIV.

Covariável	Coeficiente	Erro Padrão	valor p	I.C (95%)
constante	0,020	0,112	0,402	(-0,200; 0,239)
idade - $\bar{x}$	$-0,031$	0,013	0,011	$(-0,057; -0,005)$
HIV assint.	0,004	0,136	0,498	$(-0,263; 0,271)$
ARC	0,833	0.336	0,020	(0,175; 1,491)
AIDS	1,544	0.536	0,000	(0,493; 2,595)

Os comandos utilizados no R para obtenção dos resultados foram:

```
# Obs: Obtenha a função Addreg.r em http://www.med.uio.no/imb/stat/addreg

> source("http://www.ufpr.br/~giolo/Livro/ApendiceA/Addreg.r")  # lendo Addreg.r
> aids<-read.table("http://www.ufpr.br/~giolo/Livro/ApendiceA/aids.txt",h=T)
> attach(aids)
> require(survival)
> idade<-id - mean(id[!is.na(id)])
> fit1<-addreg(Surv(ti[ti<tf],tf[ti<tf],cens[ti<tf])~idade[ti<tf]+sex[ti<tf]+
                                     factor(grp)[ti<tf], data=aids)
> summary(fit1)
> fit2<-addreg(Surv(ti[ti<tf],tf[ti<tf],cens[ti<tf])~idade[ti<tf]+
                           factor(grp)[ti<tf], data=aids)
> summary(fit2)
```

A qualidade geral do ajuste do modelo aditivo de Aalen pode ser verificada por meio do gráfico dos resíduos obtido para este modelo. Tal gráfico, apresentado na Figura 7.3, mostra evidências de uma correspondência com uma linha reta, embora, em alguns intervalos de tempo a taxa de falha aparente ser constante. Isto ocorre devido ao número elevado de observações censuradas observado na amostra.

7.7. Análise dos Dados de Pacientes com HIV

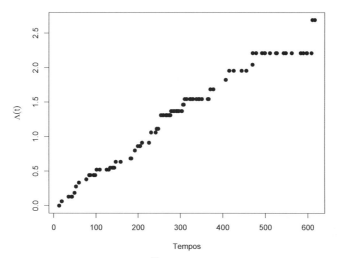

Figura 7.3: Gráfico dos resíduos $\widehat{\Lambda}(t \mid \mathbf{x})$ versus t para o modelo de Aalen final ajustado aos dados de sinusite em pacientes infectados pelo HIV.

A Figura 7.3 foi obtida no R por meio dos comandos apresentados a seguir:

```
> aids<-read.table("http://www.ufpr.br/~giolo/Livro/ApendiceA/aids.txt",h=T)
> attach(aids)
> aids1<-as.data.frame(cbind(tf,id,grp))
> aids1<-na.omit(aids1)      # eliminando valores missing = NA
> attach(aids1)
> i<-order(aids1$tf)
> aids1<-aids1[i,]           # dados ordenados por tf e sem NA nas covariaveis
> aids2<-aids1[10:121,]      # mantendo-se as linhas em que 0 < tf <= 617
> n<-nrow(aids2)
> xo<-rep(1,n)
> x1<-(aids2$id) - mean(aids2$id)
> x2<-ifelse(aids2$grp==2,1,0)
> x3<-ifelse(aids2$grp==3,1,0)
> x4<-ifelse(aids2$grp==4,1,0)
> x <-as.matrix(cbind(xo,x1,x2,x3,x4))
> t<-fit2$times
> coef<-fit2$increments
> xt<-t(x)
> Bt<-coef%*%xt
> riscoacum<-diag(Bt)
```

```
> for(i in 1:(n-1)){
>    riscoacum[i+1]<-riscoacum[i+1]+riscoacum[i]}
> riscoacum
> plot(t,riscoacum,xlab="Tempos", ylab = expression(Lambda*(t)), pch=16)
```

Dos resultados apresentados na Tabela 7.4, pode-se observar que pacientes no grupo HIV soropositivo assintomático apresentaram uma taxa de ocorrência de sinusite que não diferiu significativamente da taxa daqueles pacientes no grupo HIV soronegativo. Por outro lado, pacientes que fazem parte do grupo com AIDS apresentaram uma taxa de ocorrência de sinusite maior do que a dos pacientes nos demais grupos de classificação.

A partir da análise gráfica das funções de regressão acumulada *versus* o tempo, apresentadas na Figura 7.4, pode-se observar o comportamento do efeito de cada covariável significativa no modelo aditivo de Aalen. Nesta figura, a taxa de falha acumulada de base estimada, $\widehat{B}_0(t)$, mostrada no gráfico (a) corresponde a estimativa da taxa de falha acumulada de um paciente HIV soronegativo de idade $\bar{x} = 32,72$ anos. Neste gráfico, a inclinação da função de regressão acumulada é próxima de zero, o que mostra que a taxa de falha deste paciente é praticamente nula. A função de regressão acumulada para a idade (gráfico (b)) tem uma inclinação consistentemente negativa e seu efeito na taxa de ocorrência da sinusite diminui razoavelmente com o tempo. Isto indica que crescimentos nos valores da idade, neste período, estão associados com decréscimos na função de taxa de falha. O gráfico (c) apresenta, por sua vez, inclinação muito próxima de zero, indicando que a taxa de falha dos pacientes no grupo HIV assintomático é similar a daqueles pacientes no grupo HIV soronegativo. Por outro lado, pode-se observar, no gráfico (d), que pacientes no grupo ARC apresentam taxa de falha superior e crescente a dos pacientes no grupo HIV soronegativo por cerca de 10 meses. Após este período, a diferença na taxa de falha se estabiliza.

Pacientes no grupo AIDS também apresentam taxa de falha superior a dos pacientes no grupo HIV soronegativo, como pode ser observado no

7.7. Análise dos Dados de Pacientes com HIV

gráfico (e). Esse crescimento ocorre por um período de em torno 480 dias (± 16 meses), quando, então, a diferença entre as taxas de falha desses dois grupos se estabiliza. Note, dos gráficos (d) e (e) que nos primeiros 300 dias (10 meses), os pacientes no grupo ARC e AIDS, quando comparados com os pacientes do grupo HIV soronegativo, apresentam taxas de falha com crescimento similar (FRA cresce até atingir valor próximo de 0,5 em ambos os casos). Nos 6 meses que se seguem, a taxa de falha do grupo ARC se estabiliza e a do grupo AIDS continua crescendo até atingir FRA = 1,0.

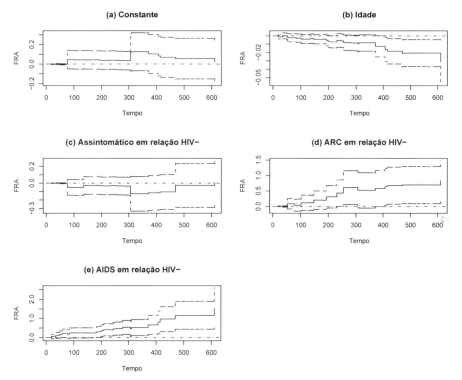

Figura 7.4: Estimativas das Funções de Regressão Acumulada (FRA) e seus respectivos intervalos de 95% de confiança para os dados de sinusite em pacientes infectados pelo HIV.

A Figura 7.4 foi obtida no R usando-se os comandos a seguir:

```
> plot(fit2,xlab="Tempo", ylab="FRA",label=c("(a) Constante","(b) Idade",
  "(c) Assintomático em relação HIV-","(d) ARC em relação HIV-",
  "(e)AIDS em relação HIV-"))
```

244   Capítulo 7. Modelo Aditivo de Aalen

7.7.1 Considerações Finais

Com base em ambos os modelos ajustados aos dados de pacientes infectados pelo HIV, Cox com covariáveis dependentes do tempo (Capítulo 6) e o
aditivo de Aalen, foi possível observar que, em essência, os modelos apresentaram as mesmas conclusões. As covariáveis idade e grupos de risco foram
identificadas como sendo fatores de risco para a ocorrência de sinusite. A
idade apresentou efeito negativo, ou seja, com o aumento da idade a taxa
de ocorrência de sinusite diminui, e, ainda, o grupo de pacientes com AIDS,
em relação aos demais grupos, apresentou, em ambos os modelos, uma taxa
maior de de ocorrência de sinusite.

7.8 Exercícios

1. Ajuste o modelo aditivo de Aalen para os dados do Exercício 6 do
   Capítulo 2.

2. Ajuste o modelo aditivo de Aalen para os dados de leucemia pediátrica descritos na Seção 1.5.3. Compare os resultados com aqueles do
   modelo de Cox apresentados na Seção 5.7.3.

3. Ajuste o modelo aditivo de Aalen para os dados de leucemia aguda
   apresentados na Seção 4.5.2. Compare os resultados com aqueles do
   modelo de regressão exponencial apresentados nesta mesma seção.

Capítulo 8

Censura Intervalar e Dados Grupados

8.1 Introdução

Ênfase foi dada até o presente momento às situações em que os indivíduos sob estudo apresentaram, como resposta, um tempo exato de falha ou um tempo censurado à direita. No entanto, dados de sobrevivência podem ser eventualmente registrados em intervalos de tempo. Nesses casos obtêm-se, como mencionado na Seção 1.3.2, respostas com censura intervalar. Este tipo de informação aparece, por exemplo, em estudos agronômicos, quando as visitas às unidades de campo são especificadas entre datas distantes (Colosimo et al., 2000) ou, similarmente, em estudos agropecuários, quando as avaliações do rebanho são realizadas entre períodos específicos (Giolo et al., 2003). Esta situação também aparece com freqüência em estudos clínicos longitudinais, quando a ocorrência do evento de interesse é monitorada em visitas médicas de rotina (Sun, 1996; Kim et al., 1993).

Em tais estudos, os tempos de falha T não são mais conhecidos exatamente. Sabe-se somente que o evento de interesse, para os indivíduos em que este foi observado, ocorreu em algum momento dentro do intervalo $(L, U]$ em que $L < T \leq U$. Observe, ainda, que se o evento ocorrer exata-

246   Capítulo 8. Censura Intervalar e Dados Grupados

mente no momento de uma das visitas, o que não é muito provável mas pode acontecer, tem-se um tempo exato de falha. Em tais casos, considera-se que $T = L = U$. A razão fundamental da ocorrência desse tipo de dados é haver uma monitorização pouco rígida das unidades amostrais. Por exemplo, no conjunto de dados de sinusite apresentado na Seção 1.5.4, os pacientes eram examinados a cada três meses no consultório médico. A ocorrência da sinusite surge entre duas consultas consecutivas em que o diagnóstico é negativo na primeira, seguido de positivo na seguinte. Caso o acompanhamento tivesse sido feito a cada dia, o que é pouco provável, as censuras intervalares dariam lugar a tempos de falha.

Por outro lado, sabe-se, para os indivíduos que caracterizarem-se, nesses estudos, por censuras à direita, que o evento de interesse não ocorreu até a última visita, mas que poderá ocorrer a partir daquele momento em diante. Assume-se, portanto, nesses casos, que T poderá ocorrer no intervalo (L, ∞) em que L é igual ao tempo decorrido desde o início do estudo até a última visita e $U = \infty$. Similarmente, é sabido, para os indivíduos que caracterizarem-se por censuras à esquerda, que o evento de interesse para os mesmos ocorreu anteriormente à primeira visita e, desse modo, assume-se que T ocorreu no intervalo $(0, U]$ com $L = 0$ representando o início do estudo e U o tempo decorrido desde o início do estudo até a primeira visita.

Note, do que foi apresentado até o momento, que tempos exatos de falha, bem como dados censurados à direita e à esquerda, são casos particulares de dados de sobrevivência intervalar. Pode-se dizer, portanto, que dados de sobrevivência intervalar generalizam qualquer situação em que combinações de tempos de falha (exatos ou intervalares) e censuras à direita e à esquerda possam ocorrer em um estudo.

Um caso particular de dados de sobrevivência intervalar que também é relevante, e assunto deste capítulo, são os dados grupados. Os dados grupados surgem quando todas as unidades amostrais são avaliadas nos mesmos instantes. O caso em que todas as observações são avaliadas, por

8.1. Introdução

exemplo, nos dias 7, 14, 21, 28 e 35 em um estudo de periodicidade semanal, cuja unidade de medida é dias, exemplifica esta situação. Por outro lado, se uma parte das unidades amostrais fosse avaliada a cada cinco dias e a outra parte a cada sete dias, ter-se-ia censura intervalar mas não dados grupados. Os dados grupados são muitas vezes associados a situações com excesso de empates. Observe que o termo empate somente tem sentido em dados grupados, pois todas as observações são avaliadas exatamente nos mesmos intervalos de tempo.

Na análise de dados de sobrevivência intervalar, estimar a função de sobrevivência $S(t)$ e acessar a importância das covariáveis para esta função são, também, os principais interesses. Como, no entanto, poucos pacotes estatísticos acomodam tais dados, é muito comum, a fim de viabilizar a aplicação dos métodos tratados nos capítulos anteriores, que os analistas assumam que o evento, que ocorreu no intervalo $(L, U]$, tenha ocorrido no início, no final ou, então, no ponto médio de cada intervalo. Alguns autores, dentre eles Rücker e Messerer (1988), Odell et al.(1992) e Dorey et al.(1993), ressaltam, contudo, que assumir tempos de falha intervalares como tempos exatos de falha pode conduzir a vícios, bem como a resultados e conclusões não muito confiáveis.

Neste capítulo são apresentadas técnicas e modelos de regressão que são utilizados na análise de dados de sobrevivência intervalar. Nas Seções 8.2 e 8.3 são apresentadas técnicas não-paramétricas e modelos paramétricos, respectivamente. O modelo semiparamétrico é tratado na Seção 8.4. Os dados de câncer de mama descritos na Seção 1.5.7 ilustram as técnicas e modelos apresentados nessas seções. Devido à importância de dados grupados, as Seções 8.5 a 8.7 são dedicadas à apresentação de modelos e aplicações para a análise desse tipo de dados. A análise dos dados de tempo de vida de mangueiras é realizada na Seção 8.8. Algumas considerações de ordem prática sobre a utilização de aproximações ou modelos discretos na presença de empates finaliza o capítulo na Seção 8.9. Os dados envolvendo a com-

248   *Capítulo 8. Censura Intervalar e Dados Grupados*

paração de tratamentos em camundongos que foram descritos na Seção 1.5.6
ilustram a comparação realizada na Seção 8.9.

8.2   Técnicas Não-Paramétricas

No Capítulo 2 foram apresentadas técnicas não-paramétricas para se estimar a função de sobrevivência $S(t)$. Técnicas similares são necessárias
para estimar esta mesma função na situação de dados de sobrevivência
intervalar. Nesta seção, é apresentado um estimador limite-produto modificado proposto por Turnbull (1976). Tal estimador, que não tem uma
forma analítica fechada, é baseado em um procedimento iterativo.

Considere $0 = \tau_0 < \tau_1 < \tau_2 \cdots < \tau_m$ uma seqüência de tempos que inclui
todos os pontos L_i e U_i, para $i = 1, \cdots, n$, representando uma amostra de
tamanho n. Para a i-ésima observação, defina um peso α_{ij} de modo que
este seja igual a 1, se o intervalo $(\tau_{j-1}, \tau_j]$, para $j = 1, \cdots, m$, estiver
contido no intervalo $(L_i, U_i]$, e zero, em caso contrário. O peso α_{ij} indica se
o evento que ocorreu no intervalo $(L_i, U_i]$ poderia ter ocorrido em τ_j. Um
valor inicial em $S(\tau_j)$ deve ser assumido e o algoritmo de Turnbull é como
segue:

Passo 1: Encontre a probabilidade de um evento ocorrer no tempo
τ_j por:

$$p_j = S(\tau_{j-1}) - S(\tau_j), \qquad j = 1, \ldots, m.$$

Passo 2: Estime o número de eventos ocorridos em τ_j por:

$$d_j = \sum_{i=1}^{n} \frac{\alpha_{ij} p_j}{\sum_{k=1}^{m} \alpha_{ik} p_k}, \qquad j = 1, \ldots, m.$$

Passo 3: Obtenha o número estimado em risco no tempo τ_j por:

$$Y_j = \sum_{k=j}^{m} d_k.$$

8.2. Técnicas Não-Paramétricas

Passo 4: Atualize o estimador limite-produto usando os resultados obtidos nos passos 2 e 3. Se a estimativa atualizada de $S(\cdot)$ estiver próxima da anterior para todo τ_j, pare o procedimento iterativo, caso contrário, repita os passos 1 a 3, usando as estimativas atuais de $S(\cdot)$.

Como este procedimento não se encontra, em geral, disponível nos pacotes estatísticos, o mesmo foi implementado no R (Giolo, 2004). A função Turnbull.R com a implementação do algoritmo encontra-se disponível no Apêndice E. Para os valores iniciais de $S(\tau_j)$, foram consideradas as estimativas obtidas por meio do estimador de Kaplan-Meier.

A título de ilustração das etapas do algoritmo de Turnbull, considere a seguinte amostra de cinco censuras intervalares: (0,5], (1,8], (4,9], (5,8], (5,9]. O resumo dos passos para obtenção da primeira iteração do método de Turnbull é apresentado na Tabela 8.1. A primeira etapa consiste em enumerar em ordem crescente todos os extremos das censuras intervalares. Esta é a primeira coluna da Tabela 8.1. Os valores iniciais para $S(t)$ foram tomados a partir do estimador de Kaplan-Meier considerando os valores de τ como sendo os tempos de falha. Esta é a segunda coluna da tabela. Observe que $p_1 = 1 - 0,8 = 0,2 = p_2 = p_3 = p_4 = p_5$. Os pesos são facilmente obtidos, por exemplo, $\alpha_{11} = \alpha_{12} = \alpha_{13} = 1$ e $\alpha_{14} = \alpha_{15} = 0$ e, de forma similar, obtêm-se os demais. Utilizando esses valores e a expressão mostrada no passo 2 do algoritmo, obtém-se o número estimado de falhas que corresponde à terceira coluna da tabela. Por exemplo, a terceira linha é obtida por $d_2 = 0,2/(0,2 + 0,2 + 0,2) + 0,2/(0,2 + 0,2 + 0,2) = 2/3$. A quarta coluna da tabela corresponde ao passo 3, que consiste na obtenção do número de indivíduos sob risco no tempo τ. Finalmente, a partir destes valores, $S(\cdot)$ é atualizada. Por exemplo, a terceira linha da tabela, correspondente a $S(4+)$, foi obtida por $(1 - (1/3)/5)(1 - (2/3)/(14/3)) = 0,80$. Este procedimento é repetido até a convergência. A última coluna da Tabela 8.1 mostra a estimativa de Turnbull de $S(.)$ na convergência. Esta estimativa foi obtida no R, usando-se o algoritmo implementado, do

250   Capítulo 8. Censura Intervalar e Dados Grupados

seguinte modo:

```
> require(survival)
> source("http://www.ufpr.br/~giolo/Livro/ApendiceE/Turnbull.R")  # lendo Turnbull.R
> left<-c(0,1,4,5,5)
> right<-c(5,8,9,8,9)
> dat<-as.data.frame(cbind(left,right))
> attach(dat)
> right[is.na(right)] <- Inf
> tau <- cria.tau(dat)
> p <- S.ini(tau=tau)
> A <- cria.A(data=dat,tau=tau)
> tb <- Turnbull(p,A,dat)
> tb
```

Tabela 8.1: Ilustração da primeira iteração do método de Turnbull.

τ_i	$S(\tau_j+)$ inicial	no. de falhas	no. sob risco	$S(\tau_j+)$ atualizado	$S(\tau_j+)$ final
0	1,0	0	5	1,000	1,000
1	0,8	$\frac{1}{3}$	5	0,933	0,999
4	0,6	$\frac{2}{3}$	$\frac{14}{3}$	0,800	0,997
5	0,4	1	4	0,600	0,667
8	0,2	$\frac{13}{6}$	3	0,167	0,000
9	0,0	$\frac{5}{6}$	$\frac{5}{6}$	0,000	0,000

8.2.1 Exemplo de Câncer de Mama

O método iterativo de Turnbull é ilustrado nesta seção, utilizando-se os
dados apresentados por Klein e Moeschberger (2003) e descritos na Seção
1.5.7, referentes à comparação de dois tratamentos (somente radioterapia
e radioterapia combinado com quimioterapia) utilizados em pacientes com
câncer de mama em seu estágio inicial.

Os dados foram obtidos a partir de um estudo retrospectivo realizado
com 94 mulheres, em que 46 delas receberam o tratamento somente com
radioterapia e 48 com radioterapia e quimioterapia. As pacientes foram

8.2. Técnicas Não-Paramétricas

inicialmente observadas a cada 4 ou 6 meses e, assim que ficavam melhores, o intervalo entre as visitas aumentava. O evento de interesse foi a primeira ocorrência (moderada ou severa) de retração de uma mama. Como as pacientes foram observadas em tempos aleatórios e distantes, o tempo exato do evento era desconhecido, mas sabia-se que tinha ocorrido entre duas visitas consecutivas. Os dados são mostrados na Tabela 8.2. Observe que para os casos de censura à direita, tem-se $U = \infty$.

Tabela 8.2: Tempos até a retração de uma das mamas para pacientes com câncer de mama de acordo com dois tratamentos.

Radioterapia	(0,7]; (0,8]; (0,5]; (4,11]; (5,12]; (5,11]; (6,10]; (7,16]; (7,14]; (11,15]; (11,18]; $\geq$15; $\geq$17; (17,25]; (17,25]; $\geq$18; (19,35]; (18,26]; $\geq$22; $\geq$24; $\geq$24; (25,37]; (26,40]; (27;34]; $\geq$32; $\geq$33; $\geq$34; (36,44]; (36,48]; $\geq$36; $\geq$36; (37,44]; $\geq$37; $\geq$37, $\geq$37; $\geq$38, $\geq$40; $\geq$45; $\geq$46; $\geq$46; $\geq$46; $\geq$46; $\geq$46; $\geq$46; $\geq$46
Radioterapia + Quimioterapia	(0,22]; (0,5]; (4,9]; (4,8]; (5,8]; (8,12]; (8,21]; (10,35]; (10,17]; (11,13]; $\geq$11; (11,17]; $\geq$11; (11,20]; (12,20]; $\geq$13; (13,39]; $\geq$13; $\geq$13; (14,17]; (14,19]; (15,22]; (16,24]; (16,20]; (16,24]; (16,60]; (17,27]; (17,23]; (17,26]; (18,25]; (18,24]; (19,32]; $\geq$21; (22,32]; $\geq$23; (24,31]; (24,30]; (30,34]; (30,36]; $\geq$31; $\geq$32; (32,40]; $\geq$34; $\geq$34; $\geq$35; (35,39]; (44,48]; $\geq$48

O algoritmo de Turnbull foi utilizado para estimar as funções de sobrevivência para os dois grupos. Na Figura 8.1, pode-se visualizar as respectivas curvas de sobrevivência que foram obtidas no R, como segue:

```
> require(survival)
> source("http://www.ufpr.br/~giolo/Livro/ApendiceE/Turnbull.R")
> dat <- read.table("http://www.ufpr.br/~giolo/Livro/ApendiceA/breast.txt",h=T)
> dat1 <- dat[dat$ther==1,]
> dat1$right[is.na(dat1$right)] <- Inf
> tau <- cria.tau(dat1)
> p <- S.ini(tau=tau)
> A <- cria.A(data=dat1,tau=tau)
> tb1 <- Turnbull(p,A,dat1)
```

```
> tb1
> dat1 <- dat[dat$ther==0,]
> dat1$right[is.na(dat1$right)] <- Inf
> tau <- cria.tau(dat1)
> p <- S.ini(tau=tau)
> A <- cria.A(data=dat1,tau=tau)
> tb2 <- Turnbull(p,A,dat1)
> tb2
> plot(tb1$time,tb1$surv, lty=1, type = "s", ylim=c(0,1), xlim=c(0,50),
                          xlab="Tempos (meses)",ylab="S(t)")
> lines(tb2$time,tb2$surv,lty=4,type="s")
> legend(1,0.3,lty=c(1,4),c("Radioterapia","Radioterapia + Quimioterapia"),
                                         bty="n",cex=0.8)
```

Observe, a partir da Figura 8.1, que as curvas não mostram diferenças marcantes no período compreendido entre 0 e 18 meses. No entanto, a partir de 18 meses, observa-se uma rápida queda para as pacientes que receberam radioterapia e quimioterapia. Este fato não acontece para o outro grupo que recebeu somente radioterapia. Por exemplo, estima-se que somente 11% das pacientes em radioterapia mais quimioterapia estejam livres de retração da mama no tempo $t = 40$ meses. Para o grupo que recebeu somente radioterapia, esta estimativa é de cerca de 47% no mesmo tempo. Retração mais lenta da mama é mostrada para as pacientes que receberam somente radioterapia, como indicado pelas curvas de sobrevivência apresentadas na Figura 8.1.

Uma forma alternativa de tratar a situação de censura intervalar é considerar o ponto médio do intervalo como sendo o valor do tempo exato de falha. Após tomar o ponto médio, utiliza-se os métodos clássicos de análise de sobrevivência. Neste caso, o método de Kaplan-Meier foi utilizado para se estimar as curvas de sobrevivência, como mostrado na Figura 8.2. As curvas estimadas anteriormente pelo método de Turnbull são também mostradas nesta figura. As curvas estimadas usando ambos os métodos são bastante similares em vários tempos, mas em outros elas tendem a mostrar algumas diferenças. Espera-se que essas diferenças aumentem conforme a

8.2. Técnicas Não-Paramétricas

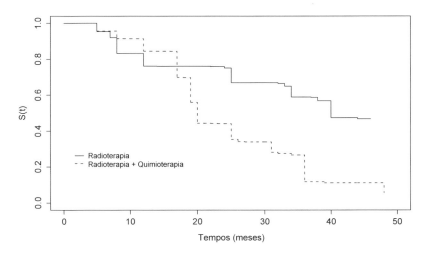

Figura 8.1: Sobrevivência estimada por meio do algoritmo de Turnbull.

amplitude dos intervalos também aumente. Se forem tomados os valores das falhas no início ou no final do intervalo, essas diferenças devem ser maiores do que no caso considerado, que foi no ponto médio.

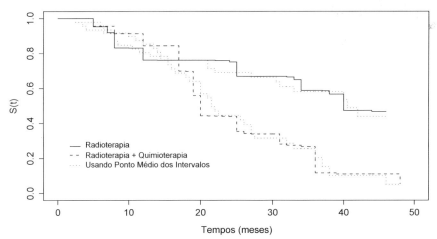

Figura 8.2: Curvas das sobrevivências estimadas considerando-se os intervalos e o ponto médio dos intervalos.

Os comandos utilizados no R para obtenção das estimativas das sobrevivências e de suas respectivas curvas apresentadas na Figura 8.2, con-

254   Capítulo 8. Censura Intervalar e Dados Grupados

siderando o ponto médio dos intervalos, foram os seguintes:

```
> p <-dat$left+((dat$right-dat$left)/2)
> pm <-ifelse(is.finite(p),p,dat$left)
> cens <- ifelse(is.finite(p),1,0)
> ekm<-survfit(Surv(pm,cens)~ther,type=c("kaplan-meier"),data=dat)
> plot(tb1$time,tb1$surv,lty=1,type="s",ylim=c(0,1), xlim=c(0,50),
                              xlab="Tempos (meses)",ylab="S(t)")
> lines(tb2$time,tb2$surv,lty=2,type="s")
> lines(ekm[1]$time,ekm[1]$surv,type="s",lty=3)
> lines(ekm[2]$time,ekm[2]$surv,type="s",lty=3)
> legend(1,0.3,lty=c(1,2), c("Radioterapia","Radioterapia + Quimioterapia"),
                                          bty="n",cex=0.8)
> legend(1,0.21,lty=3, "Usando Ponto Médio dos Intervalos", bty="n",cex=0.8)
```

8.3   Modelos Paramétricos

Modelos paramétricos, como os tratados nos Capítulo 3 e 4, são também
de interesse na análise de dados de sobrevivência intervalar. Como discutido em tais capítulos, após um modelo paramétrico ter sido especificado,
seus respectivos parâmetros necessitam ser estimados e isto é feito, usualmente, pelo método de máxima verossimilhança. Na construção da função
de verossimilhança utilizada por este método de estimação, a natureza intervalar dos dados deve, portanto, ser levada em consideração.

De acordo com Klein e Moeschberger (2003), cada indivíduo contribui
para a função de verossimilhança com uma informação específica. Um indivíduo que, por exemplo, apresente um tempo exato de falha, contribui
para a função de verossimilhança com a probabilidade de ocorrência do
evento de interesse neste tempo. Esta contribuição é dada pela função de
densidade de T neste respectivo tempo. Por outro lado, a contribuição de
um indivíduo censurado à direita é dada pela função de sobrevivência de
T avaliada no último tempo de visita. Similarmente, a contribuição de um
indivíduo censurado à esquerda é dada pela função de distribuição acumulada de T avaliada no tempo da primeira visita. Finalmente, a contribuição
de um indivíduo, que apresente um tempo de falha em um certo intervalo,

8.3. Modelos Paramétricos

é dada pela probabilidade de que o tempo de ocorrência do evento pertença a este intervalo.

Em síntese, e relembrando que $S(\infty) = 0$ e $S(0) = 1$, têm-se as contribuições para a função de verossimilhança apresentadas na Tabela 8.3.

Tabela 8.3: Contribuições dos indivíduos para a função de verossimilhança.

i-ésimo indivíduo	T_i	Contribuição
com tempo exato de falha	$T_i = t_i$	$f(t_i)$
censurado à direita	$T_i \in (L_i, \infty)$	$[S(\ell_i) - S(\infty)] = S(\ell_i)$
censurado à esquerda	$T_i \in (0, U_i]$	$[S(0) - S(u_i)] = 1 - S(u_i) = F(u_i)$
com tempo intervalar	$T_i \in (L_i, U_i]$	$[S(\ell_i) - S(u_i)]$

T_i = tempo até a ocorrência do evento de interesse.

De acordo com esses resultados, a função de verossimilhança para os dados do estudo de câncer de mama apresentado na Seção 8.2.1, em que para cada paciente observou-se $T_i \in (L_i, U_i]$ ou, então, $T_i \in (L_i, \infty)$, para $i = 1, \cdots, n$, é expressa por:

$$
\begin{aligned}
L(\theta) &= \prod_{i=1}^{n} \left[S(\ell_i | \mathbf{x}_i) - S(u_i | \mathbf{x}_i) \right] \\
&= \prod_{i=1}^{n} \left[S(\ell_i | \mathbf{x}_i) - S(u_i | \mathbf{x}_i) \right]^{\delta_i} \left[S(\ell_i | \mathbf{x}_i) \right]^{1-\delta_i},
\end{aligned} \tag{8.1}
$$

em que $\mathbf{x}_i$ é o vetor de covariáveis associado à i-ésima paciente, bem como $\delta_i = 1$, se o evento ocorreu em $(L_i, U_i]$, e $\delta_i = 0$, se ocorreu em um tempo superior a l_i. Após especificar o modelo paramétrico a ser utilizado, $L(\theta)$ fica determinada. Os modelos mais utilizados são aqueles apresentados no Capítulo 3.

8.3.1 Análise dos Dados de Câncer de Mama

Nesta seção, o ajuste de modelos paramétricos é considerado para a análise do estudo de câncer de mama apresentado na Seção 8.2.1. Os modelos paramétricos logístico e gaussiano são utilizados na análise deste estudo.

256   *Capítulo 8. Censura Intervalar e Dados Grupados*

Assim, para os tempos T_i, $i = 1, \cdots, n$, que não são observados diretamente mas pertecem aos intervalos $(L_i, U_i]$, foram assumidos os modelos logístico e gaussiano, cujas funções de sobrevivência, considerando a covariável tratamento que assume os valores $x = 1$, se radioterapia, e $x = 0$, se radioterapia + quimioterapia, são dadas, respectivamente, por:

$$S(t \mid \mathrm{x}) = \frac{1}{1 + \exp\left\{\frac{t - (\beta_0 + \beta_1 x)}{\sigma}\right\}}$$

e

$$S(t \mid \mathrm{x}) = 1 - \Phi\left(\frac{t - (\beta_0 + \beta_1 x)}{\sigma}\right),$$

sendo $\Phi(\cdot)$ a função de distribuição da Normal padrão. A partir de (8.1), segue que as respectivas funções de verossimilhança são dadas por:

$$
L(\theta) = \prod_{i=1}^{n} \left[\frac{1}{1 + \exp\left\{\frac{\ell_i - (\beta_0 + \beta_1 x)}{\sigma}\right\}} - \frac{1}{1 + \exp\left\{\frac{u_i - (\beta_0 + \beta_1 x)}{\sigma}\right\}}\right]^{\delta_i}
$$

$$
\cdot \left[\frac{1}{1 + \exp\left\{\frac{\ell_i - (\beta_0 + \beta_1 x)}{\sigma}\right\}}\right]^{1 - \delta_i}
$$

e

$$
L(\theta) = \prod_{i=1}^{n} \left[\left[1 - \Phi\left(\frac{\ell_i - (\beta_0 + \beta_1 x)}{\sigma}\right)\right] - \left[1 - \Phi\left(\frac{u_i - (\beta_0 + \beta_1 x)}{\sigma}\right)\right]\right]^{\delta_i}
$$

$$
\left[1 - \Phi\left(\frac{\ell_i - (\beta_0 + \beta_1 x)}{\sigma}\right)\right]^{1 - \delta_i}.
$$

Maximizando tais funções em relação a $\theta = (\beta_0, \beta_1, \sigma)'$, foram, então, obtidas as estimativas dos parâmetros para ambos os modelos considerados. Essas estimativas encontram-se na Tabela 8.4 e foram obtidas no R utilizando-se os seguintes comandos:

```
> breast<-read.table("http://www.ufpr.br/~giolo/Livro/ApendiceA/breast.txt", h=T)
> attach(breast)
> cens1<-ifelse(cens==1,3,0)
```

8.3. Modelos Paramétricos

```
> require(survival)
> fit1<-survreg(Surv(left,right,type="interval2")~ther,breast,dist="logistic")
> summary(fit1)
> fit2<-survreg(Surv(left,right,type="interval2")~ther,breast,dist="gaussian")
> summary(fit2)
```

Tabela 8.4: Estimativas dos parâmetros de ambos os modelos ajustados.

Termo	Modelo Logístico			Modelo Gaussiano		
	Estimativa	E.P.	Valor p	Estimativa	E.P.	Valor p
Intercepto (β_0)	24,71	2,55	<0,001	25,61	2,65	<0,001
Tratamento (β_1)	12,16	4,02	<0,01	10,36	3,88	<0,01
$\log(\sigma)$	2,30	0,11	<0,001	2,83	0,10	<0,001

As curvas de sobrevivência estimadas na Seção 8.2.1 pelo método não-paramétrico de Turnbull e as obtidas pelos modelos de regressão logístico e gaussiano, no contexto de dados com censura intervalar, são mostradas na Figura 8.3. Desta figura, pode-se visualizar que o ajuste de ambos os modelos não são muito satisfatórios, em especial se o interesse for pela obtenção de estimativas para $S(t \mid \mathbf{x})$. No entanto, se o interesse é a comparação dos tratamentos, mesmo o modelo não estando bem ajustado aos dados, parece haver indicações de que a radioterapia produz resultados menos traumáticos para as pacientes quanto à retração da mama do que a mesma combinada com quimioterapia. Esta é a conclusão observada na Seção 8.3, utilizando-se a estimativa não-paramétrica de Turnbull.

As curvas de sobrevivência estimadas para ambos os modelos paramétricos considerados podem ser obtidas no R por meio dos seguintes comandos:

```
> t1<-0:50
> b0<-fit1$coefficients[1]
> b1<-fit1$coefficients[2]
> s<- fit1$scale
> a1<- t1-(b0+b1)
> e1<- exp(a1/s)
> st1<-1/(1+e1)
```

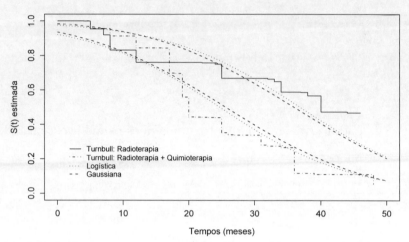

Figura 8.3: Sobrevivência estimada usando-se o algoritmo de Turnbull e os modelos de regressão logístico e gausssiano para os dados de câncer de mama.

```
> t2<-0:50
> a2<- t2-(b0)
> e2<- exp(a2/s)
> st2<-1/(1+e2)
> plot(t1,st1,type="l",lty=3,ylim=range(c(0,1)),xlab="Tempos",ylab="S(t) estimada")
> lines(t2,st2,type="l",lty=3)
> t1<-0:50
> b0<-fit2$coefficients[1]
> b1<-fit2$coefficients[2]
> s<- fit2$scale
> a1<- t1-(b0+b1)
> st11<- 1-pnorm(a1/s)
> t2<-0:50
> a2<-t2-(b0)
> st22<- 1 -pnorm(a2/s)
> lines(t2,st22,type="l",lty=2)
> lines(t1,st11,type="l",lty=2)
> legend(1,0.2,lty=c(3,2),c("Logística", "Gaussiana"),lwd=1,bty="n",cex=0.8)
```

8.4 Modelo Semiparamétrico

Outro modelo de interesse na análise de dados de sobrevivência intervalar é o modelo de Cox. Como já discutido no Capítulo 5, este modelo é bastante

8.4. Modelo Semiparamétrico

popular, em especial na área médica, devido à presença do componente não-paramétrico.

De acordo com o que foi exposto na Seção 8.3 sobre a contribuição de cada indivíduo para a função de verossimilhança, tem-se para o modelo de Cox, no contexto de sobrevivência intervalar, que esta respectiva função fica escrita como:

$$
\begin{aligned}
L(\theta) &= \prod_{i=1}^{n} [S(\ell_i \mid \mathbf{x}_i) - S(u_i \mid \mathbf{x}_i)] \\
&= \prod_{i=1}^{n} \left[[S_0(\ell_i)]^{\exp\{\mathbf{x}_i'\boldsymbol{\beta}\}} \right] - \left[[S_0(u_i)]^{\exp\{\mathbf{x}_i'\boldsymbol{\beta}\}} \right] \\
&= \prod_{i=1}^{n} \left[[1 - F_0(\ell_i)]^{\exp\{\mathbf{x}_i'\boldsymbol{\beta}\}} \right] - \left[[1 - F_0(u_i)]^{\exp\{\mathbf{x}_i'\boldsymbol{\beta}\}} \right],
\end{aligned}
$$

em que ℓ_i e u_i são, respectivamente, os limites inferior e superior do intervalo de tempo observado para o i-ésimo indivíduo, $S_0(\cdot)$ é a função de sobrevivência de base e $F_0(\cdot)$ a respectiva função de distribuição de base.

Para maximizar o logaritmo dessa função de verossimilhança, isto é, maximizar $\mathcal{L}(\theta) = \log L(\theta)$, com $\theta = (F_0, \boldsymbol{\beta})$, Pan (1999) propôs estender o algoritmo iterativo do minorante convexo (ICM) para o modelo de Cox no contexto de dados de sobrevivência intervalar. O objetivo do algoritmo ICM é maximizar $\mathcal{L}(\theta)$, por meio de um algoritmo modificado de Newton-Raphson. As derivadas de primeira ordem necessárias para a maximização são:

$$
\nabla_1 \mathcal{L} = \frac{\partial \mathcal{L}(F_0, \boldsymbol{\beta})}{\partial F_0} \qquad \text{e} \qquad \nabla_2 \mathcal{L} = \frac{\partial \mathcal{L}(F_0, \boldsymbol{\beta})}{\partial \boldsymbol{\beta}}.
$$

Como $S_0 = [1 - F_0] = \exp\{-\Lambda_0\}$, com Λ_0 a função de taxa de falha acumulada de base, a derivada de $\mathcal{L}(\theta)$ com respeito a F_0 corresponde à derivada do logaritmo da função de verossimilhança com respeito ao vetor dos valores da função de taxa de falha acumulada de base. A derivada com respeito a $\boldsymbol{\beta}$ é a derivada usual do logaritmo da função de verossimilhança com respeito aos componentes de $\boldsymbol{\beta}$. No $(k+1)$-ésimo passo, a atualização de F_0 e $\boldsymbol{\beta}$ é obtida por:

$$F_0^{(k+1)} \;=\; \mathrm{Proj}\Big[F_0^{(k)} + \alpha^{(k)} G_1\big(F_0^{(k)}, \boldsymbol{\beta}^{(k)}\big)^{-1} \nabla_1 \mathcal{L}\big(F_0^{(k)}, \boldsymbol{\beta}^{(k)}\big), G_1\big(F_0^{(k)}, \boldsymbol{\beta}^{(k)}\big), \mathcal{R}\Big]$$

$$\boldsymbol{\beta}^{(k+1)} \;=\; \boldsymbol{\beta}^{(k)} + \alpha^{(k)} G_2\big(F_0^{(k)}, \boldsymbol{\beta}^{(k)}\big)^{-1} \nabla_2 \mathcal{L}\big(F_0^{(k)}, \boldsymbol{\beta}^{(k)}\big),$$

em que $G_1(F_0, \boldsymbol{\beta})$ e $G_2(F_0, \boldsymbol{\beta})$ são as correspondentes matrizes diagonais do negativo das derivadas de segunda ordem, $\mathcal{R} = \{F_0 : F_0$ não-descrescente e entre 0 e 1$\}$, Proj é a projeção definida por:

$$\mathrm{Proj}[y, G, \mathcal{R}] = \arg\min_x \Big\{ \sum_{i=1}^{m} (y_i - x_i)^2 G_{ii} : 0 \leq x_1 \leq \cdots \leq x_m \leq 1 \Big\},$$

e $\alpha^{(k)}$ é uma constante que pode ser escolhida tomando-se:

$$\alpha^{(k)} = \max\Big\{ 1/2^i : \mathcal{L}\big(F_0^{(k+1)}, \boldsymbol{\beta}^{(k+1)}\big) > \mathcal{L}\big(F_0^{(k)}, \boldsymbol{\beta}^{(k)}\big), i = 0, 1, 2, \ldots \Big\}.$$

A projeção sobre $\mathcal{R}$ ponderada por G é usada para assegurar que $F_0^{(k+1)}$ continue sendo uma função de distribuição.

Valores iniciais são obtidos considerando-se os dados como censurados à direita e usando-se o modelo de Cox clássico. Assim, um evento que ocorreu no intervalo $(\ell_i, u_i]$ é interpretado como um evento observado no tempo $t_i = u_i$. Por outro lado, um evento no intervalo (ℓ_i, ∞) é interpretado como uma censura à direita no tempo $t_i = \ell_i$. O estimador de Breslow (5.9) é usado para obtenção dos valores iniciais de Λ_0. Para a constante $\alpha^{(k)}$, toma-se o valor inicial 1. Mais informações sobre o algoritmo ICM para o modelo de Cox no contexto de dados de sobrevivência intervalar podem ser encontradas em Pan (1999).

8.4.1 Modelo de Cox para os Dados de Câncer de Mama

Nesta seção, o modelo de Cox para dados de sobrevivência intervalar é ajustado aos dados de câncer de mama. Para obtenção das estimativas de F_0 e $\boldsymbol{\beta}$, Henschel et al. (2004) implementaram no pacote estatístico R o algoritmo ICM, descrito brevemente na Seção 8.4. Um procedimento

8.4. Modelo Semiparamétrico

para obtenção dos intervalos de confiança *bootstrap* para os coeficientes de regressão $\boldsymbol{\beta}$ foi também implementado e disponibilizado por estes autores. Este procedimento é apresentado nesta seção.

Considerando-se, então, para os dados de câncer de mama a covariável tratamento que assume os valores $x = 1$, se radioterapia, e $x = 0$, se radioterapia + quimioterapia, foi ajustado, por meio do algoritmo ICM e para $T \in (L, U]$, o modelo de Cox expresso por:

$$\lambda(t \mid x) = \lambda_0(t) \exp\{\beta_1 x\}.$$

A estimativa obtida foi $\widehat{\beta}_1 = -0,776$. Os comandos utilizados no R para esse propósito foram:

```
> breast<-read.table("http://www.ufpr.br/~giolo/Livro/ApendiceA/breast.txt", h=T)
> attach(breast)
> require(survival)
> require(intcox)              # função intcox disponível em www.r-project.org
> fit1 <- intcox(Surv(left, right, type = "interval2") ~ ther, data = breast)
> summary(fit1)
```

O intervalo *bootstrap* de 95% de confiança para β_1, fazendo-se uso de 1000 reamostragens, foi de $(-1, 41; -0, 23)$. Este intervalo, que usa os quantis da distribuição *bootstrap* de $\widehat{\beta}_1$, foi obtido no R por:

```
> id<-1:nrow(breast)
> set.seed(123)
> pat <- unique(id)
> intcox.boot.AA <- function(i, form) {
                 boot.sample <- sample(pat, length(pat), replace = T)
                 data.ind <- unlist(lapply(boot.sample, function(x, yy)
                            which(yy ==x), yy = id))
       data.sample <- breast[data.ind, ]
       boot.fit <- intcox(form, data = data.sample, no.warnings = TRUE)
       return(list(coef = coef(boot.fit), term = boot.fit$termination))
 }
> n.rep <- 1000                # Obs: usar no minimo 999
> AA.boot <- lapply(1:n.rep, intcox.boot.AA, form = Surv(left,
> right, type = "interval2") ~ ther)
> AA.boot <- matrix(unlist(AA.boot), byrow = T, nrow = n.rep)
```

```
> colnames(AA.boot) <- c(names(coef(fit1)), "termination")
> inf.level <- 0.05
> ther.ord <- order(AA.boot[, "ther"])
> pos.lower <- ceiling((n.rep + 1) * (inf.level/2))
> pos.upper <- ceiling((n.rep + 1) * (1 - inf.level/2))
> ci.ther <- AA.boot[ther.ord, "ther"][c(pos.lower, pos.upper)]
> ci.ther
```

A partir dos resultados apresentados, e supondo que o modelo apresente um ajuste satisfatório, existem evidências de efeito do tratamento, uma vez que o valor zero não pertence ao intervalo de confiança *bootstrap* apresentado.

As curvas de sobrevivência estimadas pelo algoritmo de Turnbull e pelo modelo de Cox podem ser visualizadas na Figura 8.4.

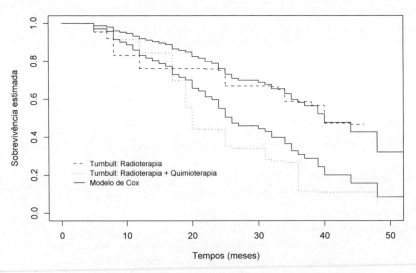

Figura 8.4: Curvas de sobrevivência usando-se o método não-paramétrico de Turnbull e o modelo de Cox para dados de sobrevivência intervalar.

A partir da Figura 8.4, pode-se observar indicações de que o modelo de Cox não é adequado, similar ao que foi observado para os modelos paramétricos ajustados para esses dados na Seção 8.3.1. As curvas estimadas pelo modelo de Cox apresentadas nesta figura foram obtidas por:

8.4. Modelo Semiparamétrico

```
> surv.base <- exp(-fit1$lambda0)
> plot(fit1$time.point,surv.base,type="s",xlab="Tempos (meses)",ylab="S(t|x)",lty=1)
> lines(fit1$time.point,surv.base^exp(fit1$coefficients["ther"]),type="s",lty=1)
> legend(1, 0.15,lty = 1,c("Modelo de Cox"),bty="n",cex=0.8)
```

Há, também, indicações de que a suposição de taxas de falha proporcionais para o modelo de Cox ajustado não se encontra satisfeita. Note que as curvas de $\log(\Lambda_0(t)) = \log(-\log(S_0(t)))$ versus t apresentadas na Figura 8.5 se cruzam, indicando a violação da referida suposição. Para obtenção dessas curvas, $S_0(t)$ foi estimada pelo algoritmo de Turnbull apresentado na Seção 8.2.

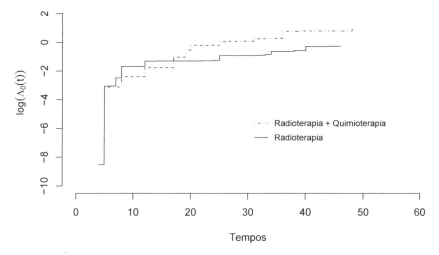

Figura 8.5: $\log(\Lambda_0(t))$ versus t para os dados de câncer de mama.

De modo geral, as estimativas das curvas de sobrevivência obtidas pelo método não-paramétrico de Turnbull são as que se apresentaram mais adequadas aos dados desse estudo e indicam o tratamento realizado somente com radioterapia como sendo o que produziu resultados menos traumáticos para as pacientes.

264   *Capítulo 8. Censura Intervalar e Dados Grupados*

8.5   Dados Grupados

Dados grupados podem ser considerados um caso particular de dados de censura intervalar quando todas as unidades amostrais são avaliadas nos mesmos tempos. Muitas vezes, este tipo de dado é identificado por um número excessivo de empates. O exemplo do efeito protetor do fungo apresentado na Seção 1.5.6 ilustra a situação de dados grupados. O pesquisador visitava o laboratório uma vez por dia e, como o tempo de vida dos camundongos é curto, os dados ficaram grupados. Ou seja, aconteceram várias mortes no mesmo dia e estes tempos são ditos empatados. Neste caso, a unidade de medida utilizada na mensuração dos tempos de falha (dia) é grosseira para este estudo. Se tivesse havido um acompanhamento mais rígido com visitas horárias, os tempos certamente não seriam mais grupados. O estudo das mangueiras apresentado na Seção 1.5.8 é outro exemplo de dados grupados. As mangueiras foram visitadas somente 12 vezes ao longo de todo tempo de acompanhamento. Na ocasião da visita, todas as mangueiras eram avaliadas. Como havia poucos tempos de observação e, portanto, muitos tempos de falha no mesmo intervalo, os dados são grupados.

Existem duas propostas na literatura para o tratamento de dados grupados ou empatados: (1) utilizar aproximações para a função de verossimilhança parcial no contexto do modelo de taxas de falha proporcionais ou (2) utilizar modelos de regressão discretos (Lawless, 2003). Estas abordagens são apresentadas nas próximas seções.

8.6   Aproximações para a Verossimilhança Parcial

No Capítulo 5, foi apresentada uma aproximação para a função de verossimilhança parcial, a aproximação de Breslow. Outras aproximações existentes na literatura são discutidas nesta seção.

Tempos de falha empatados geram problemas na estimação de β, porque

8.6. Aproximações para a Verossimilhança Parcial

a construção da função de verossimilhança parcial depende dos postos (ordem em seqüência crescente) dos tempos de falha. É razoável assumir que os empates são o resultado de medidas imprecisas, como discutido na Seção 8.5, e que, portanto, existe uma ordenação para os empates. Se essa ordenação dos tempos empatados fosse conhecida seria possível construir a função de verossimilhança parcial, já que ela depende somente dos postos das observações. Entretanto, na ausência de tal conhecimento deve-se considerar todas as possíveis permutações.

A função de verossimilhança parcial exata no contexto do modelo de Cox pode ser obtida para dados empatados. Ela depende da ordenação dos tempos distintos de falha (Peto, 1972) e deve ser utilizada em situações em que nestes tempos existam somente poucos empates. Algumas aproximações para a função de verossimilhança parcial foram propostas na literatura para acomodar os empates no modelo de taxas de falha proporcionais, pois os cálculos ficam extremamente complexos quando o número de empates aumenta em um certo tempo de falha. As aproximações e a função de verossimilhança parcial exata devem somente ser utilizadas na presença de poucos empates (Lawless, 2003). A aproximação de Breslow, expressão (5.8), foi apresentada na Seção 5.3. Nesta seção, será apresentada a função de verossimilhança parcial exata na presença de empates e a aproximação de Efron (1977).

Como ilustração para a construção da função de verossimilhança parcial exata, considere os dados apresentados na Tabela 8.5. Para esses dados existem três tempos distintos de falha: 5, 8 e 10. No tempo $t = 5$ ocorrem duas observações empatadas e, desse modo, a contribuição para a função de verossimilhança parcial é:

$$\frac{\psi_1\psi_2}{\psi_1\psi_2 + \psi_1\psi_3 + \psi_1\psi_4 + \psi_1\psi_5 + \psi_2\psi_3 + \psi_2\psi_4 + \psi_2\psi_5 + \psi_3\psi_4 + \psi_3\psi_5 + \psi_4\psi_5},$$

em que os valores dos ψ's estão definidos na Tabela 8.5. No tempo $t = 8$

ocorre um empate de uma observação que falhou com outra que foi censurada. Neste caso, usa-se a convenção de que o tempo de censura é maior do que o tempo de falha e a contribuição para a função de verossimilhança parcial é da forma usual, sem empates,

$$\frac{\psi_3}{\psi_3 + \psi_4 + \psi_5}.$$

Finalmente, tem-se o terceiro tempo distinto de falha em $t = 10$, em que não se têm empates. Nesse caso, a contribuicao para a função de verossimilhança parcial é 1, pois tem-se ψ_5/ψ_5. A função de verossimilhança parcial exata é, então, o produto dos termos apresentados. A forma geral desta função é apresentada a seguir.

Tabela 8.5: Exemplo de um banco de dados com observações empatadas.

Indivíduo	Tempo de Vida	Indicadora de Falha	Covariável	Termo
1	5	1	10	$\psi_1 = \exp(10\beta)$
2	5	1	18	$\psi_2 = \exp(18\beta)$
3	8	1	15	$\psi_3 = \exp(15\beta)$
4	8	0	21	$\psi_4 = \exp(21\beta)$
5	10	1	25	$\psi_5 = \exp(25\beta)$

Considere que d_i indivíduos falham no mesmo tempo t_i, $i = 1, ..., k$, em que $t_1 < ... < t_k$ e $\sum_{i=1}^{k} d_i = d$. O posto dos tempos de vida destes indivíduos que falham em t_i é menor do que o daqueles que falham em t_j ($i < j$). Entretanto, o arranjo das ordens dos d_i indivíduos é desconhecido. Considere cada uma das possibilidades por A_s, com $s = 1, ..., d_i!$ e $G_i = Pr(A_1 \cup A_2 ... \cup A_{d_i}) = \sum_{s=1}^{d_i!} Pr(A_s)$. Desse modo, a função de verossimilhança parcial exata considerando empates é dada por:

$$L(\boldsymbol{\beta}) = \prod_{i=1}^{k} G_i = \prod_{i=1}^{k} \left[\exp\{\mathbf{s}_i'\boldsymbol{\beta}\} \sum_{P \in Q_i} \prod_{r=1}^{d_i} \left(\sum_{l \in R(t_i, p_r)} \exp\{\mathbf{x}_l'\boldsymbol{\beta}\} \right)^{-1} \right], \quad (8.2)$$

8.6. Aproximações para a Verossimilhança Parcial

em que: Q_i é o conjunto das permutações dos símbolos $i_1, \ldots, i_{d_i}$; $P = (p_1, \ldots, p_{d_i})$ é um elemento de Q_i; $R(t_i, p_r)$ é o conjunto diferença $R_i - (p_1, \ldots, p_{r-1})$; $\mathbf{s}_i = \sum_{l \in D_i} \mathbf{x}_l$ e D_i é o conjunto dos indivíduos que falham no tempo t_i.

Computacionalmente, a equação (8.2) fica extremamente complexa se o número de empates for grande em qualquer tempo de falha. As aproximações surgiram para minimizar esse problema. A aproximação de Breslow é, sem dúvida, a mais popular e implementada na maior parte dos pacotes estatísticos que ajustam o modelo de taxas de falha proporcionais. Ela foi apresentada na Seção 5.3.

Efron (1977) sugeriu uma aproximação alternativa, que é dada por:

$$L(\boldsymbol{\beta}) = \prod_{i=1}^{k} \frac{\exp\{\mathbf{s}_i'\boldsymbol{\beta}\}}{\prod_{r=1}^{d_i} \left[\left\{ \sum_{l \in R_i} \exp\{\mathbf{x}_l'\boldsymbol{\beta}\} \right\} - (r-1)d_i^{-1}\left\{ \sum_{l \in D_i} \exp\{\mathbf{x}_l'\boldsymbol{\beta}\} \right\} \right]}. \quad (8.3)$$

Outras aproximações para a função de verossimilhança parcial foram propostas na literatura (Kalbfleisch e Prentice, 1973, Farewell e Prentice, 1980). No entanto, a aproximação de Efron é a que usualmente mais se aproxima da exata e a de Breslow, por sua simplicidade, é a mais utilizada na prática.

Utilizando simulações de Monte Carlo, Hertz-Picciotto e Rockhill (1997) compararam as aproximações de Breslow, de Efron e de Kalbfleisch e Prentice. Concluíram que a aproximação de Efron apresenta uma performance melhor do que as outras duas, especialmente para tamanhos de amostra pequenos. Este resultado foi confirmado por Chalita et al. (2002) que compararam as aproximações de Breslow e Efron. Quando o número de empates é pequeno, as aproximações produzem resultados similares e, na ausência de empates, elas se reduzem à função de verossimilhança parcial (5.6).

268   Capítulo 8. Censura Intervalar e Dados Grupados

8.7 Modelos de Regressão Discretos

A natureza discreta dos tempos de falha deve ser explicitamente reconhe-
cida quando existe um grande número de empates. Métodos para tratar
dados discretos ou grupados são apresentados por Lawless (2003) e Collett
(2003a). Eles são simples de serem entendidos e facilmente calculados em
pacotes comerciais, como o R e o GLIM (Aitkin et al., 1989). A estrutura
de regressão é especificada em termos da probabilidade de um indivíduo
sobreviver a um certo tempo condicional a sua sobrevivência ao tempo de
visita anterior. Dois modelos são considerados na literatura: (1) assumindo
que os tempos latentes de falha vêm de um modelo de taxas de falha proporcionais contínuo (Prentice e Gloeckler, 1978) ou (2) de um modelo de
chances proporcionais (Hosmer e Lemeshow, 2000).

Considere que os tempos de vida são grupados em k intervalos denotados
por $I_i = [a_{i-1}, a_i)$, $i = 1, \ldots, k$, em que $0 = a_0 < a_1 < \ldots < a_k = \infty$, e
assuma que as censuras ocorrem no final do intervalo. Seja R_i o conjunto
de indivíduos em risco em a_{i-1} e δ_{li} uma variável indicadora para o tempo
de vida do l-ésimo indivíduo no I_i-ésimo intervalo de tempo, ($\delta_{li} = 0$, se
for censurado e $\delta_{li} = 1$, caso contrário). A função de verossimilhança é
freqüentemente escrita em termos da probabilidade de morte (falha) do l-
ésimo indivíduo em I_i, dado que ele estava vivo em a_{i-1} e os valores das
covariáveis $\mathbf{x}_l$, ou seja,

$$p_i(\mathbf{x}_l) = P[T_l < a_i \mid T_l \geq a_{i-1}, \mathbf{x}_l]. \tag{8.4}$$

Então, a função de verossimilhança pode ser obtida considerando as
covariáveis $\mathbf{x}_l$ tal que: (1) a contribuição de uma observação não-censurada
(em I_i) para a função de verossimilhança é:

$$\Big[\{1 - p_1(\mathbf{x}_l)\} \ldots \{1 - p_{i-1}(\mathbf{x}_l)\}\Big] p_i(\mathbf{x}_l)$$

e (2) a contribuição de uma observação censurada (em a_i) para a função
de verossimilhança é:

$$\Big[\{1 - p_1(\mathbf{x}_l)\} \ldots \{1 - p_i(\mathbf{x}_l)\}\Big].$$

8.7. Modelos de Regressão Discretos

A função de verossimilhança é, então, dada por:

$$\prod_{i=1}^{k} \prod_{l \in R_i} \{p_i(\mathbf{x}_l)\}^{\delta_{li}} \{1 - p_i(\mathbf{x}_l)\}^{(1-\delta_{li})}. \tag{8.5}$$

A equação (8.5) corresponde à função de verossimilhança de uma variável aleatória com uma distribuição de Bernoulli, cuja variável resposta é δ_{li} e a probabilidade de sucesso é $p_i(\mathbf{x}_l)$. A estrutura de regressão representada pela probabilidade $p_i(\mathbf{x}_l)$ em (8.5) pode ser modelada por meio de um modelo de taxas de falha proporcionais ou de chances proporcionais (Collett, 1991). A seguir são apresentados os dois modelos para $p_i(\mathbf{x}_l)$.

8.7.1 Modelo de Taxas de Falha Proporcionais

Assumindo o modelo de taxas de falha proporcionais de Cox para o tempo de vida T, a função de sobrevivência tem a seguinte forma:

$$S(t \mid \mathbf{x}_l) = \exp\left\{-\int_0^t \lambda(u \mid \mathbf{x})\, du\right\} = [S_0(t)]^{\exp\left\{\mathbf{x}_l' \boldsymbol{\beta}\right\}}, \tag{8.6}$$

em que $S_0(t)$ é a função de sobrevivência de base. Então, $p_i(x_l)$ assume a seguinte forma:

$$p_i(\mathbf{x}_l) = 1 - \gamma_i^{\exp\left\{\mathbf{x}_l' \boldsymbol{\beta}\right\}}, \tag{8.7}$$

em que $\gamma_i = S_0(a_i)/S_0(a_{i-1})$, para $i = 1, \ldots, k$.

O modelo (8.7) pode ser linearizado utilizando-se uma transformação complemento log-log. Isto é,

$$\log[-\log\{1 - p_i(\mathbf{x}_l)\}] = \gamma_i^* + \mathbf{x}_l' \boldsymbol{\beta} = \eta_{li},$$

em que $\gamma_i^* = \log(-\log \gamma_i)$ é o efeito do i-ésimo intervalo e η_{li}, para $i = 1, \ldots, k$ e $l = 1, \ldots, n$, é o preditor linear.

A função de verossimilhança para este modelo é obtida substituindo-se (8.7) na equação (8.5) e, então, o logaritmo da função de verossimilhança, $\mathcal{L}(\boldsymbol{\beta}, \gamma)$, pode ser escrito como:

$$\mathcal{L}(\boldsymbol{\beta}, \gamma) = \sum_{i=1}^{k} \sum_{l \in R_i} \left[\delta_{li} \log \left(1 - \gamma_i^{\exp\left\{ \mathbf{x}_l'\boldsymbol{\beta} \right\}} \right) + (1 - \delta_{li}) \log \left(\gamma_i^{\exp\left\{ \mathbf{x}_l'\boldsymbol{\beta} \right\}} \right) \right]. \quad (8.8)$$

Prentice e Gloeckler (1978) sugeriram o uso da seguite reparametrização $\gamma_i^* = \log(-\log(\gamma_i))$, que torna os γ_i^*s irrestritos e a convergência do processo iterativo de estimação dos parâmetros mais rápida.

A expressão (8.8) reparametrizada é dada por:

$$\mathcal{L} = \sum_{i=1}^{k} \sum_{l \in R_i} \left[-(1 - \delta_{li}) \exp\left\{ \gamma_i^* + \mathbf{x}_l'\boldsymbol{\beta} \right\} + \delta_{li} \log \left(1 - \exp\left\{ -\exp\{\gamma_i^* + \mathbf{x}_l'\boldsymbol{\beta}\} \right\} \right) \right].$$

8.7.2 Modelo Logístico

Assumindo o modelo logístico para o tempo de vida T, tem-se que:

$$p_i(\mathbf{x}_l) = 1 - \left(1 + \gamma_i \exp\{\mathbf{x}_l'\boldsymbol{\beta}\} \right)^{-1} \quad (8.9)$$

em que $\gamma_i = p_i(0)/\{1 - p_i(0)\}$, para $i = 1, \dots, k$.

O modelo (8.9) pode ser linearizado usando-se uma transformação *logito*, tal que:

$$\log \left(\frac{p_i(\mathbf{x}_l)}{1 - p_i(\mathbf{x}_l)} \right) = \gamma_i^* + \mathbf{x}_l'\boldsymbol{\beta} = \eta_{li},$$

em que $\gamma_i^* = \log(\gamma_i)$ é o efeito do i-ésimo intervalo de tempo. Desta forma, esses dois modelos podem ser ajustados usando-se métodos usuais para a modelagem de resposta binária.

Substituindo-se (8.9) na equação (8.5) da função de verossimilhança, obtém-se o modelo de chances proporcionais para dados grupados. O logaritmo da função de verossimilhança para este modelo pode, então, ser escrito como:

$$\log L(\boldsymbol{\beta}, \gamma) = \sum_{i=1}^{k} \sum_{l \in R_i} \left[\log \left(\left(1 + \gamma_i \exp\{\mathbf{x}_l'\boldsymbol{\beta}\} \right)^{-1} \right) + \delta_{li} \left(\log \gamma_i + \mathbf{x}_l'\boldsymbol{\beta} \right) \right] \quad (8.10)$$

8.8. Aplicação: Ensaio de Vida de Mangueiras

A reparametrização $\gamma_i^* = \log(\gamma_i)$ é indicada para acelerar a convergência do método numérico de estimação dos parâmetros e a aproximação normal para a distribuição dos estimadores. O logaritmo da função de verossimilhança utilizando-se esta reparametrização é dada por:

$$\log(L(\boldsymbol{\beta}, \gamma^*)) = \sum_{i=1}^{k} \sum_{l \in R_i} \left[-\log\left(1 + \exp\{\gamma_i^* + \mathbf{x}_l'\boldsymbol{\beta}\}\right) + \delta_{li}\left(\gamma_i^* + \mathbf{x}_l'\boldsymbol{\beta}\right) \right].$$

O vetor escore que corresponde às derivadas de $\log L(\cdot)$ é dado por:

$$\frac{\partial \log(L(\boldsymbol{\beta}, \gamma^*))}{\partial \beta_r} = \sum_{i=1}^{k} \sum_{l \in R_i} \left[\delta_{li} x_{lr} - \frac{x_{lr} \exp(\gamma_i^* + \mathbf{x}_l'\boldsymbol{\beta})}{1 + \exp(\gamma_i^* + \mathbf{x}_l'\boldsymbol{\beta})} \right] \quad (8.11)$$

$$\frac{\partial \log(L(\boldsymbol{\beta}, \gamma^*))}{\partial \gamma_i^*} = \sum_{i=1}^{k} \sum_{l \in R_i} \left[\delta_{li} - \frac{\exp(\gamma_i^* + \mathbf{x}_l'\boldsymbol{\beta})}{1 + \exp(\gamma_i^* + \mathbf{x}_l'\boldsymbol{\beta})} \right], \quad (8.12)$$

para $r = 1, \ldots, p$ e $i = 1, \ldots, k$. As equações de máxima verossimilhança obtidas igualando-se o vetor escore a zero podem ser resolvidas usando-se o método iterativo de Newton-Raphson.

8.8 Aplicação: Ensaio de Vida de Mangueiras

Na Seção 1.5.8 foram apresentados os dados referentes aos tempos de vida de mangueiras. O experimento consistiu de um fatorial completamente aleatorizado em blocos completos, que teve por objetivo verificar a resistência das mangueiras à seca da mangueira. O experimento (fatorial 6×7) foi realizado com 6 copas (Extrema, Oliveira, Pahiri, Imperial, Carlota e Bourbon) enxertadas sobre 7 porta-enxertos (Espada, Extrema, Oliveira, Carlota, Pahiri, Coco e Bourbon). Todas as 42 combinações foram replicadas em 5 diferentes blocos. Os blocos caracterizavam cinco diferentes localidades (fazendas).

A resposta foi medida em anos e os tempos de vida apresentaram um número grande de empates. No estudo foram acompanhadas 210 mangueiras

272 *Capítulo 8. Censura Intervalar e Dados Grupados*

e aconteceram 154 mortes ao longo dos 21 anos de acompanhamento. Isto significa que 56 mangueiras ainda estavam vivas no final do estudo.

A fim de se ter uma idéia do comportamento dos dados foi feita, inicialmente, uma tabela que descreve os tempos de vida, desconsiderando-se as covariáveis. A Tabela 8.6 mostra que o único intervalo que não apresenta tempos de vida empatados é o terceiro e os demais apresentam vários empates. Isto é uma indicação de que os modelos discretos podem ser adequados nesta situação. Os resultados apresentados na Tabela 8.6 foram obtidos no R usando-se os comandos a seguir:

```
> mang<-read.table("http://www.ufpr.br/~giolo/Livro/ApendiceA/mang.txt",h=T)
> attach(mang)
> require(survival)
> ekm<-survfit(Surv(ti,cens)~1,conf.type="none")
> summary(ekm)
```

Os modelos discreto de taxas de falha proporcionais e logístico foram utilizados na análise dos dados. As representações desses modelos são, respectivamente,

$$\log(-\log(1 - p_i(\mathbf{x}_{rsq}))) = \gamma_i^* + \alpha_r + \omega_s + (\alpha * \omega)_{rs} + \tau_q \qquad (8.13)$$

e

$$\log\left(\frac{p_i(\mathbf{x}_{rsq})}{1 - p_i(\mathbf{x}_{rsq})}\right) = \log(\gamma_i) + \alpha_r + \omega_s + (\alpha * \omega)_{rs} + \tau_q \qquad (8.14)$$

em que γ_i^* e $\log(\gamma_i)$ representam o efeito do i-ésimo intervalo de tempo para $i = 1, \ldots, 12$; α_r representa o efeito da r-ésima copa, $r = 1, \ldots, 6$; ω_s representa o efeito do s-ésimo porta-enxerto, $s = 1, \ldots, 7$; $(\alpha * \omega)_{rs}$ representa o efeito da interação e τ_q representa o efeito do q-ésimo bloco, $q = 1, \ldots, 5$.

Os testes da razão de verossimilhanças para os efeitos considerados em ambos os modelos estão apresentados na Tabela 8.7. Desta tabela, pode-se observar que os resultados obtidos para os dois modelos estão em concordância. Isto é uma indicação de que ambos os modelos podem ser utilizados na análise com resultados provavelmente equivalentes. Esta conclusão

8.8. Aplicação: Ensaio de Vida de Mangueiras

Tabela 8.6: Descrição dos tempos de vida das mangueiras desconsiderando-se as covariáveis.

Intervalo de tempo de vida $[a_{i-1}, a_i)$	No. de mortes	No. sob risco	$\widehat{S}(t)$	Erro padrão de $\widehat{S}(t)$
$[0; 2)$	12	210	1	0
$[2; 3)$	8	198	0,943	0,0160
$[3; 4)$	1	190	0,905	0,0203
$[4; 10)$	8	189	0,900	0,0207
$[10; 12)$	2	181	0,862	0,0238
$[12; 14)$	23	179	0,852	0,0245
$[14; 15)$	13	156	0,743	0,0302
$[15; 16)$	16	143	0,681	0,0322
$[16; 17)$	28	127	0,605	0,0337
$[17; 18)$	10	99	0,471	0,0344
$[18; 19)$	27	89	0,424	0,0341
$[19; 21)$	6	62	0,295	0,0315
$[21; \infty)$	-	56	0,267	0,0305

é obtida por Colosimo et al. (2000), que utilizaram testes escores para discriminar entre os dois modelos. Os resultados apresentados na Tabela 8.7 foram obtidos no R utilizando-se os comandos a seguir:

```
> mang1<-read.table("http://www.ufpr.br/~giolo/Livro/ApendiceA/dadmang.txt",h=T)
> attach(mang1)       # obtenção de dadmang.txt no Apêndice A5
> require(survival)
> fit1<-glm(y~-1+int1+int2+int3+int4+int5+int6+int7+int8+int9+int10+int11+int12+
                factor(bloco,levels=5:1)+ factor(copa)+ factor(cavalo)+
                factor(copa)*factor(cavalo),family=binomial(link="cloglog"))
> anova(fit1)
> fit2<-glm(y~-1+int1+int2+int3+int4+int5+int6+int7+int8+int9+int10+int11+int12+
                factor(bloco,levels=5:1)+ factor(copa)+ factor(cavalo)+
                factor(copa)*factor(cavalo),family=binomial(link="logit"))
> anova(fit2)
```

274 Capítulo 8. Censura Intervalar e Dados Grupados

Verifica-se que não existe efeito da interação entre porta-enxerto e copa, bem como do porta-enxerto. Ou seja, esses fatores não influenciaram os tempos de vida das mangueiras. Por outro lado, existe um efeito significativo das copas.

Tabela 8.7: Testes da razão de verossimilhanças (TRV) para os modelos de taxas de falha proporcionais de Cox e logístico para os dados das mangueiras.

Causas de variação	g.l.	Tx Falhas Proporcionais TRV (valor p)	Logístico TRV (valor p)
intervalo de tempo	11	155,8 (<0,0001)	152,17 (<0,0001)
bloco	4	11,1 (0,02546)	10,53 (0,03238)
copa	5	26,8 (6,24e-5)	24,61 (0,00016)
porta-enxerto	6	7,5 (0,27706)	8,39 (0,21090)
interação	30	29,0 (0,51759)	27,46 (0,59902)

O modelo adequado para este conjunto de dados é, portanto, o que inclui os efeitos de: blocos, intervalos de tempo e copas. Para este modelo, são apresentadas na Tabela 8.8 as estimativas de seus parâmetros. Observando as estimativas, pode-se dizer que o $11^{\underline{o}}$ intervalo foi o que apresentou, em ambos os modelos, maior efeito sobre a probabilidade de sobrevivência $(1 - p_i(\mathbf{x}_l))$. Espera-se, desse modo, que a probabilidade de sobrevivência neste intervalo seja menor do que nos demais, em todas as combinações de blocos com variedades de copas.

A partir das estimativas dos coeficientes $\boldsymbol{\beta}$, isto é, dos parâmetros dos modelos (8.13) e (8.14), pode-se obter a razão de taxas de falha para as copas, $RTF = \exp\{\alpha_i\}$, para $i = 2, \ldots, 6$. As estimativas dessas razões de taxas de falha encontram-se na Tabela 8.9 e podem ser interpretadas, por exemplo, da seguinte forma:

- assumindo o modelo de Cox, a taxa de morte de uma mangueira da variedade de copa 6 é 2 vezes a das mangueiras da variedade de copa 1.

8.8. Aplicação: Ensaio de Vida de Mangueiras

Tabela 8.8: Valores estimados para os parâmetros dos intervalos (γ_i^*), dos blocos (τ_q) e das copas (α_r), nos modelos logístico e de Cox.

Parâmetros	Modelo Logístico		Modelo de Cox	
	estimativa	erro padrão	estimativa	erro padrão
γ_1^*	-3,089	0,408	-3,086	0,385
γ_2^*	-3,471	0,458	-3,449	0,459
γ_3^*	-5,563	1,041	-5,508	1,030
γ_4^*	-3,427	0,457	-3,401	0,433
γ_5^*	-4,806	0,765	-4,751	0,749
γ_6^*	-2,171	0,354	-2,201	0,324
γ_7^*	-2,609	0,401	-2,630	0,374
γ_8^*	-2,276	0,383	-2,280	0,351
γ_9^*	-1,349	0,344	-1,433	0,307
γ_{10}^*	-2,186	0,432	-2,217	0,403
γ_{11}^*	-0,782	0,360	-0,916	0,315
γ_{12}^*	-2,093	0,512	-2,104	0,480
τ_2	-0,00025	0,299	-0,025	0,277
τ_3	0,013	0,292	0,012	0,269
τ_4	0,615	0,280	0,576	0,254
τ_5	0,630	0,284	0,577	0,258
α_2	-0,653	0,318	-0,629	0,291
α_3	-0,033	0,307	-0,072	0,279
α_4	-0,304	0,309	-0,324	0,282
α_5	-0,384	0,318	-0,432	0,293
α_6	0,768	0,293	0,711	0,259

- assumindo o modelo logístico, a taxa de morte de uma mangueira da variedade de copa 6 é 2,2 vezes a das mangueiras da variedade de copa 1.

Sabendo-se que $p_i(\mathbf{x}_l)$ é a probabilidade de uma mangueira morrer no intervalo I_i, dado que ela sobreviveu ao intervalo anterior, I_{i-1}, pode-se

276   *Capítulo 8. Censura Intervalar e Dados Grupados*

Tabela 8.9: Valores estimados para as razões de taxas de falha.

Parâmetros	Modelo Logístico	Modelo de Cox
copa 2| copa 1=0	0,5204	0,5331
copa 3| copa 1=0	0,9675	0,9305
copa 4| copa 1=0	0,7378	0,7232
copa 5| copa 1=0	0,6811	0,6492
copa 6| copa 1=0	2,1554	2,0360

calcular as probabilidades ajustadas $1 - p_i(\mathbf{x}_l)$, para os modelos de Cox e logístico em cada bloco.

As variedades de copa podem ser comparadas, ao longo do ensaio, por meio de gráficos de $\widehat{S}(t \mid \mathbf{x}_l)$ *versus* o tempo para cada modelo e para cada variedade de copa. A Figura 8.6 apresenta o gráfico referente ao modelo de taxas de falha proporcionais de Cox e a Figura 8.7, o gráfico referente ao modelo logístico. Esses gráficos das probabilidades de sobrevivência em função dos intervalos de tempo foram construídos, para cada modelo, utilizando-se o bloco 1 para cada variedade de copa.

A partir das Figuras 8.6 e 8.7, pode-se observar os três seguintes grupos:

1. Oliveira é a variedade mais resistente,

2. Carlota, Imperial, Extrema e Pahiri apresentam uma resistência intermediária,

3. Bourbon é a variedade mais susceptível.

Os resultados apresentados na Tabela 8.8 foram obtidos no R usando-se o arquivo dadmang.txt (ver como obtê-lo no Apêndice A5) e os comandos a seguir:

```
> fit1<-glm(y~-1+int1+int2+int3+int4+int5+int6+int7+int8+int9+int10+ int11+int12+
            factor(bloco,levels=5:1)+factor(copa),family=binomial(link="cloglog"))
> summary(fit1)
```

8.8. Aplicação: Ensaio de Vida de Mangueiras

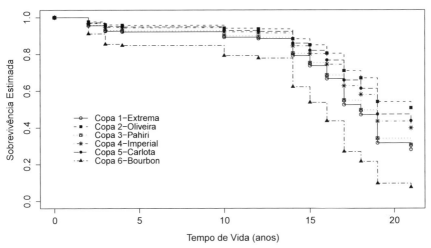

Figura 8.6: Sobrevivência estimada para cada copa no bloco 1, utilizando-se o modelo de taxas de falha proporcionais para os tempos de vida das mangueiras.

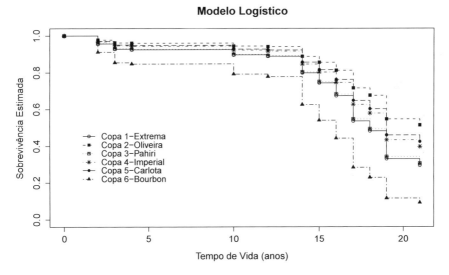

Figura 8.7: Sobrevivência estimada para cada copa no bloco 1, utilizando-se o modelo logístico para os tempos de vida das mangueiras.

```
> fit2<-glm(y~-1+int1+int2+int3+int4+int5+int6+int7+int8+int9+int10+int11+int12+
            factor(bloco,levels=5:1)+factor(copa),family=binomial(link="logit"))
> summary(fit2)
```

278   *Capítulo 8. Censura Intervalar e Dados Grupados*

8.9   Modelos Discretos ou Aproximações?

Na Seção 8.6, foram apresentadas aproximações para a função de verossimilhança parcial e foi afirmado que estas devem ser utilizadas somente na
presença de poucos empates (Lawless, 2003). Por outro lado, na Seção 8.7,
foram apresentados os modelos discretos, afirmando-se que os mesmos devem ser utilizados somente na presença de muitos empates. Existem situações em que é díficil classificar o número de empates como sendo grande ou
pequeno. Por exemplo, nos dados experimentais com camundongos apresentados na Seção 1.5.6, os tempos de vida foram registrados em dias e
havia alguns empates. Existiam 61 observações censuradas e 13 falhas distintas entre os 32 tempos de falha observados durante o período de estudo.
O número de empates é grande ou pequeno? Em outras palavras, é mais indicado utilizar o modelo de Cox na sua forma usual com uma aproximação
para a função de verossimilhança parcial, ou um modelo discreto?

Chalita et al. (2002) propõem uma regra empírica para tomar esta decisão. Baseado em extensivas simulações de Monte Carlo, eles propõem
uma regra baseada na seguinte definição para a proporção de empates:

$$pe = \frac{d-k}{n},$$

em que d é o número total de falhas e k é o número de falhas distintas.
Observe que, se não houver empates, $d = k$ e $pe = 0$. Por outro lado,
se todas as observações forem empatadas, $d = n$ e $k = 1$ e, então, $pe =
(n-1)/n$. Ou seja, neste caso, pe é basicamente igual à unidade. Esta
medida é uma quantidade chave para quantificar a proporção de empates
em uma amostra e decidir entre os modelos discretos e as aproximações
para a função de verossimilhança parcial.

A partir de simulações de Monte Carlos, Chalita et al. (2002) chegaram
às seguintes conclusões, utilizando pe e o erro quadrático médio (EQM):

(i) quando o número de empates diminui, o EQM decresce para os modelos contínuos e cresce para o modelos discretos;

8.9. Modelos Discretos ou Aproximações?

(ii) para os modelos contínuos, a forma exata é o melhor ajuste seguido das aproximações de Efron e Breslow. Este resultado está de acordo com aqueles obtidos por Hertz-Picciotto e Rockhill (1997);

(iii) para os modelos discretos, o modelo de Cox parece se ajustar melhor do que o logístico. Isto pode ser explicado pelo fato da distribuição de Weibull ter sido utilizada na simulação e esta ser um membro da família de taxas de falha proporcionais.

Uma sugestão empírica foi proposta pelos autores para decidir entre os modelos discretos e as aproximações para a função de verossimilhança parcial utilizando o valor de pe. A proposta está reproduzida na Tabela 8.10.

Tabela 8.10: Proposta empírica para a decisão entre os modelos discretos e as aproximações para a função de verossimilhança parcial.

pe (%)	Modelos
< 20	**Deve ser** usado o modelo contínuo com aproximações para a função de verossimilhança parcial
20 a 25	**Pode ser** usado o modelo contínuo com aproximações para a função de verossimilhança parcial
> 25	**Deve ser** usado um modelo discreto

No exemplo dos dados experimentais com camundongos apresentados na Seção 1.5.6, o valor de pe obtido foi de $0,204$ (20,4%). De acordo com a proposta empírica apresentada na Tabela 8.10, o modelo de Cox para dados contínuos pode ainda ser utilizado com uma aproximação para a função de verossimilhança parcial.

280   *Capítulo 8. Censura Intervalar e Dados Grupados*

8.10   Exercícios

1. Utilize o método iterativo de Turnbull para os dados apresentados na Tabela 8.6.

2. Utilizando o critério empírico apresentado na Seção 8.5, verifique se os modelos discretos necessitam ser utilizados para os dados dos tempos de vida das mangueiras.

3. Na Seção 8.5, constatou-se que o modelo de taxas de falha proporcionais de Cox com aproximação para a função de verossimilhança parcial pode ser utilizado na análise dos dados experimentais com camundongos. Ajuste este modelo.

Capítulo 9

Análise de Sobrevivência Multivariada

9.1 Introdução

Nos capítulos anteriores, foram apresentados diversos métodos estatísticos para a análise de dados de sobrevivência. Para todos eles, a suposição considerada foi a de que os tempos de sobrevivência de indivíduos distintos são independentes. Embora essa suposição seja válida para muitos estudos, ela pode ser inadequada para outros. Algumas vezes, os tempos de sobrevivência são observados em grupos ou conglomerados de indivíduos, e tais tempos, dentro de cada grupo, podem não ser mutuamente independentes. O tempo de sobrevivência quando observado, por exemplo, em gêmeos, em indivíduos de uma mesma família ou, ainda, em animais de uma mesma ninhada, caracterizam situações em que a suposição de independência dos tempos pode não ser válida. Em tais situações, é esperado que o comportamento dos tempos observados entre membros de uma mesma família apresente certas semelhanças que não seriam observadas entre indivíduos sem laços familiares. É, portanto, razoável supor, quando existe algum agrupamento natural ou artificial de indivíduos, que haja associação entre os tempos de um mesmo grupo.

282   *Capítulo 9. Análise de Sobrevivência Multivariada*

Existem, ainda, diversas outras situações em que a suposição de independência dos tempos pode não ser válida. Uma delas ocorre, por exemplo, quando cada indivíduo em estudo está sujeito a múltiplos eventos do mesmo tipo, conhecidos por eventos *recorrentes*, tais como ataques epiléticos ou ataques cardíacos, dentre outros. Nesses casos, mais de um tempo de sobrevivência é observado para cada indivíduo em estudo e, desse modo, é também razoável supor que exista associação entre os tempos de um mesmo indivíduo. Eventos de tipos diferentes, tais como múltiplas seqüelas em pacientes com doenças crônicas, descrevem outras situações em que a suposição de independência dos tempos pode não ser válida.

Situações como as citadas, em que é razoável supor a existência de associação entre os tempos de sobrevivência, caracterizam dados de sobrevivência multivariados. Para considerar a existência dessa possível associação entre os tempos de sobrevivência, um modelo que tem sido usado com freqüência é o, assim denominado, modelo de fragilidade (*frailty model*). Nesse modelo, um efeito aleatório, denominado fragilidade, é introduzido na função de taxa de falha para descrever essa possível associação.

Modelos de fragilidade podem também ser usados em estudos de sobrevivência univariada. Nesses casos, cada indivíduo terá sua própria fragilidade, fragilidade esta que apresenta, contudo, um significado diferente daquele com sobrevivência multivariada. Em sobrevivência univariada, a fragilidade é uma medida da heterogeneidade dos indivíduos, enquanto que em sobrevivência multivariada é também uma medida de associação. Essa diferença será tratada em mais detalhes no decorrer deste capítulo.

Este capítulo tem, portanto, como objetivos, apresentar os modelos de fragilidade na análise de dados de sobrevivência multivariados, discutir as distribuições de probabilidade usualmente assumidas para o efeito aleatório (fragilidade), apresentar algumas generalizações importantes desse modelo, descrever alguns modelos alternativos para eventos recorrentes e, ainda, ilustrar alguns dos modelos apresentados.

9.2. Fragilidade em um Contexto Univariado

Nas Seções 9.2 e 9.3, são apresentados os modelos de fragilidade em um contexto univariado e multivariado, respectivamente. Generalizações desses modelos são apresentadas na Seção 9.4. A Seção 9.5 discute algumas das distribuições usualmente assumidas para a variável de fragilidade. O modelo de fragilidade gama e procedimentos de estimação propostos para este modelo são tratados, respectivamente, nas Seções 9.6 e 9.7. Testes da fragilidade e dos efeitos das covariáveis são apresentados na Seção 9.8. O diagnóstico dos modelos de fragilidade e a modelagem de eventos múltiplos são abordados nas Seções 9.9 e 9.10, respectivamente. O capítulo finaliza na Seção 9.11, com duas ilustrações.

9.2 Fragilidade em um Contexto Univariado

Situações em que cada indivíduo tem seu próprio componente de fragilidade, o que poderia ser pensado como o caso especial em que todos os grupos ou famílias apresentam tamanho igual a 1, caracterizam dados de sobrevivência univariados. A questão feita nesses casos é: qual o propósito em considerar um componente de fragilidade para cada indivíduo se eles não apresentam tempos associados? Não é difícil encontrar justificativas. Em estudos médicos, por exemplo, a argumentação de que os indivíduos são inerentemente diferentes é amplamente aceita. Não importa quantas covariáveis sejam medidas; dois indivíduos com exatamente os mesmos valores das covariáveis não são esperados experimentar qualquer resposta médica exatamente no mesmo tempo. Existem variações biológicas não mensuráveis entre esses indivíduos que justificam tal fato, e tal heterogeneidade pode aparecer devido a vários motivos, alguns dos quais não observáveis. Por exemplo, alguns indivíduos podem ter uma disposição genética com respeito à doença de interesse que fazem com que tenham um risco crescente de desenvolvimento da doença quando comparados com outros. Por outro lado, outros podem não ter esta disposição genética, o que reduz ou elimina a possibilidade de desenvolvimento da doença. Sendo

284   *Capítulo 9. Análise de Sobrevivência Multivariada*

assim, e com o passar do tempo, os indivíduos livres da doença tenderão a ser aqueles com um risco reduzido.

A heterogeneidade dos indivíduos afeta, portanto, os tempos de sobrevivência observados e, para considerá-la, um efeito aleatório denominado fragilidade em análise de sobrevivência é introduzido no modelo de Cox apresentado em (5.2) na Seção 5.2. Este efeito aleatório, considerado em geral ser não-negativo, é incorporado na função de taxa de falha como um fator multiplicativo. O fato desse efeito atuar de maneira multiplicativa na função de taxa de falha é, em princípio, arbitrária, mas tem sido usada na maioria dos trabalhos com dados de sobrevivência. O modelo de fragilidade para o indivíduo i $(i = 1, \cdots, n)$ fica, então, expresso por:

$$\lambda_i(t) = z_i \, \lambda_0(t) \exp\{\mathbf{x}_i'\boldsymbol{\beta}\}, \tag{9.1}$$

em que $\boldsymbol{\beta}$ é o vetor de parâmetros desconhecidos associados às covariáveis $\mathbf{x}_i$, $\lambda_0(t)$ é a função de taxa de falha de base não especificada e $z_1, \cdots, z_n$ são os valores das fragilidades, assumidas serem uma amostra proveniente de variáveis aleatórias Z_i independentes e identicamente distribuídas com distribuição de probabilidade conhecida de média 1 e com variância desconhecida. Note que as variáveis de fragilidade Z_i não variam com o tempo, o que pode representar uma limitação desse modelo em algumas situações. O modelo (9.1) se reduz ao modelo de Cox quando a variância da fragilidade for nula.

A fragilidade introduzida neste modelo explica não somente a heterogeneidade dos indivíduos. Ela permite, também, avaliar o efeito de covariáveis que por algum motivo não foram observadas na ocasião da realização do experimento e, desse modo, não foram incluídas na análise. Se, por exemplo, uma covariável importante não foi incluída no modelo, isso fará com que a heterogeneidade não observada cresça, afetando, assim, as inferências feitas sobre as covariáveis incluídas no modelo. Incluir um termo de fragilidade auxilia a amenizar esse problema.

9.3 Fragilidade em um Contexto Multivariado

Diferentes abordagens têm sido propostas na literatura para a análise de dados de sobrevivência multivariados (Therneau e Grambsch, 2000). Dentre elas, destacam-se as abordagens condicional e marginal. Os modelos de fragilidade classificam-se na abordagem condicional, uma vez que os mesmos assumem que os tempos que apresentam uma possível associação são independentes condicionalmente às variáveis de fragilidade. A abordagem de modelos marginais tem, por sua vez, muito em comum com a abordagem de equações de estimação generalizada (Zeger et al., 1988) e vem sendo usada com freqüência na análise de sobrevivência multivariada decorrente de estudos em que múltiplos eventos são observados para cada indivíduo.

Neste texto, ênfase inicial é dada à abordagem condicional e, desse modo, os modelos de fragilidade em um contexto de dados de sobrevivência multivariados são tratados a seguir.

9.3.1 Modelo de Fragilidade Compartilhado

Uma abordagem comumente usada para o problema de modelar dados de sobrevivência multivariados caracterizados pela existência de agrupamentos naturais ou artificiais é a de especificar independência entre os dados observados condicionalmente a um conjunto de variáveis não-observáveis. Sob essa abordagem de independência condicional, um modelo que está se tornando popular na modelagem da associação entre os tempos de sobrevivência dos indivíduos dentro de cada grupo é o *modelo de fragilidade compartilhado*. A fragilidade representa, nesses casos, um efeito aleatório que descreve o risco comum, isto é, a fragilidade compartilhada por indivíduos dentro de um mesmo grupo ou família. De modo geral, a idéia desse modelo é que os grupos ou famílias apresentam fragilidades diferentes e, sendo assim, grupos ou famílias com valores grandes de fragilidade deverão experimentar o evento de interesse em tempos menores do que aqueles com valores pequenos dessa fragilidade. Os sobreviventes tenderão

286   *Capítulo 9. Análise de Sobrevivência Multivariada*

a pertencer, portanto, aos grupos ou famílias mais robustas, menos frágeis ao evento de interesse.

Análogo ao que foi discutido no contexto univariado, o modelo de fragilidade compartilhado é formulado pela introdução de um efeito aleatório para cada grupo no modelo de Cox que atua multiplicativamente na função de taxa de falha . Desta forma, quanto maior for o valor do efeito aleatório, maior será o risco de uma falha ocorrer, isto é, mais frágeis os indivíduos do grupo j $(j = 1, \ldots, m)$ estarão para falhar e, daí, o nome de modelo de fragilidade.

Formalmente, considere $T_j = (T_{1j}, T_{2j}, \ldots, T_{n_j j})'$ os n_j tempos de sobrevivência do j-ésimo grupo e Z_j a variável de fragilidade não-observada associada a este grupo. Para $Z_j = z_j$, é assumido, condicionalmente a z_j, que os componentes de T_j são independentes com as distribuições dos T_{ij} modeladas por:

$$\lambda_{ij}(t) = z_j \, \lambda_0(t) \exp\{\mathbf{x}'_{ij}\boldsymbol{\beta}\}, \tag{9.2}$$

para $i = 1, \ldots, n_j$, $j = 1, \ldots, m$ e com $\lambda_{ij}(t)$ a função de taxa de falha para T_{ij} condicionalmente ao valor não-observado z_j e um vetor $\mathbf{x}_{ij}$ de dimensão p de covariáveis que podem ser em nível de conglomerado e em nível de indivíduo, $\lambda_0(t)$ uma função de taxa de falha de base desconhecida, $\boldsymbol{\beta}$ um vetor de dimensão p de coeficientes de regressão desconhecidos e z_j $(j = 1, \cdots, m)$ os valores das fragilidades, assumidas serem uma amostra independente de variáveis aleatórias Z_j com distribuição de probabilidade conhecida de média 1 e alguma variância desconhecida. Também aqui a variável de fragilidade Z_j é assumida não variar com o tempo.

O modelo apresentado em (9.2) pode, equivalentemente, ser reescrito como:

$$\lambda_{ij}(t) = \lambda_0(t) \exp\{\mathbf{x}'_{ij}\boldsymbol{\beta} + w_j\}, \tag{9.3}$$

em que z_j no modelo (9.2) corresponde, nesta formulação, a $\exp\{w_j\}$. Asssume-se, neste modelo, que os w_j's são uma amostra independente de alguma distribuição com média 0 e variância θ, de modo que, quando $\theta = 0$,

9.4. Generalizações do Modelo de Fragilidade 287

tem-se o modelo de taxas de falha proporcionais discutido no Capítulo 5.

Apesar do modelo de fragilidade compartilhado apresentar duas formulações equivalentes, (9.2) e (9.3), é mais conveniente, de acordo com Klein e Moeschberger (2003), escrever o modelo na forma (9.2), uma vez que nesta formulação pode-se ver mais claramente que, para valores de z_j maiores que 1, tem-se que os indivíduos dentro dos grupos correspondentes a esses valores tendem a apresentar sobrevivência mais curta do que a predita pelo modelo de independência em que os z_j's são assumidos serem todos iguais a 1. Por outro lado, para valores de z_j menores que 1, tem-se que os indivíduos destes grupos tendem a apresentar sobrevivência mais longa do que a predita pelo modelo que assume independência entre os tempos.

Versões paramétricas do modelo apresentado em (9.2) são obtidas pela especificação de uma função paramétrica para a taxa de falha de base $\lambda_0(t)$ como, por exemplo, a de Weibull e a exponencial, dentre outras.

9.4 Generalizações do Modelo de Fragilidade

O modelo de fragilidade apresentado em (9.2) foi generalizado em diversas direções importantes, conforme descrito em Liang et al. (1995) e Petersen (1998). Algumas dessas generalizações são apresentadas a seguir.

9.4.1 Modelo de Fragilidade Estratificado

Neste modelo, funções de taxa de falha de base diferentes são assumidas, uma para cada um dos k estratos de um mesmo agrupamento de indivíduos. O modelo de taxas de falha condicional torna-se, então,

$$\lambda_{ij}(t) = z_j \, \lambda_{0h}(t) \exp\{\mathbf{x}'_{ij}\boldsymbol{\beta}\},$$

para $i = 1,\ldots,n_j$, $j = 1,\ldots,m$ e $h = 1,\ldots,k$ e com z_j a fragilidade associada ao j-ésimo grupo. Esse modelo pode ser aplicado, por exemplo, em estudos com famílias ou ninhadas no qual funções de taxa de falha de

288   *Capítulo 9. Análise de Sobrevivência Multivariada*

base diferentes para machos e fêmeas ($k = 2$) de uma mesma família ou ninhada são desejadas.

9.4.2 Modelo de Fragilidade com Associações Complexas

Se a estrutura de dependência é suposta ser proveniente de fatores genéticos comuns, o modelo deveria estar apto a, por exemplo, acomodar um padrão de associação no qual a associação entre primos é metade daquela entre irmãos completos. Tal modelo pode ser formulado por:

$$\lambda_{ij}(t) = z_{ij}\,\lambda_0(t)\exp\{\mathbf{x}'_{ij}\boldsymbol{\beta}\},$$

para $i = 1, \ldots, n_j$ e $j = 1, \ldots, m$ e em que z_{ij} é a fragilidade não-observada associada ao i-ésimo indivíduo da j-ésima família.

9.4.3 Modelo de Fragilidade Multiplicativo

Essa generalização ocorre quando, por exemplo, a dependência entre os membros de uma família aparece não somente por fatores genéticos compartilhados, mas também por fatores ambientais compartilhados. Em tais situações, modelos com múltiplas fragilidades não-observadas e independentes podem ser representados por:

$$\lambda_{ij}(t) = z_{E,ij}\,z_{G,ij}\,\lambda_0(t)\exp\{\mathbf{x}'_{ij}\boldsymbol{\beta}\},$$

com $z_{E,ij}$ e $z_{G,ij}$ as fragilidades associadas ao i-ésimo indivíduo da família j que representam fatores ambientais e genéticos não-observados, respectivamente.

9.4.4 Modelo de Fragilidade Aditivo

Modelos de fragilidade aditivos foram propostos por Petersen (1998) como uma maneira alternativa de tratar o modelo multiplicativo apresentado anteriormente. Nestes modelos, os componentes de fragilidade são combinados aditivamente e, então, atuam multiplicativamente nas taxas de falha

9.4. Generalizações do Modelo de Fragilidade

dos indivíduos. Este modelo, denominado "modelo de fragilidade aditivo", é expresso por:

$$\lambda_{ij}(t) = (\mathbf{A}_{ij})' \, \mathbf{z}\lambda_{ijh}(t), \tag{9.4}$$

com $\mathbf{A}_{ij} = [\mathrm{a}_{i1} \ldots \mathrm{a}_{ik}]'$ um vetor de delineamento conhecido, $\mathbf{z}$ um vetor de dimensão k de efeitos individuais desconhecidos e λ_{ijh} a função de taxa de falha, usualmente a de Cox, considerada para o i-ésimo indivíduo da j-ésima família no h-ésimo estrato. Os componentes aleatórios $z_1, \ldots, z_k$ são assumidos serem independentes e com distribuição conhecida. Duas aplicações desse modelo, apresentadas por Petersen (1998), são mostradas a seguir.

(a) **Modelo de fragilidade aditivo para gêmeos**

Esse modelo aplica-se a estudos clássicos, envolvendo gêmeos idênticos e não-idênticos e é dado por:

$$\lambda_{1j}(t) = (z_{0j} + z_{1j})\lambda_{1jh}(t)$$
$$\lambda_{2j}(t) = (z_{0j} + z_{2j})\lambda_{2jh}(t),$$

$j = 1, \ldots, m$. As fragilidades representam genes e ambientes compartilhados (z_{oj}) e genes e ambientes não compartilhados (z_{1j}, z_{2j}). Para esse modelo, que permite funções de taxa de falha diferentes para gêmeos do sexo feminino e masculino, tem-se $(\mathbf{A}_{1j})' = [1\ 1\ 0]$, $(\mathbf{A}_{2j})' = [1\ 0\ 1]$ e $\mathbf{z} = [z_{0j}\ z_{1j}\ z_{2j}]'$ para cada par de gêmeos.

(b) **Modelo de fragilidade aditivo para ninhadas**

Esse modelo definido por:

$$\lambda_{1j}(t) = (z_{0j} + z_{1j})\lambda_{1j}(t)$$
$$\cdots \qquad \cdots$$
$$\lambda_{ij}(t) = (z_{0j} + z_{ij})\lambda_{ij}(t)$$
$$\cdots \qquad \cdots$$
$$\lambda_{n_j j}(t) = (z_{0j} + z_{n_j j})\lambda_{n_j j}(t),$$

para $i = 1, \ldots, n_j$ e $j = 1, \ldots, m$, representa uma extensão do modelo de fragilidade compartilhado permitindo heterogeneidade entre indivíduos dentro de uma mesma ninhada. Para cada ninhada, tem-se $(\mathbf{A}_{1j})' = [1\ 1\ 0 \ldots 0], \ldots, (\mathbf{A}_{n_j j})' = [1\ 0\ 0 \ldots 1]$, todos de dimensão $1 \times (n_j + 1)$. O vetor $\mathbf{z}$, de dimensão $(n_j + 1) \times 1$, é dado por $\mathbf{z} = [z_{0j}\ z_{1j} \ldots z_{n_j j}]'$.

9.4.5 Modelo de Fragilidade Dependente do Tempo

O modelo de fragilidade apresentado em (9.2) não descreve situações em que a variável de fragilidade é dependente do tempo. Versões em que isto ocorre têm sido desenvolvidas e podem ser descritas por:

$$\lambda_{ij}(t) = z_j(t)\ \lambda_0(t) \exp\{\mathbf{x}'_{ij}\boldsymbol{\beta}\},$$

em que $z_j(t)$ é a fragilidade associada à j-ésima família, a qual é dependente do tempo.

9.5 Distribuições para a Variável de Fragilidade

Diversas distribuições de probabilidade têm sido propostas na literatura para as variáveis de fragilidade. Vaupel et al. (1979) foram os primeiros a usar o termo *fragilidade*, bem como a considerá-la explicitamente em uma análise de dados de sobrevivência univariada como uma maneira de levar em conta a heterogeneidade não-observada em uma população. Eles usaram a distribuição gama com média 1 para descrever a fragilidade. Clayton (1978) havia usado previamente a mesma idéia para explicar a associação em dados longitudinais multivariados.

A distribuição gama vem sendo usada desde então por muitos autores para modelar tais variáveis, dentre eles, Lancaster (1979), Lancaster e Nickell (1980) e Vaupel e Yashin (1983). A razão de sua popularidade se deve, essencialmente, a sua conveniência algébrica.

9.5. Distribuições para a Variável de Fragilidade

Para variáveis aleatórias Z_j, $j = 1, \cdots, m$, seguindo a distribuição gama apresentada no Capítulo 3, isto é, $Z_j \sim \Gamma(\eta, \upsilon)$ independentes com $\eta, \upsilon \geq 0$, tem-se, tomando $\eta = \upsilon = \xi^{-1}$, a função de densidade de Z_j dada por:

$$f(z) = \frac{\left(\frac{1}{\xi}\right)^{1/\xi}}{\Gamma\left(\frac{1}{\xi}\right)} z^{\frac{1}{\xi}-1} \exp\left\{-\frac{z}{\xi}\right\},$$

para $z \geq 0$. Segue, então, que $\mathrm{E}(Z_j) = 1$ e $\mathrm{Var}(Z_j) = \xi$.

A variância da variável de fragilidade, neste caso ξ, pode ser vista como uma maneira de quantificar a fragilidade presente. Se $\xi = 0$, todas as variáveis de fragilidade serão iguais a 1, ou seja, a distribuição gama fica degenerada no ponto 1, obtendo-se, assim, o modelo usual de taxas de falha proporcionais de Cox para dados independentes. Nos modelos semiparamétricos de fragilidade, é necessário assumir que a família de distribuições da variável de fragilidade tenha média 1 para que haja identificabilidade.

Vaupel e Yashin (1983) propuseram outras distribuições para a fragilidade, tais como a uniforme, a Weibull e a log-normal. Essas distribuições, contudo, não compartilham as mesmas propriedades analíticas da gama e, em geral, são mais difíceis de serem usadas. Hougaard (1984) também considerou outras distribuições que, no entanto, compartilham as mesmas propriedades analíticas da gama. Estas distribuições incluem todas as pertencentes à família exponencial, como a gama e a gaussiana inversa. Em artigos posteriores, Hougaard (1986a,b) propôs uma nova família de distribuições de três parâmetros, a qual é mais facilmente definida por meio de sua transformada de Laplace, isto é,

$$L(s) = \exp\left\{-\frac{\delta}{\alpha}\left[(\theta + s)^\alpha - \theta^\alpha\right]\right\},$$

com $\alpha \in (0, 1]$, $\delta > 0$ e $\theta \geq 0$. Essa família inclui, como casos especiais, as distribuições estável positiva para $\theta = 0$, a gama para $\alpha = 0, \delta > 0$ e $\theta > 0$, bem como a gaussiana inversa para $\alpha = 1/2$.

292   *Capítulo 9. Análise de Sobrevivência Multivariada*

Diversos autores, dentre eles, Struthers e Kalbfleish (1986), Lagakos e Schoenfeld (1984), Neuhaus et al. (1992), Bretagnolle e Huber-Carol (1988) e Henderson e Omar (1999), mostraram que ignorar a fragilidade pode levar a vícios na estimação dos efeitos das covariáveis. Embora a escolha da distribuição de fragilidade tenha um efeito nas suposições feitas a respeito dos dados, podendo afetar as conclusões, Pickles e Crouchley (1994, 1995) concluem que a conveniência computacional é, na prática, mais importante na escolha da distribuição da fragilidade, tanto para dados de sobrevivência univariados quanto multivariados, do que a generalidade da distribuição em situações em que a forma de tal distribuição não for o principal interesse. Uma comparação das diversas distribuições sugeridas para a variável de fragilidade pode ser encontrada em Hougaard (2000).

Nenhuma das distribuições citadas substituiu a gama em sua popularidade. Devido a esta popularidade e tratabilidade analítica, o modelo de fragilidade gama será descrito em mais detalhes nas seções a seguir.

9.6   Modelo de Fragilidade Gama

O modelo semiparamétrico de fragilidade gama é expresso como em (9.2), isto é,

$$\lambda_{ij}(t) = z_j \, \lambda_0(t) \exp\{\mathbf{x}'_{ij}\boldsymbol{\beta}\},$$

considerando agora que as fragilidades z_j $(j = 1, \cdots, m)$ são assumidas serem uma amostra independente de variáveis aleatórias Z_j com distribuição gama de média igual a 1 e variância desconhecida ξ, isto é, $Z_j \sim \Gamma(1/\xi, 1/\xi)$. A variância ξ, pode ser vista neste modelo como uma escolha natural para medir o quanto de heterogeneidade está presente. Valores grandes de ξ refletem um alto grau de heterogeneidade entre os grupos e uma forte associação dentro dos grupos.

Uma contribuição com relação à razão de taxas de falha neste modelo foi dada por Klein (1992). Três situações distintas relacionadas à interpretação

9.7. Estimação no Modelo de Fragilidade Gama

do vetor $\boldsymbol{\beta}$ ocorrem quando $\xi \neq 0$. Estas são apresentadas a seguir.

i) Se forem comparados dois indivíduos, i e k, de um mesmo grupo, ou seja, com variáveis de fragilidade iguais, tem-se a proporcionalidade das taxas de falha mantida e, conseqüentemente, a mesma interpretação do vetor $\boldsymbol{\beta}$ do caso tratado para dados independentes. De fato, neste caso, tem-se para a razão das taxas de falha, $R(t)$, que:

$$R(t) = \frac{z_j \, \lambda_0(t) \exp\{\mathbf{x}_i'\boldsymbol{\beta}\}}{z_j \, \lambda_0(t) \exp\{\mathbf{x}_k'\boldsymbol{\beta}\}} = \exp\left\{(\mathbf{x}_i - \mathbf{x}_k)'\boldsymbol{\beta}\right\}.$$

ii) Se, no entanto, forem comparados dois indivíduos com os mesmos valores das covariáveis, suponha $\mathbf{x}_1$, mas pertencentes a grupos distintos, por exemplo grupos 1 e 2, a razão das taxas de falha não será 1, mas sim a razão entre as variáveis de fragilidade, isto é:

$$R(t) = \frac{z_1 \, \lambda_0(t) \exp\{\mathbf{x}_1'\boldsymbol{\beta}\}}{z_2 \, \lambda_0(t) \exp\{\mathbf{x}_1'\boldsymbol{\beta}\}} = \frac{z_1}{z_2}.$$

iii) Se, finalmente, forem comparados dois indivíduos com covariáveis diferentes, $\mathbf{x}_1$ e $\mathbf{x}_2$, pertencentes a grupos distintos, grupos 1 e 2, tem-se, de acordo com Klein (1992), que:

$$R(t) = \exp\left\{(\mathbf{x}_1 - \mathbf{x}_2)'\boldsymbol{\beta}\right\} \left[\frac{1 + \xi \, \widehat{\Lambda}_0(t) \exp\{\mathbf{x}_2'\boldsymbol{\beta}\}}{1 + \xi \, \widehat{\Lambda}_0(t) \exp\{\mathbf{x}_1'\boldsymbol{\beta}\}}\right].$$

A razão das taxas de falha, diferentemente dos casos anteriores, depende agora do tempo t. Esta razão tende a 1 quando $t \to \infty$, independente de quais sejam os valores das covariáveis. Ainda, conforme ξ cresce, a razão converge para 1 mais rapidamente.

9.7 Estimação no Modelo de Fragilidade Gama

Procedimentos de estimação têm sido baseados na construção de uma função de verossimilhança e sua otimização. Em particular, o algoritmo EM

294　　　　　　　*Capítulo 9. Análise de Sobrevivência Multivariada*

(Dempster et al., 1977) tem sido usado, considerando para isto que os valores da fragilidade são dados perdidos (*missing*). Outra abordagem considerada, que apresenta similaridades com o algoritmo EM, é a que considera o modelo de fragilidade gama como um modelo penalizado, otimizando, assim, no processo de estimação, a função de verossimilhança parcial penalizada. Procedimentos bayesianos que fazem uso de métodos computacionalmente intensivos, como o *Monte Carlo Markov chain* (MCMC), têm sido também sugeridos para estimação dos parâmetros desse modelo. A seguir, são discutidos tais procedimentos em mais detalhes.

9.7.1 Estimação via Algoritmo EM

Nielsen et al. (1992) e Klein (1992), independentemente, desenvolveram estimadores de máxima verossimilhança generalizados para o modelo semiparamétrico de fragilidade gama, tendo a suposição de distribuição gama facilitado grandemente a execução do passo E. No passo M, com as fragilidades fixas e conhecidas, o modelo torna-se essencialmente o modelo de Cox. Nielsen et al. (1992) e Klein (1992) usam, então, a caracterização de Johansen (1983) do estimador de verossimilhança parcial de β e o estimador de Nelson-Aalen modificado para Λ_0, como um estimador de máxima verossimilhança generalizado para o parâmetro do modelo. O algoritmo EM é, então, usado para maximizar a função de verossimilhança sobre β e Λ_0 com a variância da variável de fragilidade, ξ, fixa. O perfil de verossimilhança em ξ é, então, otimizado para a obtenção conjunta dos estimadores de máxima verossimilhança de (β, Λ_0, ξ).

A suposição de distribuição gama é usada por Nielsen et al. (1992) e Klein (1992) somente no passo E do algoritmo EM. Então, fornecido um mecanismo para a realização do passo E, estimadores de máxima verossimilhança dos parâmetros em modelos semiparamétricos de fragilidade mais gerais podem ser obtidos. A seguir, são descritos os algoritmos de Nielsen et al. (1992) e Klein (1992).

9.7. Estimação no Modelo de Fragilidade Gama

(a) Algoritmo de Nielsen et al.

Para a utilização do algoritmo de Nielsen et al. (1992), supõe-se que condicionalmente a z, falha e censura são independentes e, ainda, que condicionalmente a z, a censura é não-informativa.

Para iniciar o processo, é considerada a função de verossimilhança condicional $L(\boldsymbol{\beta}, \xi \mid \mathbf{z})$, a qual é expressa por:

$$L(\boldsymbol{\beta}, \xi \mid \mathbf{z}) = \prod_{j=1}^{m} \prod_{i=1}^{n_j} \left[\lambda_{ij}(t)\right]^{\delta_{ij}} \exp\left\{ -\int_0^t \lambda_{ij}(u)du\right\}, \qquad (9.5)$$

com $\lambda_{ij}(.)$ dada por (9.2) e $\delta_{ij} = 1$, se ocorreu uma falha, e $\delta_{ij}(t) = 0$, em caso contrário. A função de verossimilhança completa será, desse modo,

$$L(\boldsymbol{\beta}, \xi, \mathbf{z}) = L(\boldsymbol{\beta}, \xi \mid \mathbf{z}) \prod_{j=1}^{m} f(z_j, \xi).$$

Assumindo $Z_j \sim \Gamma(1/\xi, 1/\xi)$ e usando-se (9.5), tem-se, então,

$$
\begin{aligned}
L(\boldsymbol{\beta}, \xi, \mathbf{z}) \;=\;& L(\boldsymbol{\beta}, \xi \mid \mathbf{z}) \prod_{j=1}^{m} \left(\frac{z_j^{\frac{1}{\xi}-1}(\frac{1}{\xi})^{\frac{1}{\xi}} \exp\{-z_j\frac{1}{\xi}\}}{\Gamma(\frac{1}{\xi})} \right) \\
=\;& \prod_{j=1}^{m} \left[z_j^{\frac{1}{\xi}-1} \left(\frac{1}{\xi}\right)^{\frac{1}{\xi}} \exp\left\{ -z_j\frac{1}{\xi}\right\} \frac{1}{\Gamma(\frac{1}{\xi})} \right. \\
& \prod_{i=1}^{n_j} \exp\left\{ -\int_0^t z_j\lambda_0(u)\exp\{\mathbf{x}'_{ij}\boldsymbol{\beta}\}du\right\} \\
& \left. \left(z_j\lambda_0(t)\exp\{\mathbf{x}'_{ij}\boldsymbol{\beta}\}\right)^{\delta_{ij}} \right]. \qquad (9.6)
\end{aligned}
$$

Esta função, se observada como função de $\mathbf{z}$, resultará em:

$$L(\boldsymbol{\beta}, \xi, \mathbf{z}) \propto \prod_{j=1}^{m} z_j^{\frac{1}{\xi}+D_j-1} \exp\left\{ -z_j\left[\frac{1}{\xi} + \sum_{i=1}^{n_j} \int_0^t \lambda_0(u)\exp\{\mathbf{x}'_{ij}\boldsymbol{\beta}\}du\right]\right\}, \quad (9.7)$$

em que D_j é o número de falhas no grupo j. Em outras palavras, olhando como função de $\mathbf{z}$, (9.6) corresponde à função de verossimilhança de uma

296   Capítulo 9. Análise de Sobrevivência Multivariada

distribuição gama com parâmetros $\left(\frac{1}{\xi} + D_j, \frac{1}{\xi} + \Lambda_j(\boldsymbol{\beta})\right)$, sendo que, para $j = 1, ..., m$,

$$\Lambda_j(\boldsymbol{\beta}) = \int_0^\tau S_j^{(0)}(\boldsymbol{\beta}, u)\lambda_0(u)du$$

e

$$S_j^{(0)}(\boldsymbol{\beta}, t) = \sum_{i=1}^{n_j} \exp\{\mathbf{x}_{ij}'\boldsymbol{\beta}\}.$$

Integrando-se (9.6) em relação a $\mathbf{z}$, obtém-se a função de verossimilhança marginal, isto é,

$$
\begin{aligned}
L(\boldsymbol{\beta}, \xi) &= \int_0^\infty L(\boldsymbol{\beta}, \xi, \mathbf{z})d\mathbf{z} = \int_0^\infty L(\boldsymbol{\beta}, \xi \mid \mathbf{z}) \prod_{j=1}^m f(z_j, \xi)dz_j \\
&= \prod_{j=1}^m \frac{\left(\frac{1}{\xi}\right)^{\frac{1}{\xi}}}{\Gamma\left(\frac{1}{\xi}\right)} \frac{\Gamma\left(\frac{1}{\xi} + D_j\right)}{\left[\frac{1}{\xi} + \Lambda_j(\boldsymbol{\beta})\right]^{D_j+\frac{1}{\xi}}} \prod_{j=1}^m \prod_{i=1}^{n_j} \left[\lambda_0(t) \exp\{\mathbf{x}_{ij}'\boldsymbol{\beta}\}\right]^{\delta_{ij}}. \quad (9.8)
\end{aligned}
$$

Fixado o valor de ξ, calculam-se, no passo E, as estimativas de z_j para serem usadas no passo M do algoritmo, já que as variáveis de fragilidade foram eliminadas por integração. Desse modo, o processo iterativo resume-se aos seguintes passos:

Passo E: Calcular:

$$\widehat{z}_j = \frac{\frac{1}{\xi} + D_j}{\frac{1}{\xi} + \Lambda_j(\boldsymbol{\beta})},$$

o que corresponde à esperança matemática de uma variável aleatória com distribuição gama de parâmetros $\left(\frac{1}{\xi} + D_j, \frac{1}{\xi} + \Lambda_j(\boldsymbol{\beta})\right)$.

Passo M: Maximizar (9.8), obtida após o passo E, substituindo-se, também, o parâmetro *nuisance* $\lambda_0(t) = d\Lambda_0(t)$ pelo estimador de Nelson-Aalen modificado, assumindo-se que z_j seja igual a $\widehat{z}_j$. Ver Johansen (1983) para mais detalhes sobre o estimador de Nelson-Aalen.

Como valor inicial para o processo, considera-se $z_j = 1$ $(j = 1, \ldots, m)$, o que corresponde a ajustar um modelo de regressão de Cox para dados

9.7. Estimação no Modelo de Fragilidade Gama

independentes. Com isso, têm-se os valores iniciais do vetor β dados pelas estimativas obtidas pelo modelo usual de Cox. O parâmetro ξ pode assumir qualquer valor maior do que zero. O algoritmo converge quando, na k-ésima iteração ($k = 1,\ldots$):

i) $\log L\big(\beta^{(k)},\xi\big) - \log L\big(\beta^{(k-1)},\xi\big) < \varepsilon_1$ e

ii) $\sum_j |z_j^{(k)} - z_j^{(k-1)}| < \varepsilon_2$,

sendo que ε_1 e ε_2 são constantes iguais a, por exemplo, 10^{-8}.

Para obter as estimativas finais dos parâmetros, é necessário empregar o algoritmo EM para vários valores de ξ e fazer o gráfico da função de verossimilhança (9.8) como uma função de ξ. A partir daí, escolhe-se, numericamente ou graficamente, o EMV (estimador de máxima verossimilhança) $\widehat{\xi}$ e calcula-se o correspondente $\widehat{\beta}$. Este procedimento é conhecido por "método do perfil de verossimilhança", ou "da verossimilhança perfilada".

(b) Algoritmo de Klein

Nesse método, o algoritmo EM é aplicado diretamente, usando-se a função de verossimilhança conjunta (9.6), que, como já foi visto, tem a forma de uma distribuição gama. O processo consiste, então, em usar o logaritmo da função de verossimilhança (9.6), isto é,

$$
\begin{aligned}
\log L(\beta,\xi,\mathbf{z}) \;=\; & \sum_{j=1}^{m} \left[\left(\frac{1}{\xi}-1\right)\log z_j - \frac{1}{\xi}\log\xi - \frac{z_j}{\xi} - \log\Gamma\left(\frac{1}{\xi}\right) \right. \\
& + \sum_{i=1}^{n_j}\left[-\int_0^t z_j\lambda_0(u)\exp\{\mathbf{x}'_{ij}\beta\}du \right. \\
& \left.\left. + \delta_{ij}\left(\log z_j + \log\lambda_0(t) + \mathbf{x}'_{ij}\beta\right)\right]\right],
\end{aligned}
$$

expressão que pode ser separada em duas partes: uma que depende somente de ξ e outra que depende de β e do parâmetro *nuisance* λ_0. Dessa forma, tem-se $\log L(\boldsymbol{\beta}, \xi, \mathbf{z}) = L_1(\xi) + L_2(\boldsymbol{\beta}, \lambda_0)$ em que:

$$L_1(\xi) = -m\left[\frac{1}{\xi}\log\xi + \log\Gamma\left(\frac{1}{\xi}\right)\right] + \sum_{j=1}^{m}\left[\left(\frac{1}{\xi} - 1 + D_j\right)\log z_j - \frac{z_j}{\xi}\right]$$

e

$$L_2(\boldsymbol{\beta}, \alpha_0) = \sum_{j=1}^{m}\left(-z_j\Lambda_j(\boldsymbol{\beta}) + \sum_{i=1}^{n_j}\delta_{ij}\left[\mathbf{x}'_{ij}\boldsymbol{\beta} + \log\lambda_0(t)\right]\right).$$

Os passos E e M do processo iterativo consistem, então, em:

Passo E: Obter a esperança dessa função de verossimilhança em relação aos dados observados. Substituindo-se, então, $E(Z_j) = A_j/C_j$ e $E(\log Z_j) = \psi(A_j) - \log(C_j)$ com $A_j = \frac{1}{\xi} + D_j$ e $C_j = \frac{1}{\xi} + \Lambda_j(\boldsymbol{\beta})$ os parâmetros da distribuição gama obtidos da função de verossimilhança (9.6) e $\psi(.)$ a função digama, têm-se, após o Passo E, as seguintes expressões:

$$E\big(L_1(\xi)\big) = \sum_{j=1}^{m}\left[\left(\frac{1}{\xi} - 1 + D_j\right)\left[\psi(A_j - \log(C_j)\right] - \frac{A_j}{\xi C_j}\right]$$

$$-m\left[\frac{1}{\xi}\log\xi + \log\Gamma\left(\frac{1}{\xi}\right)\right] \qquad (9.9)$$

e

$$E\big(L_2(\boldsymbol{\beta}, \alpha_0)\big) = \sum_{j=1}^{m}\left(-\frac{A_j}{C_j}\Lambda_j(\boldsymbol{\beta})\delta_{ij}\left[\mathbf{x}'_{ij}\boldsymbol{\beta} + \log\lambda_0(t)\right]\right). \qquad (9.10)$$

Passo M: Consiste em maximizar as expressões (9.9) e (9.10) em relação aos parâmetros $\boldsymbol{\beta}$ e ξ. Nesse passo, o parâmetro *nuisance* λ_0 é obtido pelo estimador de Nelson-Aalen modificado, da mesma forma que no método de Nielsen et al. (1992).

Em síntese, o processo iterativo descrito por Klein (1992) segue os seguintes passos:

Passo 1: Obter as estimativas iniciais de $\boldsymbol{\beta}$ pelo ajuste do modelo de Cox clássico e a de λ_0 pelo estimador de Nelson-Aalen modificado, considerando-se $\widehat{z}_j = 1$;

9.7. Estimação no Modelo de Fragilidade Gama

Passo 2: (Passo E) Calcular A_j, C_j e $\widehat{z}_j$, $(j = 1, \ldots, m)$ baseados nos valores atuais dos parâmetros;

Passo 3: (Passo M) Atualizar as estimativas de β e λ_0, bem como a de ξ, usando-se as expressões (9.10) e (9.9), respectivamente;

Passo 4: Repetir os passos 2 e 3 até a convergência ser obtida.

Estimativas das variâncias para $\widehat{\beta}$ e $\widehat{\xi}$ podem ser obtidas por meio da inversa da matriz de informação observada, isto é, por:

$$\left[\mathcal{I}(\boldsymbol{\eta})\right]^{-1} = \left[\frac{\partial^2}{\partial \boldsymbol{\eta}^2} \log L(\boldsymbol{\eta})\right]^{-1},$$

com $\boldsymbol{\eta} = (\lambda_0,\ \boldsymbol{\beta},\ \xi)$ e $L(\boldsymbol{\eta})$ a função de verossimilhança correspondente ao modelo (9.2). As expressões dos elementos da matriz $\mathcal{I}(\boldsymbol{\eta})$ podem ser encontradas em Andersen et al. (1997).

9.7.2 Estimação via Verossimilhança Penalizada

Os algoritmos de Nielsen et al. (1992) e Klein (1992) foram amplamente aceitos e usados como procedimentos de estimação. Contudo, alguns problemas podem ocorrer com o algoritmo EM usado por estes autores. Este é relativamente lento em algumas situações, sua implementação não se encontra disponível na maioria dos pacotes estatísticos e, de acordo com Latham (1996), dentre outros, podem ocorrer problemas de convergência com este algoritmo em grandes amostras.

Uma alternativa proposta para o modelo de fragilidade gama compartilhado, considerado na formulação apresentada em (9.3), isto é,

$$\lambda_{ij}(t) = \lambda_0(t) \exp\{\mathbf{x}'_{ij}\boldsymbol{\beta} + w_j\},$$

é a de considerá-lo como um modelo de Cox penalizado usando, assim, no processo de estimação, a função de verossimilhança parcial penalizada (Hougaard, 2000, Therneau e Grambsch, 2000). Essa abordagem tem algumas similaridades com o algoritmo EM e é baseada em uma modificação da função de verossimilhança parcial de Cox apresentada em (5.6), de modo que tanto os coeficientes de regressão quanto as fragilidades são incluídas e otimizadas sobre $\boldsymbol{\beta}$ e w.

Formalmente, a função de verossimilhança é descrita como um produto em que o primeiro termo é a função de verossimilhança parcial, incluindo as fragilidades como parâmetros, e o segundo termo é uma penalidade introduzida para evitar diferenças grandes entre as fragilidades para os diferentes grupos. O logaritmo da função de verossimilhança parcial penalizada é, desse modo, expresso por:

$$PPL(\boldsymbol{\beta}, w, \theta) = \log(L(\boldsymbol{\beta}, w)) - g(w, \theta)$$

sendo

$$\log\left(L(\boldsymbol{\beta}, w)\right) = \sum_{i=1}^{n} \delta_i \left[(\mathbf{x}'_{ij}\boldsymbol{\beta} + w_j) - \log\left(\sum_{k \in R(t_i)} \exp\{\mathbf{x}'_{kj}\boldsymbol{\beta} + w_{kj}\} \right) \right],$$

e $g(w, \theta)$ a função penalidade. É freqüente o uso do logaritmo de uma densidade como função de penalidade. Se a fragilidade tem, por exemplo, distribuição gama com média 1 e variância $\theta = \xi$, o logaritmo da função de densidade de $z = \exp\{w\}$ pode ser escrito por:

$$\log(f(z)) = \log[(1/\xi) - 1]\log(z) - (1/\xi)\,z + (1/\xi)\log(1/\xi) - \log\Gamma(1/\xi)$$

e, sendo assim, o logaritmo da densidade de w é $(w - \exp\{w\})/\theta$ mais uma função de θ, o que resulta no logaritmo da função de verossimilhança parcial penalizada expressa por:

$$PPL(\boldsymbol{\beta}, w, \theta) = \log(L(\boldsymbol{\beta}, w)) - (1/\theta)\sum_{j=1}^{m}(w_j - \exp\{w_j\}). \qquad (9.11)$$

De acordo com o que é demonstrado em Therneau e Grambsch (2000), a solução para o modelo com o logaritmo da função de verossimilhança parcial penalizada expressa como em (9.11), em que a função penalidade é $g(w, \theta) = (1/\theta)\sum_{j=1}^{m}(w_j - \exp\{w_j\})$, coincide com a solução EM do modelo de fragilidade gama compartilhado para qualquer valor fixo de $\theta = \xi$.

9.8. Testando a Fragilidade

Na prática, o procedimento começa tomando valores iniciais iguais a 1 para as fragilidades. Um procedimento iterativo é, então, inicializado tratando as fragilidades como parâmetros fixos e conhecidos no primeiro passo de otimização da função de verossimilhança parcial. No segundo passo, as fragilidades são avaliadas como médias condicionais, dado suas observações, similar ao que é feito no algoritmo EM. Este procedimento é repetido até a convergência ser obtida.

De acordo com Hougaard (2000), essa abordagem funciona bem para o modelo de fragilidade gama e aproximadamente para o modelo de fragilidade lognormal. No pacote estatístico R, o modelo de fragilidade compartilhado é ajustado por meio desse procedimento de estimação.

9.7.3 Estimação Bayesiana via MCMC

O uso do método MCMC tem sido sugerido para o modelo de fragilidade gama. Sob esta abordagem, em vez de manusear a complicada função de verossimilhança (9.6), os valores das fragilidades são simulados a partir de sua distribuição no corrente passo da iteração. Então, similar ao algoritmo EM, o procedimento faz um intercâmbio entre um passo com simulações das fragilidades baseadas nos atuais parâmetros e na distribuição condicional da fragilidade e um passo em que os parâmetros são atualizados baseados nos valores das fragilidades.

Para o modelo de fragilidade lognormal, essa abordagem pode também ser realizada com sucesso. Contudo, para os modelos com fragilidade estável positiva, a extensão é difícil devido ao fato de métodos eficientes de simulação não se encontrarem ainda disponíveis (Hougaard, 2000).

9.8 Testando a Fragilidade

Para testar a existência de associação entre as observações, ou seja, testar a hipótese nula H_0: $\xi = 0$, estatísticas de teste comumente usadas são: a de Wald, a da razão de verossimilhanças e a estatística escore (Commenges e Andersen, 1995). Assintoticamente, tais estatísticas têm distribuição χ_1^2. Como, no entanto, o valor do parâmetro encontra-se na borda do espaço paramétrico, problemas podem ocorrer ao se testar a hipótese nula mencionada. Nielsen et al. (1992), ao discutirem esses problemas, apresentaram os resultados de um estudo de simulação usado para verificar a distribuição amostral de $\widehat{\xi}$, bem como a validade do teste da razão de verossimilhanças. Concluíram que, para dados de tempos não-censurados e amostras pequenas, a distribuição da estatística de teste não concorda muito bem com a distribuição χ_1^2. Concluíram, ainda, para dados de tempos censurados e considerando-se testes bilaterais, que a distribuição amostral de $\widehat{\xi}$ é mais próxima da Normal e, conseqüentemente, a distribuição da estatística de teste mais próxima da χ_1^2. A aproximação χ_1^2 foi considerada mais pobre quando testes unilaterais foram considerados.

As estatísticas de Wald e da razão de verossimilhanças, como apresentado na Seção 3.4.2 do Capítulo 3, são dadas por:

a) Estatística de Wald:

$$W_\xi = (\widehat{\xi} - \xi_0)' I(\widehat{\xi})(\widehat{\xi} - \xi_0),$$

em que $I(\widehat{\xi})$ é a matriz de informação observada. Sob H_0 e para $\widehat{\xi}$ de dimensão 1, tem-se:

$$W_\xi = \frac{\widehat{\xi}^2}{\widehat{Var}(\widehat{\xi})}.$$

b) Estatística da razão de verossimilhanças:

$$RV_\xi = 2\log\left[\frac{L(\widehat{\lambda}_0, \widehat{\boldsymbol{\beta}}, \widehat{\xi})}{L(\widehat{\lambda}_0^*, \widehat{\boldsymbol{\beta}}^*)}\right] = 2\left[\log L(\widehat{\lambda}_0, \widehat{\boldsymbol{\beta}}, \widehat{\xi}) - \log L(\widehat{\lambda}_0^*, \widehat{\boldsymbol{\beta}}^*)\right],$$

em que $L(\widehat{\lambda}_0, \widehat{\boldsymbol{\beta}}, \widehat{\xi})$ é dada por (9.6), sendo $\widehat{\lambda}_0$, $\widehat{\boldsymbol{\beta}}$ e $\widehat{\xi}$ as estimativas obtidas usando-se o modelo de fragilidade (9.2) e, $L(\widehat{\lambda}_0^*, \widehat{\boldsymbol{\beta}}^*)$ considerando-se o modelo (9.2) com todos os z_j, $j = 1, \ldots, m$, iguais a 1.

9.8.1 Testando o Efeito das Covariáveis

Além de testar a hipótese H_0: $\xi = 0$, há um interesse adicional em testar hipóteses do tipo H_0: $\boldsymbol{\beta} = \boldsymbol{\beta}_0$. As estatísticas de Wald e da razão de verossimilhanças, apresentadas no Capítulo 3, podem também ser usadas para essa finalidade e são dadas, respectivamente, por:

$$W_{\boldsymbol{\beta}} = (\widehat{\boldsymbol{\beta}} - \boldsymbol{\beta}_0)' I(\widehat{\boldsymbol{\beta}})(\widehat{\boldsymbol{\beta}} - \boldsymbol{\beta}_0)$$

e

$$RV_{\boldsymbol{\beta}} = 2 \log \left[\frac{L(\widehat{\lambda}, \widehat{\boldsymbol{\beta}}, \widehat{\xi})}{L(\widehat{\lambda}, \boldsymbol{\beta}_0, \widehat{\xi})} \right].$$

Assintoticamente, $W_{\boldsymbol{\beta}}$ e $RV_{\boldsymbol{\beta}}$ têm distribuição χ_p^2 com p a diferença do número de parâmetros dos modelos sendo comparados.

9.9 Diagnóstico dos Modelos de Fragilidade

Em se tratando de modelagem, é freqüentemente relevante verificar as suposições do modelo. De modo geral, existem diferentes maneiras para se verificar tais suposições. Ajustar um modelo amplo e testar determinadas hipóteses acerca desse modelo pode ser uma dessas maneiras. Outra maneira seria fazer uso de resultados esperados, caso o modelo seja satisfatório, como avaliar os resíduos, por exemplo. Ainda, ajustar modelos completamente diferentes e verificar a existência de uma concordância satisfatória entre eles pode ser uma outra alternativa. Poucas sugestões e propostas encontram-se, contudo, apresentadas na literatura para esse propósito. Para o modelo semiparamétrico de fragilidade gama, por exemplo, algumas técnicas gráficas e numéricas para pesquisar o ajuste do modelo podem ser encontradas em Glidden (1999).

304 *Capítulo 9. Análise de Sobrevivência Multivariada*

Apesar do diagnóstico do modelo ser um aspecto muito importante, muito ainda deve ser feito nessa área a fim de que se possa avaliar adequadamente os modelos ajustados. Conhecer as propriedades assintóticas desses modelos, tais como, saber se as estimativas são consistentes, se estas são assintoticamente normais, saber qual é a variância assintótica e se esta pode ser estimada de uma maneira consistente, dentre outras, é nesse sentido importante. Uma discussão mais detalhada sobre a teoria assintótica desses modelos e o que é conhecido até o momento pode ser encontrada em Hougaard (2000).

9.10 Modelando Eventos Recorrentes

De acordo com Therneau e Grambsch (2000), existe um crescente interesse e necessidade em aplicar a análise de sobrevivência em estudos envolvendo eventos múltiplos por indivíduo, sejam esses eventos do mesmo tipo ou de tipos diferentes. Exemplos de eventos do mesmo tipo seriam infecções recorrentes em pacientes com AIDS ou múltiplos enfartos em um estudo sobre coronária. Por outro lado, múltiplas seqüelas (toxicidade, sintomas de piora etc.) em pacientes com uma doença crônica seria um exemplo de eventos de tipos diferentes. Ênfase é dada, nesta seção, às situações que envolvem eventos do mesmo tipo.

Com a crescente ênfase na qualidade de vida, a análise de dados dessa natureza está se tornando cada vez mais comum e, desse modo, diversas abordagens para tais dados têm aparecido na literatura. O modelo de fragilidade tratado anteriormente é uma dessas abordagens (Oakes, 1992). Neste modelo, um efeito aleatório é incluído para cada indivíduo com a finalidade de se levar em conta a correlação existente entre os múltiplos tempos observados para cada um deles. Condicional a este efeito aleatório, os tempos são, então, assumidos serem independentes.

Outra abordagem utilizada para a análide desses dados é a que faz uso de modelos marginais. Nestes modelos, $\widehat{\beta}$ é determinado a partir

9.10. Modelando Eventos Recorrentes

do ajuste que ignora a correlação entre as observações seguido de uma correção da variância de $\widehat{\boldsymbol{\beta}}$, de modo que estimativas robustas da variância dos parâmetros sejam obtidas. Para dados nos quais a correlação é restrita a grupos disjuntos, como é o caso de múltiplas observações por indivíduo, uma aproximação da estimativa *jackknife* da variância pode ser usada para obtenção de tais estimativas robustas. Essa variância escrita como $D'D = \mathcal{I}^{-1}(U'U)\mathcal{I}^{-1}$ pode ser vista como um estimador sanduíche ABA, em que $A = \mathcal{I}^{-1}$ é a estimativa usual da variância e $B = (U'U)$ é o termo de correção. Para detalhes adicionais sobre este assunto, o leitor pode consultar Therneau e Grambsch (2000).

Para respostas ordenadas, isto é, eventos do mesmo tipo (eventos recorrentes), diversas sugestões de modelos marginais têm sido apresentadas. Três desses modelos são apresentados a seguir.

9.10.1 Formulação de Andersen e Gill (AG)

Para a análise de dados de estudos com eventos recorrentes, Andersen e Gill (1982) propuseram um modelo marginal baseado no modelo de Cox que considera, na entrada dos dados, que cada indivíduo é representado como uma série de observações (diversas linhas) com intervalos de tempo representados por (tempo de entrada no estudo, primeiro evento], (primeiro evento, tempo segundo evento], $\cdots$ (m-ésimo evento, última observação]. Um indivíduo com nenhum evento será representado por uma única linha, um outro com um evento será representado por uma ou duas linhas, isso dependerá se o mesmo continuou ou não a ser observado após o primeiro evento, e assim por diante. Ainda, dependendo da escala de medida usada para o tempo, a primeira observação poderá ou não começar em zero. Se esta iniciar no tempo de entrada, o modelo para o i-ésimo indivíduo fica representado por:

$$\lambda_i(t) = \lambda_0(t)\exp\{\mathbf{x}_i'(t)\boldsymbol{\beta}\}.$$

Note, formalmente, que essa formulação é idêntica à apresentada em

306   *Capítulo 9. Análise de Sobrevivência Multivariada*

(6.1). A diferença está na definição do conjunto de indivíduos em risco. No modelo de Cox apresentado em (6.1), o indivíduo deixa de estar em risco quando o evento ocorre. Contudo, na formulação de Andersen e Gill para eventos recorrentes, o indivíduo permanece em risco quando eventos ocorrem. A suposição base desse modelo é que o número de eventos em intervalos de tempo que não se soprepõem são independentes dado as covariáveis.

Para exemplificar a entrada dos dados e os comandos necessários para ajustar o modelo AG no pacote estatístico R, considere dois indivíduos, o 10º e o 11º, de um estudo com 600 indivíduos. O primeiro deles, com covariáveis $x_{10} = (1, 24)$, apresentou eventos aos 100 e 220 dias e foi acompanhado até 365 dias. O segundo, com covariáveis $x_{11} = (1, 27)$, apresentou eventos aos 88, 200 e 297 dias e foi acompanhado até 380 dias. A Tabela 9.1. mostra como deve ser feita a entrada dessas informações no R.

Tabela 9.1: Entrando com os dados no R.

id	start	stop	status	stratum	x_1	x_2
10	0	100	1	1	1	24
10	100	220	1	2	1	24
10	220	365	0	3	1	24
11	0	88	1	1	1	27
11	88	200	1	2	1	27
11	200	297	1	3	1	27
11	297	380	0	4	1	27

Resultados do ajuste desse modelo são obtidos no R por meio dos comandos:

```
> agfit<- coxph(Surv(start,stop,status)~ x1 + x2 + cluster(id), data = data1)
```

sendo data1 o nome atribuído ao arquivo de dados. O termo *cluster* no modelo informa que existem indivíduos contribuindo com múltiplos eventos e, desse modo, são fornecidas estimativas robustas da variância para dados correlacionados. Os testes utilizados em geral para testar a significância dos

9.10. Modelando Eventos Recorrentes

$\beta's$, como por exemplo o de Wald e o escore, são realizados substituindo-se a variância usual pela estimativa sanduíche $D'D$.

9.10.2 Formulação de Wei, Lin e Weissfeld (WLW)

Outra formulação para a análise de dados recorrentes foi proposta por Wei, Lin e Weissfeld (1989). Essencialmente, o modelo marginal proposto trata as respostas ordenadas como se estas fossem um problema de riscos competitivos com respostas não ordenadas. Assim, em um estudo com no máximo três eventos, três estratos são considerados na análise em que cada indivíduo terá três observações, uma em cada estrato. Nessa formulação, se o tempo para ocorrência de cada evento é contado a partir do tempo de entrada no estudo, tem-se a função de taxa de falha para o m-ésimo evento do i-ésimo indivíduo expressa por:

$$\lambda_{im}(t) = \lambda_{om}(t) \exp\{\mathbf{x}'_i(t)\boldsymbol{\beta}_m\}.$$

Observe que, diferente do modelo AG, esse modelo permite uma função de taxa de falha separada para cada evento, bem como para cada estrato como mostrado pela notação $\boldsymbol{\beta}_m$. Nesse modelo, o indivíduo permanece em risco para o m-ésimo evento até a ocorrência deste evento, a menos, é claro, que algum fato cause a censura. Quando o m-ésimo evento ou a censura ocorrer, o indivíduo deixa de ser considerado sob risco.

A entrada de dados no R é um tanto diferenciada para o ajuste do modelo WLW. Suponha que quatro seja o número máximo de eventos observados para os 600 indivíduos sob estudo. Todos os indivíduos terão, desse modo, de ser representados por 4 linhas, independente do número de eventos que cada um tenha experimentado. Para o $10^{\underline{o}}$ e o $11^{\underline{o}}$ indivíduos citados anteriormente, os dados ficariam representados de acordo ao apresentado na Tabela 9.2.

Os comandos no R para o ajuste desse modelo são, nesse caso:

```
> wfit<- coxph(Surv(time,status)~ x1+x2+cluster(id)+strata(stratum),data=data2)
```

Tabela 9.2: Dados no R - modelo WLW.

id	time	status	stratum	x_1	x_2
10	100	1	1	1	24
10	220	1	2	1	24
10	365	0	3	1	24
10	365	0	3	1	24
11	88	1	1	1	27
11	200	1	2	1	27
11	297	1	3	1	27
11	380	0	4	1	27

9.10.3 Formulação de Prentice, Williams e Peterson (PWP)

O modelo marginal proposto por Prentice, Williams e Peterson (1981) para estudos com eventos recorrentes assume que um indivíduo não pode estar sob risco para o m-ésimo evento sem que tenha experimentado o evento $m-1$. Devido a esta suposição, tal modelo marginal é denominado *modelo condicional* ou, algumas vezes, modelo PWP. O termo condicional usado para este modelo não deve ser confundido pelo leitor com o termo "abordagem condicional" usado para os modelos de fragilidade. Para acomodar a suposição feita para esse modelo, a entrada de dados é feita como no modelo AG, sendo cada evento, contudo, considerado em estratos separados. O uso de estratos dependentes do tempo significa, neste modelo, que a função de taxa de falha pode variar de um evento para outro que, diferentemente do modelo AG, assume que todos os eventos são idênticos.

A função de taxa de falha do modelo PWP é formalmente idêntica à apresentada para o modelo WLW, isto é,

$$\lambda_{im}(t) = \lambda_{om}(t) \exp\{\mathbf{x}_i'(t)\boldsymbol{\beta}_m\}.$$

A diferença é que no modelo PWP, um indivíduo é considerado sob risco para o m-ésimo evento somente a partir do momento que experimentar o evento $m-1$.

Usando os dados no formato apresentado na Tabela 9.1, os resultados

9.10. Modelando Eventos Recorrentes

do ajuste do modelo PWP são obtidos no R por:

```
> cfit<-coxph(Surv(start,stop,status)~x1+x2+cluster(id)+strata(stratum),data=data1)
```

9.10.4 Considerações sobre os Modelos Marginais

Um importante ponto de comparação dos modelos marginais é quando co-variáveis importantes não são incluídas no modelo. Na pesquisa médica é muito usual que diversas covariáveis importantes não sejam medidas, por não serem mensuráveis ou por não existirem suspeitas de que sejam importantes.

Com base em um estudo de simulação, Therneau e Grambsch (2000) encontraram resultados nesta direção que sugerem:

i) o modelo AG fornece estimativas não-viciadas mais próximas do efeito verdadeiro, mesmo quando uma covariável importante é omitida. As estimativas da variância são, ainda, corrigidas satisfatoriamente por estimativas robustas;

ii) o modelo condicional (PWP) fornece estimativas seriamente viciadas na ausência de covariáveis importantes;

iii) o modelo WLW pode violar a suposição de taxas de falha proporcionais, mesmo quando isso não ocorre para o conjunto de dados no geral. A suposição de que um indivíduo é considerado sob risco para o m-ésimo evento somente após o evento $m - 1$ ter ocorrido é também um tanto questionável.

As conclusões práticas dos autores Therneau e Grambsch (2000) quanto à utilização dos modelos marginais para dados reais são de que esses modelos são certamente imperfeitos, mas continuam fornecendo informações importantes. Por outro lado, Oakes (1992) argumenta em favor da abordagem condicional (modelos de fragilidade) e diz que os métodos marginais seriam ineficientes.

310   Capítulo 9. Análise de Sobrevivência Multivariada

9.11 Exemplos

Nesta seção, modelos de fragilidade são considerados em duas situações. A primeira refere-se ao estudo de leucemia pediátrica analisado por meio do modelo de Cox na Seção 5.7.3 do Capítulo 5. Uma avaliação da necessidade de inclusão de um termo de fragilidade, em um contexto univariado, é discutida para esses dados. A segunda situação envolve um estudo com animais da raça Nelore caracterizado pela existência de agrupamentos naturais. O modelo de fragilidade compartilhado apresentado na Seção 9.3.1 é considerado para a análise desses dados.

9.11.1 Fragilidade no Estudo de Leucemia Pediátrica

Os dados do estudo de leucemia pediátrica descritos na Seção 1.5.3 foram analisados na Seção 5.7.3 usando-se o modelo de Cox. O ajuste deste modelo mostrou que as covariáveis leucometria inicial (LEUINI), idade, peso padronizado (ZPESO), porcentagem de linfoblastos medulares que reagiram ao ácido periódico de Schiff (PAS) e porcentagem de vacúolos no citoplasma dos linfoblastos (VAC) são fatores que afetam o tempo de sobrevivência de crianças brasileiras com LLA.

As crianças, nesse estudo, são, contudo, heterogêneas. Esta heterogeneidade devido a, essencialmente, fatores genéticos e/ou covariáveis importantes que não foram incluídas na análise por algum motivo, deve ser avaliada a fim de que se saiba se a mesma está afetando o tempo de sobrevivência dessas crianças. Para esta avaliação, um efeito aleatório (fragilidade) é incorporado ao modelo de Cox no contexto univariado apresentado na Seção 9.2. O modelo para a criança i ($i = 1, \cdots, 103$) fica, então, expresso por:

$$\lambda_i(t) = z_i \, \lambda_0(t) \exp\{\mathbf{x}_i'\boldsymbol{\beta}\}.$$

Assumindo $Z_i \sim \Gamma(1/\xi, 1/\xi)$, e procedido o ajuste do modelo, obteve-se $\widehat{\xi} = 1{,}18$, o que indica uma heterogeneidade marginalmente significativa

9.11. Exemplos

entre as crianças, uma vez que o teste do efeito aleatório (fragilidade) que representa esta heterogeneidade resultou em 39,73 (valor $p = 0{,}073$). A Figura 9.1 mostra os valores de z_i estimados. Como z_i atua multiplicativamente na taxa de falha de base, segue que valores de z_i iguais ou muito próximos a 1 não alteram significativamente a taxa de falha. Por outro lado, valores grandes e maiores que 1 indicam aumento na taxa de falha. A partir da Figura 9.1, pode-se observar a existência de crianças com valores de z_i em torno de 2. Estas crianças provavelmente apresentam variações biológicas devido a fatores genéticos, ou outros, que as tornam mais vulneráveis do que as que apresentam valores de z_i próximos ou inferiores a 1. Este fato deve, conseqüentemente, afetar o tempo de recidiva ou sobrevivência dessas crianças.

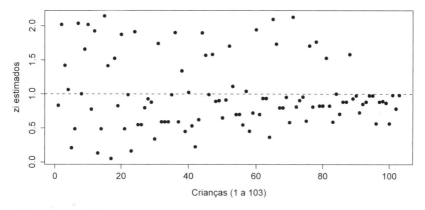

Figura 9.1: Estimativas de z_i no estudo de leucemia pediátrica.

A inclusão da fragilidade na análise dos dados desse estudo traz informações adicionais que podem ser úteis ao pesquisador. Sua inclusão, contudo, não alterou significativamente os efeitos e as interpretações das covariáveis fixas presentes no modelo. As estimativas desses efeitos, apresentadas na Tabela 9.3, essencialmente não diferem daquelas obtidas usando-se o modelo de Cox apresentadas na Tabela 5.14 do Capítulo 5. As interpretações são as mesmas, ou seja, valores altos da leucometria inicial (LEUINI), da idade e da porcentagem de vacúolos (VAC) aumentam a taxa

312   *Capítulo 9. Análise de Sobrevivência Multivariada*

de recidiva ou morte. O inverso ocorre com as covariáveis peso padronizado (ZPESO) e porcentagem de linfoblastos medulares (PAS).

Tabela 9.3: Modelo de fragilidade gama para os dados de leucemia.

Covariável	Coeficiente	Erro-Padrão	Valor p
LEUINI	1,84	0,573	0,0013
IDADE	1,03	0,528	0,0510
ZPESO	$-2,39$	0,732	0,0011
PAS	$-1,60$	0,623	0,0100
VAC	1,61	0,595	0,0069

As estimativas apresentadas foram obtidas no R usando-se os comandos a seguir:

```
> leucc<-read.table("http://www.ufpr.br/~giolo/Livro/ApendiceA/leucc.txt",h=T)
> attach(leucc)      #leucc.txt = dados de leucemia dicotomizados
> require(survival)
> id<-1:103
> fit3a<-coxph(Surv(tempos,cens)~leuinic + idadec + zpesoc + pasc + vacc +
                frailty(id,dist="gamma"), data=leucc,x = T,method="breslow")
> summary(fit3a)
> wi<-fit3a$frail
> zi<-exp(wi)
> plot(id,zi, xlab="Crianças (1 a 103)", ylab="zi estimados", pch=16)
> abline(h=1,lty=2)
```

9.11.2   Estudo com Animais da Raça Nelore

O gado da raça Nelore é comumente usado no Brasil para a produção comercial de carne. Tempos não muito longos para um ganho específico de peso no período do nascimento até a desmama, bem como da desmama ao abate são, portanto, economicamente desejáveis. Identificar touros que produzam animais com um ganho rápido e específico de peso em um desses períodos é, portanto, um dos interesses dos produtores dessa raça de gado.

9.11. Exemplos

O modelo de fragilidade gama é usado, nesta seção, como uma ferramenta útil neste processo de seleção. Estudos dessa natureza envolvem, em geral, uma grande quantidade de animais e, desse modo, apenas um subconjunto dos dados analisados por Giolo et al. (2003) foi considerado para análise nesta seção. Este subconjunto é composto de 4 touros Nelore que produziram um total de 155 animais. Todos os animais produzidos por esses touros nasceram na primavera entre os anos de 1993 e 1998, sendo 68% fêmeas. O número de animais por touro variou de 31 a 56. O tempo, em dias, que um animal levou para ganhar 160kg no período do nascimento até a desmama foi usado como variável resposta de interesse. De acordo com Albuquerque e Fries (1998), em estudo com gado de corte da raça Nelore, 160kg é um ganho de peso realístico para esse período. Sexo dos animais (1 se macho e 0 se fêmea) e idade da vaca no parto, que variou de 3 a 16 anos, foram as covariáveis fixas consideradas nesta análise.

Como os tempos dos animais produzidos pelo mesmo touro apresentam uma associação decorrente de fatores genéticos compartilhados, uma variável aleatória, ou seja, uma fragilidade gama, foi considerada na análise para levar em conta esta associação. O modelo semiparamétrico de fragilidade compartilhado apresentado na Seção 9.3.1 é, desse modo, o modelo considerado para esta análise. Considerando, então, $T_j = (T_{1j}, T_{2j}, .., T_{n_j j})'$, os n_j tempos até os animais do j-ésimo touro atingirem 160kg e Z_j a variável de fragilidade não-observada associada a este touro, tem-se, condicionalmente a $Z_j = z_j$, que os componentes de T_j são independentes com as distribuições dos T_{ij} modeladas pela função de taxa de falha dada por:

$$\lambda_{ij}(t) = z_j \, \lambda_0(t) \exp\{\mathbf{x}'_{ij}\boldsymbol{\beta}\},$$

ou equivalentemente,

$$\lambda_{ij}(t) = \lambda_0(t) \exp\{\mathbf{x}'_{ij}\boldsymbol{\beta} + w_j\},$$

para $i = 1, \ldots, n_j$, $j = 1, \ldots, 4$, $\mathbf{x}_{ij}$ o vetor de covariáveis, $\lambda_0(t)$ uma função de taxa de falha de base desconhecida, $\boldsymbol{\beta}$ um vetor de coeficientes de

314   *Capítulo 9. Análise de Sobrevivência Multivariada*

regressão desconhecidos e $z_j = \exp\{w_j\}$ $(j = 1, \cdots, 4)$ os valores das fragilidades, assumidas serem uma amostra independente de variáveis aleatórias Z_j com distribuição de probabilidade gama tal que $E(Z_j) = 1$ e $\text{Var}(Z_i) = \xi$. Para este modelo, os resultados obtidos foram os apresentados na Tabela 9.4.

Tabela 9.4: Estimativas e teste associado à fragilidade obtidos para o modelo semiparamétrico de fragilidade gama ajustado aos dados de Nelore.

Covariável	Coeficiente	E. Padrão	χ^2	Valor p
sexo do animal (machos)	0,7912	0,2480	10,18	0,00140
idade vaca no parto (anos)	0,0311	0,0461	0,45	0,50000
fragilidade gama (touros)	–	–	16,71	0,00061

A partir da Tabela 9.4, é possível observar efeito significativo de sexo do animal. A idade da vaca no parto apresentou efeito não significativo. O teste para a fragilidade mostra haver associação significativa entre os tempos dos animais de um mesmo touro $(p = 0{,}00061)$. Retirando a covariável idade da vaca do modelo, obtiveram-se os resultados apresentados na Tabela 9.5.

Tabela 9.5: Estimativas e teste associado à fragilidade obtidos para o modelo de fragilidade gama final ajustado aos dados de Nelore.

Covariável	Coeficiente	Erro padrão	χ^2	Valor p
sexo do animal (machos)	0,797	0,248	10,4	0,001
fragilidade gama (touros)	–	–	24,1	<0,001

Como a fragilidade foi significativa, o que indica a existência de diferenças entre os 4 touros, há interesse em avaliar os valores de z_j estimados, a fim de identificar os touros com melhor desempenho em termos de ganho de

9.11. Exemplos

peso dos animais por eles produzidos. As estimativas desses valores podem ser observadas na Tabela 9.6. A variância estimada de Z_j foi $\widehat{\xi} = 0{,}822$.

Tabela 9.6: Estimativas de z_j associadas aos 4 touros Nelore.

Fragilidade	Estimativas $\widehat{z}_j = \exp\{\widehat{w}_j\}$	I.C.$(\widehat{z}_j)$ 95%
z_1 (touro 1)	0,767	(0,2904; 2,028)
z_2 (touro 2)	0,128	(0,0315; 0,523)
z_3 (touro 3)	1,798	(0,7081; 4,565)
z_4 (touro 4)	1,306	(0,5017; 3,401)

Os resultados apresentados foram obtidos no R usando-se os comandos a seguir:

```
> cattle<-read.table("http://www.ufpr.br/~giolo/Livro/ApendiceA/cattle.txt",h=T)
> attach(cattle)
> require(survival)
> fit1<-coxph(Surv(tempo,censura)~factor(sex)+ agedam + frailty(sire,dist="gamma"))
> summary(fit1)
> fit2<-coxph(Surv(tempo,censura)~factor(sex) + frailty(sire,dist="gamma"))
> summary(fit2)
```

Observe que z_j atua multiplicativamente na função de taxa de falha e, sendo assim, se a função de taxa de falha para um determinado animal cresce rapidamente, isso indica que o peso do animal está aumentando rapidamente. Similarmente, se a função de sobrevivência, expressa por:

$$
\begin{aligned}
S(t \mid \mathbf{x}_{ij}) &= [S_0(t)]^{\left(z_j \exp\{\mathbf{x}'_{ij}\boldsymbol{\beta}\}\right)} \\
&= [S_0(t)]^{\left(\exp\{\mathbf{x}'_{ij}\boldsymbol{\beta}+w_j\}\right)}, \quad t \geq 0,
\end{aligned}
$$

decresce rapidamente, então o peso aumenta rapidamente. Touros com valores de z_j grandes são, portanto, de interesse. Da Tabela 9.6, tem-se, então, que os touros 3 e 4, nesta ordem, são os que apresentaram melhor desempenho quanto à produção de animais com ganho de 160kg mais rápido no período do nascimento ao desmame. Da Tabela 9.5, observa-se, também, que a estimativa associada ao efeito de sexo do animal é positiva o que mostra que animais machos ganham peso mais rapidamente que as fêmeas. Este fato pode ser observado mais claramente a partir das funções de sobrevivência estimadas para os animais dos touros 1 e 3 apresentadas na Figura 9.2.

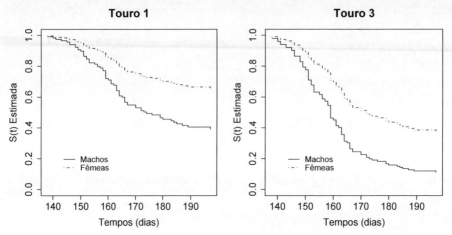

Figura 9.2: Curvas de sobrevivência estimadas para os animais machos e fêmeas dos touros 1 e 3.

Note que o interesse está nas curvas de sobrevivência que decrescem rapidamente, uma vez que a resposta é o tempo até o animal atingir 160kg. A partir da Figura 9.2, pode-se observar claramente que as curvas de sobrevivência para machos e fêmeas do touro 3 apresentam decréscimos mais acentuados ao longo do tempo do que os observados para o touro 1. Logo, animais do touro 3 apresentam melhor desempenho em termos de ganho de peso do que os do touro 1. Em um programa de melhoramento genético animal, por exemplo, o touro 3 deve estar entre os selecionados.

Os gráficos na Figura 9.2 foram obtidos no R por meio dos comandos:

```
> H0<-basehaz(fit2,centered=F)
> S0<-exp(-H0$hazard)
> S3m<-S0^(1.798*exp(0.797))     # machos touro 3
> S3f<-S0^(1.798)                # fêmeas touro 3
> S1m<-S0^(0.767*exp(0.797))     # machos touro 1
```

9.12. Exercícios

```
> S1f<-S0^(0.767)                # fêmeas touro 1
> par(mfrow=c(1,2))
> t<-H0$time
> plot(t,S1m,type="s",ylim=range(c(0,1)),xlab="Tempos(dias)",ylab="S(t) Estimada")
> lines(t,S1f,type="s",lty=4)
> legend(142,0.25, lty=c(1,4),c("Machos", "Fêmeas"), bty="n", cex=0.8)
> title("Touro 1")
> plot(t,S3m,type="s",ylim=range(c(0,1)),xlab="Tempos(dias)",ylab="S(t) Estimada")
> lines(t,S3f,type="s",lty=4)
> legend(142,0.25, lty=c(1,4),c("Machos", "Fêmeas"), bty="n", cex=0.8)
> title("Touro 3")
```

Os dados desse estudo encontram-se originalmente em intervalos de tempo e foram analisados como tal em Giolo et al. (2003). Para o ajuste do modelo apresentado nesta seção, foram usadas interpolações para obtenção dos tempos que foram considerados como exatos. Os dados encontram-se no apêndice A.

9.12 Exercícios

1. Ajuste o modelo de fragilidade gama, no contexto univariado, aos dados de aleitamente materno analisados na Seção 5.7.2 por meio do modelo de Cox.

2. Faça o mesmo usando os dados de câncer de laringe descritos na Seção 5.7.1.

APÊNDICE A

Dados Utilizados no Texto

A.1 Dados de Leucemia Pediátrica   (leucemia.txt)

A.2 Dados de Sinusite em Pacientes HIV   (aids.txt)

A.3 Dados de Aleitamento Materno   (desmame.txt)

A.4 Dados Experimentais com Camundongos   (camun.txt)

A.5 Dados de Tempo de Vida de Mangueiras   (mang.txt)

A.6 Dados de Câncer de Laringe   (laringe.txt)

A.7 Dados do Hormônio de Crescimento   (hg2.txt)

A.8 Dados de Animais da Raça Nelore   (cattle.txt)

A.9 Dados de Pacientes com Câncer de Mama (breast.txt)

Obs: disponíveis para download em: http://www.ufpr.br/~giolo/Livro

320 Apêndice

A.1 Dados utilizados no estudo de leucemia pediátrica (leucemia.txt).

leuini	tempos	cens	idade	zpeso	zest	pas	vac	risk	r6
380	1.76	1	60.52	-0.97	-0.48	0.1	5.7	1.58	1
328	0.26	1	68.04	0.36	1.44	0.6	1.5	1.64	0
84.7	0.129	1	159.93	-1.84	-2.17	0.6	20.4	1.26	1
2.9	3.639	1	92.91	-1.06	-0.69	0.7	1.5	0.96	1
400	4.331	0	156.98	-0.84	-0.82	13.7	1	1.32	1
64	4.252	0	69.62	-0.20	-0.19	2.3	2	1.4	1
13.2	0.687	1	79.08	0.02	-2.29	0.3	2	1.52	1
50	0.003	0	112.43	-1.86	-2.42	0	2.7	1.72	1
34.9	2.07	1	47.97	0.15	0.49	4.5	0	1.8	1
68.3	0.709	1	37.91	-0.21	1.27	0	2.1	1.2	1
1	3.466	1	95.21	-2.08	0.00	43.7	6	0.54	1
24	0.616	1	146.37	-0.49	0.13	0.1	0	1.24	1
140	3.896	0	56.77	-0.07	-1.80	1.2	1.6	1.79	1
5	3.83	0	32.33	-0.32	0.23	0.7	15	0.85	1
49	0.454	1	29.57	0.27	1.11	0	0	2.26	1
68	2.65	1	79.74	-0.66	-1.15	0.1	1	1.3	1
176	3.915	0	160.13	-0.33	-0.98	0.7	4.5	1.06	1
1.6	2.333	1	65.25	2.78	-0.47	0	5	0.6	1
44.6	3.754	0	57.79	0.43	0.19	6.2	13	1.6	1
23.3	1.27	1	69.88	0.57	-0.74	0.7	6.8	1.4	1
6.4	3.704	0	41.59	1.78	1.04	0.2	9.6	0.82	1
15	0.383	0	60.06	-0.51	-0.75	0.5	1.5	1.54	0
96	3.578	0	85.09	-0.74	-1.10	0.3	1.6	1.8	0
4.9	2.902	1	87.06	0.27	0.38	7.8	14	0.72	1
58.2	3.518	0	36.86	-0.17	0.64	0.3	1	1.14	1
6.6	3.485	0	35.94	-0.88	-0.23	0.9	12.8	1.45	1
11.1	2.119	1	86.57	-1.43	-0.33	3.7	24.5	1.16	1
7.5	2.502	1	176.56	-0.84	0.52	0.5	4.3	1.06	0
4.8	3.425	0	70.28	-0.79	-0.36	11.2	1.5	1.3	1
11.7	3.403	0	130.14	0.04	-0.05	0.3	5.3	1.22	1
60	0.715	1	100.34	-0.08	-0.72	0.2	6	1.6	0
3.4	3.198	0	24.41	0.94	2.20	0	5.6	0.9	1
8.7	3.11	0	70.44	-0.31	-1.10	1.2	8.5	0.95	1
2.9	3.209	0	49.45	-0.21	1.60	0.4	12.2	0.58	1
14.8	0.268	0	31.97	0.52	-0.26	0.5	1	1.58	1
168	0.025	1	107.99	0.20	1.38	1.8	16.2	1.36	0
69.8	3.014	0	90.61	-1.91	0.26	0	4.8	1.66	1
123	0.46	1	8.51	-1.44	-0.65	0	15.7	1.6	1
121	2.762	1	38.44	-0.15	0.09	0.4	2.3	1.52	1
86	1.306	1	55.06	0.06	-2.72	0.3	5	1.56	1

A.1 Continuação.

leuini	tempos	cens	idade	zpeso	zest	pas	vac	risk	r6
3.1	2.053	1	51.52	-3.66	-2.1	0	1.1	0.1	1
74	3.006	0	60.32	3.42	0.63	0	44.1	2	1
13.6	2.861	0	72.48	0.25	-1.09	0	0	1.16	1
1.2	1.227	1	57.86	0.24	1.33	0.3	0.1	0.64	1
58.7	2.264	1	36.96	1.48	0.62	21.9	87.7	1.6	1
62.2	0.841	1	82.89	-2.26	-2.77	0.3	0	1.14	1
4.8	0.917	1	124.81	0.11	0.35	0.3	1	1.08	1
51	2.765	0	61.7	-0.46	0.16	35.8	9	1.28	1
30.1	2.738	0	77.73	-1.1	-0.77	6	7.2	1.18	1
8.7	2.757	0	94.29	-1.43	-0.04	0.1	2.5	1.26	1
3.9	2.639	0	90.22	1.07	2.98	51.7	11.7	0.58	1
2.9	0.736	1	99.48	-1.49	-0.98	1.8	0.7	1.42	1
81	0.63	1	132.4	-1.5	-1.85	0	1	2.1	1
8.1	2.464	0	46.16	-1.44	-0.38	39.5	50.3	0.7	1
5.8	2.428	0	42.12	1.04	0.45	4.5	0.2	1.25	1
4.9	1.443	1	105.53	0.14	-0.19	1	55.7	2.1	1
340.8	0.654	1	132.47	-0.56	-0.67	0	3.6	1.72	1
23	2.355	0	153.13	1.59	0.64	0.9	1.8	1.38	1
27.2	2.278	0	84.34	-0.51	0.23	0	1.5	1.3	1
40.8	0.843	1	16.56	-1.63	-0.34	0	0.1	1.74	1
22.5	2.344	0	48.07	0.01	-0.41	1	2.1	1.68	1
13.2	2.171	0	54.93	0.07	-1.14	29.9	0	1.5	1
9.7	2.133	0	18.96	0.87	0.68	27.4	11.9	1.65	1
32.6	2.22	0	29.21	-0.66	0.05	3.3	15.9	1.2	1
8.1	1.322	1	39.69	0.12	0.63	57.4	5.6	1.26	1
113	0.594	1	60.85	0.43	0.71	0	2	2.28	1
19.4	1.96	0	94.46	1.26	-0.95	0	5	1.78	1
4.2	1.927	0	43.93	-0.56	-0.09	4.7	0	0.95	1
10.8	1.832	0	21.98	-0.7	-0.22	49.4	11.5	1	1
69.3	1.941	0	133.13	-0.71	-1.01	0	12	1.8	1
120	0.099	1	90.25	-0.73	-1.43	0.3	0	1.21	1
5.3	1.714	0	33.25	0.53	1.4	0	0	0.92	1
80.5	0.151	0	137.46	-1.21	-0.01	1.8	1.6	1.3	1
4.5	1.697	0	79.67	0.28	0.1	22	0.1	0.89	1
4	1.692	0	115.25	-0.48	0.45	45.7	39.5	0.62	1
1.2	0.214	1	169.07	-2.32	-1.95	3.3	2	0.88	1
69.4	1.624	0	52.96	-0.93	-1.08	37.1	17.9	1.52	1
4.1	1.566	1	75.17	-1.02	0.08	8.4	19.7	1.5	1
4.2	1.528	0	48.99	-1.56	-0.36	0.3	1	0.76	1
61	1.52	0	62	0.71	-0.99	0.4	0	1.06	1

A.1 Continuação.

leuini	tempos	cens	idade	zpeso	zest	pas	vac	risk	r6
620	0.487	1	115.22	2.06	1.51	0.6	1	2.7	0
2.1	1.481	0	81.64	0.04	0.48	83.1	64.4	0.78	1
107.5	1.41	0	105	-0.38	-0.15	40.5	5	1.4	1
11.4	0.003	0	63.08	-1.65	-0.34	0.5	1.5	1.28	1
1.3	1.259	0	98.3	-1.03	-0.55	21.3	68.7	1.1	1
1.4	1.205	0	49.68	-1.23	-2.55	0.7	0.3	0.78	1
65.4	1.18	0	79.11	0.31	1.01	0.4	10.1	1.4	1
9.7	0.572	1	66.76	-2.46	-3.05	71.4	19.7	1.12	1
3.8	1.12	0	97.18	-0.33	-0.16	5.7	4	1.7	1
3.6	1.103	0	20.47	-0.93	-0.42	52.3	8.2	1.42	1
31.7	1.065	0	141.54	-1.55	-0.59	4.2	6.5	1.12	1
6	0.498	1	23.69	-2.72	-2.21	1.5	40.5	0.92	1
9	0.991	0	52.27	-0.91	-0.35	1.5	4.9	1.2	1
17.1	0.991	0	74.55	-1.86	-1.18	7.9	3.1	1	1
26.1	0.994	0	86.7	-0.16	-0.34	6.6	5.7	0.88	1
112	0.898	0	57.43	-0.12	-0.99	3	1.7	1.7	1
7	0.969	0	37.91	-1.79	-1.61	0.9	1.1	1.6	1
5.9	0.895	0	90.09	-1.06	-0.96	0.2	2	0.85	1
102	0.893	0	56.54	0.35	-0.35	53	14.2	1.24	1
24.4	0.701	0	72.18	-2.68	-3.7	2.9	3.2	1.46	0
14.1	0.81	0	21.59	-0.82	-0.19	13.3	12.7	1.2	1
5.6	0.742	0	122.58	0	0.34	0.7	2.5	0.72	1
6.5	0.758	0	88.25	-0.97	-0.11	6.3	1.7	0.75	1

leuini em 1000 leucócitos/mm^3; tempos = resposta em anos; cens = 1 se falha e 0 se censura; idade em meses; zpeso = peso padronizado pela idade e sexo; zest = altura padronizada pela idade e sexo; pas em %; Vac em %, risk = fator de risco em % e r6 = 1 se sucesso.

Apêndice

A.2 Dados utilizados no estudo sobre pacientes com HIV (aids.txt).

pac	id	sex	grp	ti	tf	cens	cd4	cd8	ats	ud	ac
1	31	0	4	0.0	0.0	1	NA	NA	3	2	2
2	22	1	2	0.0	378.0	0	132.0	715	3	2	2
3	32	0	4	0.0	84.0	1	75.0	315	3	2	2
4	36	0	2	0.0	109.0	0	NA	NA	3	2	2
5	34	0	2	0.0	134.0	1	NA	NA	NA	NA	NA
6	29	0	2	0.0	338.0	0	NA	NA	1	2	2
7	29	1	3	0.0	311.0	0	73.0	590	3	2	2
8	22	0	4	0.0	0.0	0	58.0	775	2	2	2
9	38	0	4	0.0	182.0	1	NA	NA	1	2	2
10	32	1	1	0.0	77.0	1	NA	NA	3	2	2
11	30	1	1	0.0	184.0	0	NA	NA	3	2	2
12	33	0	2	0.0	543.0	0	310.0	870	1	2	2
13	35	1	1	0.0	286.0	0	NA	NA	3	2	2
14	41	0	4	0.0	470.0	1	235.0	746	1	2	2
15	31	0	4	0.0	407.0	1	NA	NA	NA	NA	NA
16	48	1	3	0.0	231.0	1	NA	NA	3	2	2
17	31	0	2	0.0	205.0	0	420.0	725	NA	NA	NA
18	21	1	1	0.0	637.0	0	NA	NA	3	2	2
19	22	1	1	0.0	345.0	0	NA	NA	3	2	2
20	32	0	1	0.0	638.0	0	NA	NA	1	2	2
21	37	1	1	0.0	292.0	0	NA	NA	3	2	2
22	25	0	1	0.0	294.0	0	NA	NA	NA	NA	NA
23	NA	0	2	0.0	471.5	0	NA	NA	1	2	2
23	NA	0	4	471.5	507.0	0	NA	NA	1	2	2
24	34	1	3	0.0	141.5	0	5.0	200	3	2	2
24	34	1	4	141.5	244.5	1	5.0	200	3	2	2
25	31	0	4	0.0	49.0	1	NA	NA	1	1	2
26	27	0	4	0.0	511.0	0	NA	NA	3	1	1
27	20	0	2	0.0	498.0	0	210.0	606	3	2	2
27	20	0	4	498.0	611.0	1	210.0	606	3	2	2
28	27	0	2	0.0	308.0	0	NA	NA	NA	NA	NA
28	27	0	4	308.0	371.0	1	NA	NA	NA	NA	NA
29	31	0	4	0.0	681.0	0	30.0	700	3	2	2
30	48	1	2	0.0	703.0	0	610.0	585	3	2	2
31	41	1	1	0.0	660.0	0	417.0	190	3	2	2
32	23	0	1	0.0	661.0	0	527.0	320	2	2	2
33	22	1	2	0.0	492.0	0	NA	NA	3	1	1
34	40	0	3	0.0	42.0	0	48.0	885	2	2	2
34	40	0	4	42.0	583.0	0	48.0	885	2	2	2
35	53	0	2	0.0	276.5	0	200.0	475	3	2	2
35	53	0	3	276.5	611.0	0	200.0	475	3	2	2
36	44	0	4	0.0	35.0	1	5.0	250	2	2	2
37	25	1	1	0.0	562.0	0	NA	NA	3	2	2
38	23	0	2	0.0	665.0	0	458.0	420	NA	NA	NA
39	32	0	4	0.0	294.0	0	53.0	160	2	1	1
40	20	0	2	0.0	0.0	1	278.0	865	1	2	2
41	32	1	2	0.0	644.0	0	218.0	400	3	2	2
42	23	0	2	0.0	266.0	0	360.0	850	1	1	1
43	25	0	2	0.0	273.0	0	55.0	295	2	2	2
44	47	1	4	0.0	525.0	0	250.0	485	3	2	2
45	52	1	2	0.0	143.5	0	130.0	840	3	2	2
45	52	1	4	143.5	619.0	0	130.0	840	3	2	2
46	32	0	2	0.0	94.5	0	173.0	1070	3	2	2
46	32	0	3	94.5	617.0	0	173.0	1070	3	2	2
47	26	0	2	0.0	634.0	0	NA	NA	NA	NA	NA

A.2 Continuação.

pac	id	sex	grp	ti	tf	cens	cd4	cd8	ats	ud	ac
48	30	0	3	0.0	274.0	0	12.5	235	NA	NA	NA
48	30	0	4	274.0	315.0	0	12.5	235	NA	NA	NA
49	37	1	2	0.0	609.0	0	NA	NA	3	2	2
50	40	0	2	0.0	598.0	0	373.0	420	3	2	2
51	35	0	2	0.0	548.0	0	305.0	715	1	2	2
52	26	1	2	0.0	589.0	0	295.0	1145	3	2	2
53	26	0	2	0.0	527.0	0	268.0	405	2	2	2
54	28	1	2	0.0	597.0	0	187.0	255	3	2	2
55	24	0	2	0.0	323.0	0	NA	NA	NA	NA	NA
56	35	1	4	0.0	415.0	1	8.0	140	3	2	2
57	24	1	2	0.0	469.5	1	185.0	670	3	2	2
58	38	0	1	0.0	330.0	0	507.0	550	1	2	2
59	20	0	1	0.0	499.0	0	NA	NA	1	2	2
60	27	0	4	0.0	199.5	1	NA	NA	NA	NA	NA
61	23	0	2	0.0	425.5	0	213.0	1055	3	2	2
61	23	0	3	425.5	478.0	0	213.0	1055	3	2	2
62	28	0	3	0.0	101.5	1	NA	NA	2	1	1
63	55	1	4	0.0	0.0	1	135.0	595	3	2	2
64	40	0	2	0.0	42.0	0	50.0	480	2	2	2
64	40	0	3	42.0	140.0	0	50.0	480	2	2	2
64	40	0	4	140.0	310.5	1	50.0	480	2	2	2
65	42	0	4	0.0	455.0	0	17.5	340	3	2	2
66	19	0	2	0.0	444.0	0	900.0	1085	1	2	2
67	34	0	4	0.0	98.0	0	5.0	227	1	2	2
68	29	0	3	0.0	204.0	0	NA	NA	1	2	2
68	29	0	4	204.0	248.0	0	NA	NA	1	2	2
69	29	0	3	0.0	147.0	1	327.0	1505	NA	NA	NA
70	49	0	1	0.0	283.0	0	NA	NA	3	2	2
71	50	0	4	0.0	0.0	1	67.5	950	3	2	2
72	37	0	1	0.0	351.0	0	NA	NA	1	2	2
73	35	0	2	0.0	365.0	0	275.0	1210	1	2	2
74	27	1	2	0.0	329.0	0	427.0	1315	3	2	2
75	26	0	3	0.0	52.5	1	72.0	430	2	2	2
76	33	0	4	0.0	59.5	1	12.5	85	3	2	2
77	22	0	1	0.0	367.0	0	NA	NA	1	2	2
78	37	0	3	0.0	0.0	1	85.0	1215	2	2	2
79	47	0	2	0.0	371.0	0	127.0	790	1	2	2
80	25	0	1	0.0	306.5	1	NA	NA	NA	NA	NA
81	23	0	2	0.0	343.0	0	NA	NA	NA	NA	NA
82	35	1	4	0.0	278.5	1	NA	NA	3	2	2
83	34	0	4	0.0	325.0	0	20.0	97	NA	NA	NA
84	26	0	2	0.0	330.0	0	243.0	705	NA	NA	NA
85	35	0	1	0.0	260.0	0	NA	NA	2	2	2
86	24	0	1	0.0	304.0	0	NA	NA	2	1	1
87	31	0	3	0.0	158.5	0	NA	NA	3	2	2
87	31	0	4	158.5	267.0	0	NA	NA	3	2	2
88	32	1	2	0.0	297.0	0	563.0	975	3	2	2
89	36	0	2	0.0	297.0	0	327.0	525	NA	NA	NA
90	53	0	3	0.0	275.0	0	38.0	290	1	2	2
91	31	1	4	0.0	13.0	0	68.0	425	3	1	1
92	22	0	2	0.0	125.5	0	370.0	905	1	2	2
92	22	0	3	125.5	254.5	1	370.0	905	1	2	2
93	40	0	3	0.0	43.0	0	NA	NA	1	2	2
93	40	0	4	43.0	259.0	0	NA	NA	1	2	2
94	37	0	2	0.0	295.0	0	290.0	805	1	2	2

Apêndice

A.2 Continuação.

pac	id	sex	grp	ti	tf	cens	cd4	cd8	ats	ud	ac
95	45	0	3	0.0	303.0	0	35.0	410	1	2	2
96	22	1	2	0.0	290.0	0	368.0	625	3	2	2
97	38	0	4	0.0	0.0	1	18.0	233	2	2	2
98	27	1	2	0.0	295.0	0	NA	NA	3	2	2
99	35	0	4	0.0	209.5	1	670.0	900	3	2	2
100	31	0	2	0.0	139.0	0	50.0	560	2	1	2
100	31	0	4	139.0	283.0	0	50.0	560	2	1	2
101	23	0	2	0.0	242.0	0	413.0	810	NA	NA	NA
102	49	0	3	0.0	125.5	0	42.5	320	2	2	2
102	49	0	4	125.5	295.0	0	42.5	320	2	2	2
103	27	0	2	0.0	247.0	0	437.0	850	3	2	2
104	38	0	4	0.0	0.0	1	20.0	155	NA	NA	NA
105	25	0	1	0.0	267.0	0	290.0	173	NA	NA	NA
106	40	0	2	0.0	0.0	1	270.0	1920	1	2	2
107	26	0	4	0.0	19.0	1	193.0	770	NA	NA	NA
108	59	0	1	0.0	269.0	0	NA	NA	NA	NA	NA
109	30	1	2	0.0	130.5	0	277.0	1530	3	2	2
109	30	1	3	130.5	247.0	0	277.0	1530	3	2	2
109	30	1	4	247.0	296.0	0	277.0	1530	3	2	2
110	42	0	2	0.0	247.0	0	257.0	510	2	2	2
111	24	0	2	0.0	86.5	0	57.0	170	NA	NA	NA
111	24	0	3	86.5	192.5	1	57.0	170	NA	NA	NA
112	24	0	2	0.0	226.0	0	NA	NA	NA	NA	NA

pac = paciente; id = idade(anos); sex = sexo (0 = masculino e 1 = feminino), grp = grupo de risco (1 se soronegativo, 2 se soropositivo, 3 se ARC, 4 se aids); ti = tempo inicial no grupo; tf = tempo final no grupo; cens = 0 se censura e 1 se falha; cd4 = contagem de CD4; cd8 = contagem de CD8; ats = atividade sexual (1 se homo, 2 se bi e 3 se heterosexual); ud = uso de droga injetável (1 se sim e 2 se não); as = aspira cocaína (1 se sim e 2 se não) e NA= valor não observado (*missing*).

A.3 Dados utilizados no estudo sobre aleitamento materno (desmame.txt).

id	tempo	cens	V3	V2	V7	V11	V4	V1	V6	V10	V8	V9	V5
1	6	1	0	0	0	1	0	0	0	1	1	1	0
5	8	1	0	0	0	1	1	1	1	1	1	1	1
6	0.1	1	1	0	0	0	1	1	0	1	0	0	1
8	5	1	0	1	0	1	1	0	0	0	0	0	0
9	3	1	0	0	0	1	1	0	0	1	0	0	0
15	5	1	1	0	0	0	1	1	0	0	0	0	1
18	7	1	0	0	0	1	0	0	0	1	0	0	0
22	2	1	0	0	0	1	1	1	0	1	0	0	0
24	3	1	0	0	0	1	0	1	1	1	1	0	0
27	4	1	0	1	0	1	0	0	0	1	0	1	0
30	4	1	1	0	0	0	0	0	0	1	1	0	1
34	1	1	1	0	0	1	1	0	1	1	1	0	0
36	5	1	0	0	0	1	1	1	0	1	0	0	1
37	2.5	1	1	0	0	0	1	1	0	0	1	0	0
44	4	1	1	0	0	0	0	0	0	0	1	0	0
49	6	1	0	0	0	0	0	0	0	0	1	0	0
51	9	1	0	0	0	0	1	0	0	0	0	0	0
57	10	1	1	0	0	1	0	0	1	1	0	0	0
60	1	1	0	1	0	0	1	0	1	0	1	0	0
61	1	1	1	1	0	0	0	0	0	1	1	0	0
62	0.1	1	0	0	0	1	1	1	1	0	1	0	1
65	14	1	1	0	0	1	1	1	0	1	1	0	1
68	8	1	0	1	0	0	0	0	1	1	1	0	0
69	1.8	1	0	0	0	1	0	1	0	1	1	0	1
71	4	1	0	0	0	0	1	0	1	1	0	0	0
72	0.1	1	1	0	0	1	0	0	1	0	1	0	1
76	0.7	1	1	0	0	1	1	1	1	1	0	0	0
77	5	1	0	0	0	0	0	1	0	1	1	0	0
78	1	1	1	0	0	1	1	1	1	1	1	0	0
79	4	1	0	1	0	0	1	0	0	0	0	0	0
80	0.5	1	1	0	0	0	1	1	0	0	1	0	0
81	1	1	1	0	0	1	1	1	0	1	1	0	0
82	0.5	1	1	1	0	1	1	0	0	1	1	0	0
83	0.5	1	1	0	1	1	1	1	0	1	1	0	0
86	4	1	0	0	0	1	0	1	1	0	1	0	0
87	1	1	1	0	0	0	0	0	1	1	0	0	0
91	2.5	1	1	0	0	0	1	0	1	1	0	0	0
93	11.5	1	1	0	0	1	0	0	1	0	0	1	0
95	10	1	1	1	0	1	0	0	1	1	1	0	0
96	18	1	1	0	0	1	1	0	1	1	0	0	1
104	8	1	0	0	0	1	0	0	1	1	1	0	1
106	2	1	1	1	0	0	0	0	1	1	0	0	0
107	0.7	1	1	0	0	0	1	1	0	1	0	0	1
108	2.5	1	1	1	0	0	1	0	0	0	1	0	0
111	12	1	0	0	0	1	1	1	0	1	1	0	0
114	6	1	1	1	0	0	0	0	0	0	1	0	0
116	3.5	1	1	0	0	1	1	1	1	0	0	0	1
117	8	1	1	0	0	0	0	0	0	1	0	0	0
118	4	1	1	0	0	1	0	1	1	0	0	0	0
122	5	1	0	0	0	0	0	1	0	0	1	0	0
129	4	1	0	0	0	0	0	1	0	0	1	0	0
131	2.5	1	1	0	0	1	1	0	1	1	0	0	1
132	4	1	1	0	0	1	1	1	0	1	1	0	1
133	0.9	1	1	0	0	0	1	1	0	0	0	0	0
135	3.5	1	1	0	0	0	0	0	0	0	0	0	0

Apêndice

A.3 Continuação.

id	tempo	cens	V3	V2	V7	V11	V4	V1	V6	V10	V8	V9	V5
136	5	1	0	0	0	0	0	1	0	0	0	0	0
139	3	1	0	0	0	1	1	1	0	1	0	1	0
140	0.1	1	0	0	0	0	1	1	1	0	1	0	0
143	2.5	1	1	0	0	0	1	0	1	0	0	0	1
144	1	1	0	0	0	0	0	1	1	0	0	0	0
146	2.5	1	1	0	0	1	1	1	1	1	1	0	0
148	1.6	1	0	0	0	1	1	1	1	1	1	1	0
149	1.5	1	1	0	0	0	1	1	0	1	1	0	0
152	5	1	0	0	0	1	0	0	1	1	0	0	0
154	5.9	1	0	0	1	0	1	1	0	0	1	0	0
2	10	0	0	0	1	0	0	1	0	0	0	1	0
3	17	0	1	0	0	0	1	0	0	0	0	0	0
4	0.5	0	1	0	0	1	1	0	1	1	1	0	0
7	11	0	0	1	0	0	0	0	0	0	1	0	0
10	2	0	1	0	0	1	1	1	1	1	0	0	0
11	2	0	1	1	0	0	0	0	0	0	1	0	0
12	2	0	1	0	0	1	1	1	1	1	1	0	0
13	1	0	0	0	0	0	1	0	0	0	0	0	0
16	1	0	0	0	0	0	1	1	1	1	0	0	0
17	21	0	1	1	0	1	0	0	0	1	0	0	0
19	0.5	0	0	0	0	1	0	1	0	1	0	0	0
20	2	0	0	1	0	0	0	0	0	1	1	0	0
21	8	0	0	1	0	0	0	0	0	0	1	0	0
23	2	0	1	0	0	1	1	1	1	1	0	1	1
25	12	0	0	0	0	0	1	1	0	1	0	0	0
26	4	0	0	0	0	0	0	0	0	0	0	0	0
28	24	0	1	0	0	0	0	0	0	0	0	0	0
29	8	0	0	0	0	0	0	0	0	0	1	0	0
31	24	0	0	0	1	0	1	1	0	0	0	1	0
32	19	0	0	1	0	0	0	0	0	0	1	0	0
33	4	0	0	0	0	0	0	1	0	0	1	0	0
35	5	0	0	0	0	1	0	1	0	1	1	1	0
38	3.5	0	1	0	0	0	0	0	0	0	0	0	0
39	1	0	0	0	0	1	0	0	1	1	0	0	0
40	0.9	0	0	0	0	0	0	0	0	0	0	0	0
41	0.4	0	1	1	1	0	1	0	0	1	0	0	0
42	1	0	0	0	0	0	0	1	0	0	0	0	0
43	4	0	1	0	0	1	0	0	1	1	0	0	0
45	2	0	1	1	0	1	0	0	1	0	1	0	0
46	12	0	0	0	0	0	0	0	0	0	1	0	0
47	1	0	1	0	0	1	1	1	1	1	1	0	1
48	11	0	0	0	0	1	0	0	1	0	0	0	1
50	3	0	1	0	0	0	1	1	0	1	1	0	0
52	6	0	0	0	0	0	0	0	0	0	0	0	0
53	9	0	0	0	0	0	0	1	0	0	0	0	0
54	0.9	0	0	0	1	0	0	0	1	1	1	0	0
55	16	0	0	0	0	1	0	0	0	1	0	1	0
56	4	0	1	0	0	1	0	0	1	1	1	0	0
58	1	0	0	0	1	0	1	0	0	1	0	0	1
59	3	0	0	0	0	1	1	0	1	1	1	0	0
63	4	0	0	0	1	1	0	1	1	1	1	0	0
64	2	0	0	1	0	0	0	0	0	0	1	0	0
66	10	0	1	0	0	0	0	1	0	0	0	0	0
67	2	0	1	1	0	1	0	0	0	1	1	0	0
70	0.3	0	1	0	0	0	0	0	0	0	0	0	0

A.3 Continuação.

id	tempo	cens	V3	V2	V7	V11	V4	V1	V6	V10	V8	V9	V5
73	8	0	0	1	0	0	0	0	0	0	1	0	1
74	0.6	0	1	0	0	0	0	0	0	0	0	0	1
75	2	0	1	0	0	1	1	1	1	1	0	0	0
84	2	0	0	0	0	0	0	0	0	0	0	1	0
85	3	0	0	1	0	1	1	0	1	1	0	0	0
89	8	0	0	1	0	0	0	0	0	0	1	0	1
90	9	0	0	0	0	0	1	0	0	1	0	0	0
92	16	0	1	1	0	1	0	0	1	1	0	1	0
94	4	0	1	0	0	0	0	0	0	1	1	0	1
97	2	0	0	0	0	0	0	0	0	0	1	0	0
98	2	0	1	1	0	0	0	0	0	1	0	0	0
99	1	0	1	0	0	0	0	1	0	0	1	0	0
100	10	0	0	0	0	1	1	1	0	1	1	0	1
101	7	0	0	0	0	1	1	1	1	1	1	0	0
102	1	0	0	1	0	0	0	0	0	1	0	1	0
103	1	0	1	0	0	1	0	0	1	1	0	0	0
105	2	0	0	1	0	0	0	0	0	0	1	0	0
109	9	0	0	1	1	0	1	0	0	1	0	0	0
110	16	0	1	0	0	0	0	0	0	0	1	0	0
112	10	0	0	0	0	0	1	1	0	1	0	0	0
113	4	0	0	1	0	0	0	0	0	0	1	1	0
115	1	0	1	1	0	1	1	0	1	1	0	0	0
120	2	0	1	0	0	1	0	1	0	0	0	1	0
121	5	0	1	0	0	0	0	0	0	0	0	0	0
123	2	0	0	0	0	1	1	1	1	1	0	0	0
124	13	0	1	0	0	0	0	1	0	0	1	0	0
125	3	0	0	1	0	1	1	0	0	1	0	1	0
126	3	0	0	1	0	1	1	0	0	1	1	1	0
127	1.6	0	1	0	0	1	1	0	0	1	1	0	1
128	16	0	1	0	1	0	0	1	0	0	1	0	1
130	12	0	0	0	0	0	0	1	0	0	0	1	0
134	4	0	0	0	0	1	0	0	1	1	0	0	0
138	14	0	0	0	0	0	0	1	0	0	0	0	0
141	13	0	0	0	0	0	1	1	0	0	1	0	1
142	14	0	0	0	0	0	0	1	1	1	1	0	0
145	14	0	0	1	0	1	0	0	0	0	0	0	0
147	17	0	1	0	0	1	1	0	1	1	0	0	0
150	12	0	0	1	0	0	1	0	0	0	0	0	0
151	0.1	0	1	0	0	1	1	1	1	1	0	0	0
153	9	0	1	1	0	1	0	0	1	1	1	0	0

id = identificação da mãe; tempo = tempo de aleitamento materno (meses); cens = 1 se falha e 0 se censura); V1 a V11 descritas no texto.

Apêndice

A.4 Dados experimentais utilizando camundongos (camum.txt).

Grupo	Peso	Tempo de Vida	Censura	Grupo	Peso	Tempo de Vida	Censura
1	19.9	7	1	3	22.6	7	0
1	19.7	7	1	3	19.1	7	0
1	16.4	5	1	3	15.1	7	0
1	17.0	7	0	3	19.2	7	0
1	21.6	7	0	3	20.3	7	0
1	24.6	7	0	3	19.3	7	0
1	22.7	7	0	3	21.3	7	0
1	15.9	7	0	3	22.3	7	0
1	18.9	7	0	3	21.0	9	1
1	15.7	7	0	3	19.1	11	1
1	20.4	7	0	3	17.4	11	1
1	15.8	7	0	3	20.4	18	1
1	16.9	7	0	3	21.0	25	1
1	15.3	7	0	4	21.5	5	1
1	17.3	7	0	4	22.0	5	1
1	18.0	9	1	4	19.7	5	1
1	20.6	10	1	4	22.5	7	1
1	21.2	12	1	4	25.6	7	1
1	17.9	12	1	4	21.7	7	1
1	20.9	14	1	4	19.5	7	0
2	15.1	3	1	4	23.8	7	0
2	17.1	4	1	4	21.0	7	0
2	21.9	7	1	4	20.2	7	0
2	18.6	7	0	4	16.5	7	0
2	15.7	7	0	4	22.7	7	0
2	19.9	7	0	4	22.9	7	0
2	14.6	7	0	4	16.9	7	0
2	18.3	7	0	4	22.1	7	0
2	14.5	7	0	4	17.9	7	0
2	20.7	7	0	4	22.1	7	0
2	16.7	7	0	4	21.5	7	0
2	24.3	7	0	4	22.1	7	0
2	23.9	7	0	4	23.0	7	0
2	22.4	7	0	4	24.7	7	0
2	18.9	7	0	4	19.5	7	0
2	18.2	8	1	4	24.8	7	0
2	18.0	9	1	4	20.1	7	0
2	24.4	9	1	4	19.8	7	0
2	18.8	11	1	4	19.7	7	0
2	19.9	18	1	4	17.9	7	0
3	23.4	7	0	4	21.1	7	0
3	26.8	7	0	4	19.0	5	1
3	23.4	7	0	4	16.4	7	1
3	26.2	7	0	4	20.3	8	1
3	20.6	7	0	4	21.6	8	1
3	24.4	7	0	4	20.8	17	1
3	23.4	7	0				

Censura = 1 se falha e 0 se censura.

A.5 Dados do estudo sobre o tempo de vida de mangueiras (mang.txt).

ano	ti	cens	li	ui	co	ca	bl	ano	ti	cens	li	ui	co	ca	bl
85	14	1	12	14	1	1	3	88	17	1	16	17	4	1	5
85	14	1	12	14	1	1	4	90	19	1	18	19	4	1	3
88	17	1	16	17	1	1	5	92	21	0	21	NA	4	1	4
90	19	1	18	19	1	1	1	92	21	0	21	NA	4	1	2
92	21	0	21	NA	1	1	2	92	21	0	21	NA	4	1	1
85	14	1	12	14	1	2	3	73	2	1	0	2	4	2	2
85	14	1	12	14	1	2	4	86	15	1	14	15	4	2	1
85	14	1	12	14	1	2	5	86	15	1	14	15	4	2	4
88	17	1	16	17	1	2	1	92	21	0	21	NA	4	2	3
88	17	1	16	17	1	2	2	92	21	0	21	NA	4	2	5
88	17	1	16	17	1	3	5	86	15	1	14	15	4	3	1
89	18	1	17	18	1	3	1	88	17	1	16	17	4	3	3
90	19	1	18	19	1	3	4	88	17	1	16	17	4	3	4
92	21	0	21	NA	1	3	3	90	19	1	18	19	4	3	2
92	21	0	21	NA	1	3	2	92	21	1	19	21	4	3	5
81	10	1	4	10	1	4	4	81	10	1	4	10	4	4	2
88	17	1	16	17	1	4	1	85	14	1	12	14	4	4	5
88	17	1	16	17	1	4	5	87	16	1	15	16	4	4	4
92	21	0	21	NA	1	4	2	92	21	0	21	NA	4	4	1
92	21	0	21	NA	1	4	3	92	21	0	21	NA	4	4	3
73	2	1	0	2	1	5	1	73	2	1	0	2	4	5	2
85	14	1	12	14	1	5	3	81	10	1	4	10	4	5	4
88	17	1	16	17	1	5	5	85	14	1	12	14	4	5	5
90	19	1	18	19	1	5	4	92	21	0	21	NA	4	5	1
92	21	0	21	NA	1	5	2	92	21	0	21	NA	4	5	3
81	10	1	4	10	1	6	4	87	16	1	15	16	4	6	2
87	16	1	15	16	1	6	5	90	19	1	18	19	4	6	4
89	18	1	17	18	1	6	1	90	19	1	18	19	4	6	5
90	19	1	18	19	1	6	2	92	21	1	19	21	4	6	3
90	19	1	18	19	1	6	3	92	21	1	19	21	4	6	1
73	2	1	0	2	1	7	5	87	16	1	15	16	4	7	4
87	16	1	15	16	1	7	4	87	16	1	15	16	4	7	5
90	19	1	18	19	1	7	3	89	18	1	17	18	4	7	3
92	21	0	21	NA	1	7	2	92	21	0	21	NA	4	7	1
92	21	0	21	NA	1	7	1	92	21	0	21	NA	4	7	2
89	18	1	17	18	2	1	5	73	2	1	0	2	5	1	5
90	19	1	18	19	2	1	4	85	14	1	12	14	5	1	1
92	21	0	21	NA	2	1	3	89	18	1	17	18	5	1	2
92	21	0	21	NA	2	1	2	90	19	1	18	19	5	1	3
92	21	0	21	NA	2	1	1	92	21	0	21	NA	5	1	4
87	16	1	15	16	2	2	4	85	14	1	12	14	5	2	2
88	17	1	16	17	2	2	1	85	14	1	12	14	5	2	4
90	19	1	18	19	2	2	5	89	18	1	17	18	5	2	3
92	21	0	21	NA	2	2	2	92	21	0	21	NA	5	2	1
92	21	0	21	NA	2	2	3	92	21	0	21	NA	5	2	5
92	21	0	21	NA	2	3	1	86	15	1	14	15	5	3	1
92	21	0	21	NA	2	3	2	86	15	1	14	15	5	3	2
92	21	0	21	NA	2	3	3	88	17	1	16	17	5	3	4
92	21	0	21	NA	2	3	4	92	21	0	21	NA	5	3	3
92	21	0	21	NA	2	3	5	92	21	0	21	NA	5	3	5
81	10	1	4	10	2	4	3	81	10	1	4	10	5	4	5
88	17	1	16	17	2	4	5	85	14	1	12	14	5	4	2
89	18	1	17	18	2	4	1	86	15	1	14	15	5	4	3
90	19	1	18	19	2	4	2	87	16	1	15	16	5	4	4
92	21	1	19	21	2	4	4	92	21	0	21	NA	5	4	1

Apêndice

A.5 Continuação.

ano	ti	cens	li	ui	co	ca	bl	ano	ti	cens	li	ui	co	ca	bl
73	2	1	0	2	2	5	1	73	2	1	0	2	5	5	2
74	3	1	2	3	2	5	2	86	15	1	14	15	5	5	1
74	3	1	2	3	2	5	3	89	18	1	17	18	5	5	5
88	17	1	16	17	2	5	4	92	21	0	21	NA	5	5	3
92	21	0	21	NA	2	5	5	92	21	0	21	NA	5	5	4
83	12	1	10	12	2	6	5	86	15	1	14	15	5	6	1
90	19	1	18	19	2	6	1	88	17	1	16	17	5	6	4
90	19	1	18	19	2	6	4	92	21	1	19	21	5	6	5
92	21	0	21	NA	2	6	2	92	21	0	21	NA	5	6	2
92	21	0	21	NA	2	6	3	92	21	0	21	NA	5	6	3
88	17	1	16	17	2	7	2	74	3	1	2	3	5	7	2
88	17	1	16	17	2	7	5	88	17	1	16	17	5	7	3
90	19	1	18	19	2	7	3	92	21	0	21	NA	5	7	1
90	19	1	18	19	2	7	4	92	21	0	21	NA	5	7	4
92	21	0	21	NA	2	7	1	92	21	0	21	NA	5	7	5
73	2	1	0	2	3	1	5	85	14	1	12	14	6	1	2
89	18	1	17	18	3	1	4	86	15	1	14	15	6	1	1
92	21	0	21	NA	3	1	3	87	16	1	15	16	6	1	4
92	21	0	21	NA	3	1	2	88	17	1	16	17	6	1	5
92	21	0	21	NA	3	1	1	89	18	1	17	18	6	1	3
74	3	1	2	3	3	2	4	85	14	1	12	14	6	2	1
74	3	1	2	3	3	2	5	85	14	1	12	14	6	2	3
88	17	1	16	17	3	2	2	85	14	1	12	14	6	2	5
92	21	0	21	NA	3	2	1	86	15	1	14	15	6	2	2
92	21	0	21	NA	3	2	3	90	19	1	18	19	6	2	4
73	2	1	0	2	3	3	3	85	14	1	12	14	6	3	4
73	2	1	0	2	3	3	5	87	16	1	15	16	6	3	5
88	17	1	16	17	3	3	4	88	17	1	16	17	6	3	3
92	21	0	21	NA	3	3	2	88	17	1	16	17	6	3	2
92	21	0	21	NA	3	3	1	88	17	1	16	17	6	3	1
74	3	1	2	3	3	4	5	85	14	1	12	14	6	4	1
75	4	1	3	4	3	4	3	86	15	1	14	15	6	4	3
87	16	1	15	16	3	4	4	87	16	1	15	16	6	4	2
90	19	1	18	19	3	4	1	88	17	1	16	17	6	4	4
92	21	0	21	NA	3	4	2	88	17	1	16	17	6	4	5
74	3	1	2	3	3	5	2	83	12	1	10	12	6	5	4
74	3	1	2	3	3	5	4	85	14	1	12	14	6	5	1
87	16	1	15	16	3	5	5	85	14	1	12	14	6	5	2
90	19	1	18	19	3	5	3	85	14	1	12	14	6	5	3
92	21	0	21	NA	3	5	1	85	14	1	12	14	6	5	5
73	2	1	0	2	3	6	1	85	14	1	12	14	6	6	2
86	15	1	14	15	3	6	3	87	16	1	15	16	6	6	4
90	19	1	18	19	3	6	4	87	16	1	15	16	6	6	1
90	19	1	18	19	3	6	5	88	17	1	16	17	6	6	3
92	21	0	21	NA	3	6	2	90	19	1	18	19	6	6	5
73	2	1	0	2	3	7	2	81	10	1	4	10	6	7	4
81	10	1	4	10	3	7	5	86	15	1	14	15	6	7	3
90	19	1	18	19	3	7	1	87	16	1	15	16	6	7	5
90	19	1	18	19	3	7	4	88	17	1	16	17	6	7	1
92	21	1	19	21	3	7	3	90	19	1	18	19	6	7	2

ano = ano em que a mangueira falhou ou foi visitada pela última vez, ti = tempo de vida da mangueira (anos), cens = 1 se falha e 0 se censura, li = limite inferior do intervalo, ui = limite superior do intervalo de tempo de vida em que NA significa infinito, co = copa, ca = cavalo e bl = bloco.

Nota: Para o ajuste dos modelos de riscos proporcionais e logístico é necessário obter o arquivo dadmang.txt mencionado no texto. Este foi obtido no *SAS*, a partir do arquivo mang.txt, por:

```
options nonumber linesize=90 ps=500;
data mang;
input obs ano $ ti cens li ui copa $ cavalo $ bloco $ an $ freq;
datalines;
1    85 13    1 11 13    1      1    3  6 1
2    85 13    1 11 13    1      1    4  6 1
.....
210  90 18    1 17 18    6      7    2 11 1
;
run;
 proc print data=mang;
 run;
 data dadmang;
     retain interv1-interv12 0;
     array dd[12] interv1-interv12;
     set mang;
     if an = 13 then do interv=1 to 12;
        y=0; dd[interv]=1;
        output;
        dd[interv]=0;
     end;
     else do interv=1 to an;
        if interv=an then y=1;
        else y=0;
        dd[interv]=1;
        output;
        dd[interv]=0;
     end;
proc print data=dadmang;
run;
```

Apêndice

A.6 Dados do estudo sobre câncer de laringe (laringe.txt).

id	tempos	cens	idade	estagio	id	tempos	cens	idade	estagio
1	0.6	1	77	1	46	4.3	0	64	2
2	1.3	1	53	1	47	5.0	0	66	2
3	2.4	1	45	1	48	7.5	0	50	2
4	3.2	1	58	1	49	7.6	0	53	2
5	3.3	1	76	1	50	9.3	0	61	2
6	3.5	1	43	1	51	0.3	1	49	3
7	3.5	1	60	1	52	0.3	1	71	3
8	4.0	1	52	1	53	0.5	1	57	3
9	4.0	1	63	1	54	0.7	1	79	3
10	4.3	1	86	1	55	0.8	1	82	3
11	5.3	1	81	1	56	1.0	1	49	3
12	6.0	1	75	1	57	1.3	1	60	3
13	6.4	1	77	1	58	1.6	1	64	3
14	6.5	1	67	1	59	1.8	1	74	3
15	7.4	1	68	1	60	1.9	1	53	3
16	2.5	0	57	1	61	1.9	1	72	3
17	3.2	0	51	1	62	3.2	1	54	3
18	3.3	0	63	1	63	3.5	1	81	3
19	4.5	0	48	1	64	5.0	1	59	3
20	4.5	0	68	1	65	6.3	1	70	3
21	5.5	0	70	1	66	6.4	1	65	3
22	5.9	0	47	1	67	7.8	1	68	3
23	5.9	0	58	1	68	3.7	0	52	3
24	6.1	0	77	1	69	4.5	0	66	3
25	6.2	0	64	1	70	4.8	0	54	3
26	6.5	0	79	1	71	4.8	0	63	3
27	6.7	0	61	1	72	5.0	0	49	3
28	7.0	0	66	1	73	5.1	0	69	3
29	7.4	0	73	1	74	6.5	0	65	3
30	8.1	0	56	1	75	8.0	0	78	3
31	8.1	0	73	1	76	9.3	0	69	3
32	9.6	0	58	1	77	10.1	0	51	3
33	10.7	0	68	1	78	0.1	1	65	4
34	0.2	1	86	2	79	0.3	1	71	4
35	1.8	1	64	2	80	0.4	1	76	4
36	2.0	1	63	2	81	0.8	1	65	4
37	3.6	1	70	2	82	0.8	1	78	4
38	4.0	1	81	2	83	1.0	1	41	4
39	6.2	1	74	2	84	1.5	1	68	4
40	7.0	1	62	2	85	2.0	1	69	4
41	2.2	0	71	2	86	2.3	1	62	4
42	2.6	0	67	2	87	3.6	1	71	4
43	3.3	0	51	2	88	3.8	1	84	4
44	3.6	0	72	2	89	2.9	0	74	4
45	4.3	0	47	2	90	4.3	0	48	4

id = identificação do paciente; tempos = tempo até a morte (meses); cens = 1 se falha
e 0 se censura; estágio = estágio da doença, idade em anos.

A.7 Dados do hormônio de crescimento (hg2.txt).

id	tempos	cens	raca	ialtura	trauma	recemnas	renda
1	27	1	1	100.0	2	1	3
2	7	0	1	100.0	2	1	2
3	47	1	2	113.0	1	2	1
4	19	0	1	119.5	NA	1	4
5	12	0	1	125.0	1	1	2
6	10	0	1	120.5	2	1	2
7	24	1	1	120.0	2	1	4
8	7	0	1	140.0	2	1	4
9	30	1	1	96.5	2	1	2
10	10	1	1	142.0	2	1	4
11	9	0	1	137.0	2	2	3
12	8	0	1	150.0	2	1	4
13	7	0	1	121.5	2	2	1
14	37	1	1	80.0	2	2	1
15	38	1	1	108.0	2	1	3
16	7	0	1	132.0	2	1	2
17	38	1	1	71.0	1	1	3
18	11	1	1	144.0	1	1	2
19	8	0	1	107.5	2	1	2
20	20	1	1	108.0	2	1	2
21	41	1	2	103.5	1	1	1
22	39	1	2	108.5	2	2	1
23	8	0	1	115.0	1	2	1
24	7	0	1	136.5	1	2	2
25	13	0	2	136.0	1	2	NA
26	20	0	2	125.0	2	1	2
27	13	0	1	121.5	2	2	3
28	29	1	1	102.5	2	2	4
29	40	1	1	123.0	2	1	2
30	45	1	2	123.0	1	2	1
31	29	1	1	118.5	2	1	3
32	9	0	1	134.5	2	NA	2
33	24	1	1	124.0	2	NA	4
34	47	1	1	102.0	2	1	1
35	43	1	2	118.5	1	1	2
36	10	0	1	123.5	2	1	3
37	47	1	2	125.0	2	1	2
38	15	0	1	128.5	2	1	2
39	7	0	1	104.0	NA	NA	1
40	37	1	1	96.0	2	1	4
41	20	0	1	83.0	1	2	1
42	49	1	1	109.5	NA	NA	NA
43	15	0	1	115.0	1	1	1
44	10	1	1	135.0	1	1	2
45	8	0	1	145.0	2	1	4
46	15	0	1	119.0	1	1	3
47	10	0	1	100.5	2	1	1
48	14	0	1	131.0	2	NA	1
49	10	0	1	134.0	1	1	2
50	13	0	1	95.0	2	1	1
51	15	0	1	115.0	2	1	3
52	8	0	1	132.5	2	2	4
53	13	0	1	124.0	2	1	4
54	9	0	1	131.0	1	1	1
55	19	1	1	118.0	2	1	4

Apêndice

A.7 Continuação.

id	tempos	cens	raca	ialtura	trauma	recemnas	renda
56	4	0	1	150.0	1	1	1
57	7	0	2	133.0	2	1	1
58	7	0	1	130.0	2	1	2
59	4	0	1	134.0	2	2	1
60	4	0	1	154.8	2	1	4
61	6	0	1	106.0	2	2	1
62	39	1	1	90.8	2	1	2
63	8	0	1	72.0	2	1	3
64	19	1	1	108.0	1	1	2
65	5	0	1	122.5	2	NA	1
66	7	0	1	113.8	1	1	3
67	10	0	1	94.0	1	1	1
68	43	1	1	120.0	2	1	2
69	4	0	1	92.5	1	1	2
70	4	0	1	147.5	2	2	1
71	4	0	1	109.5	2	2	2
72	44	1	1	109.0	2	1	2
73	12	1	1	130.0	2	1	1
74	11	1	1	131.8	2	NA	1
75	7	0	1	131.5	2	NA	1
76	22	1	1	109.8	2	2	1
77	16	1	1	137.5	2	1	4
78	12	1	1	134.0	2	1	4
79	24	1	1	97.8	1	2	1
80	11	1	1	152.0	2	1	4

A.8 Dados do estudo realizado com animais da raça Nelore (cattle.txt).

id	sire	tempo	censura	sex	agedam	id	sire	tempo	censura	sex	agedam
1	1	198	0	0	13	79	2	199	0	0	?
2	1	176	1	1	12	80	2	183	0	0	3
3	1	184	0	0	9	81	2	188	0	0	3
4	1	187	1	1	10	82	2	190	0	1	3
5	1	197	1	1	10	83	2	206	0	0	3
6	1	196	0	0	8	84	2	192	0	0	3
7	1	217	0	0	8	85	2	182	0	0	3
8	1	186	0	0	8	86	2	195	0	0	3
9	1	163	1	1	8	87	2	205	0	0	3
10	1	201	0	0	8	88	2	199	0	0	3
11	1	185	1	1	8	89	2	189	0	0	3
12	1	190	0	0	8	90	2	195	0	0	3
13	1	202	0	0	8	91	2	185	0	0	3
14	1	143	1	0	8	92	2	191	0	0	3
15	1	161	1	1	7	93	2	191	0	0	3
16	1	203	0	1	7	94	3	158	1	1	14
17	1	174	1	1	7	95	3	157	1	1	14
18	1	193	0	0	7	96	3	199	0	0	13
19	1	163	1	1	7	97	3	149	1	0	12
20	1	153	1	0	7	98	3	170	1	1	12
21	1	166	1	1	7	99	3	164	1	1	12
22	1	159	1	0	7	100	3	168	0	0	12
23	1	190	0	0	6	101	3	209	0	0	10
24	1	159	1	0	6	102	3	164	1	0	10
25	1	194	0	1	6	103	3	156	1	0	9
26	1	184	1	1	6	104	3	218	0	0	9
27	1	166	1	1	6	105	3	141	1	0	9
28	1	204	0	0	3	106	3	204	0	0	9
29	1	165	1	1	6	107	3	151	1	0	9
30	1	199	0	0	6	108	3	172	1	0	9
31	1	196	0	0	5	109	3	210	0	0	9
32	1	160	1	1	4	110	3	155	1	0	8
33	1	200	0	0	4	111	3	170	1	0	8
34	1	197	0	0	4	112	3	199	0	0	7
35	1	200	0	0	4	113	3	152	1	0	7
36	1	203	0	0	4	114	3	151	1	1	7
37	1	193	0	1	4	115	3	173	1	0	7
38	1	164	1	0	3	116	3	148	1	0	7
39	1	200	0	1	3	117	3	159	1	0	7
40	1	153	1	1	3	118	3	159	1	0	6
41	1	198	0	0	3	119	3	207	0	0	6
42	1	211	0	0	3	120	3	159	1	1	6
43	1	172	1	1	3	121	3	179	1	1	6
44	1	193	0	1	3	122	3	167	1	1	6
45	1	206	0	0	3	123	3	212	0	0	6
46	1	207	0	0	3	124	3	162	1	0	6
47	1	146	1	0	3	125	4	152	1	0	16
48	1	167	1	1	3	126	4	151	1	0	15
49	1	192	0	1	3	127	4	218	0	0	12
50	1	158	1	1	3	128	4	202	0	0	12
51	1	163	1	1	3	129	4	201	0	0	12
52	1	204	0	0	3	130	4	163	1	0	11
53	1	204	0	0	3	131	4	159	1	0	11
54	1	140	1	0	3	132	4	189	1	1	11
55	1	146	1	0	3	133	4	161	1	0	11

Apêndice

A.8 Continuação.

id	sire	tempo	censura	sex	agedam	id	sire	tempo	censura	sex	agedam
56	1	217	0	0	3	134	4	164	1	0	11
57	2	193	0	1	11	135	4	153	1	0	10
58	2	196	0	0	10	136	4	190	0	0	10
59	2	180	0	1	5	137	4	218	0	0	10
60	2	219	0	1	4	138	4	214	0	0	10
61	2	211	0	1	4	139	4	166	1	1	10
62	2	150	1	1	4	140	4	201	0	0	10
63	2	196	0	1	4	141	4	166	1	0	9
64	2	203	0	1	4	142	4	199	0	1	9
65	2	143	0	0	3	143	4	149	1	0	9
66	2	192	0	0	3	144	4	156	1	0	9
67	2	194	0	1	3	145	4	183	1	1	8
68	2	198	0	0	3	146	4	203	0	0	7
69	2	192	0	0	3	147	4	161	1	0	6
70	2	203	0	0	3	148	4	179	1	1	6
71	2	189	0	0	3	149	4	145	1	0	6
72	2	138	1	1	3	150	4	223	0	0	6
73	2	190	0	1	3	151	4	180	1	1	6
74	2	188	0	0	3	152	4	151	1	0	6
75	2	197	0	0	3	153	4	199	0	0	6
76	2	187	0	0	3	154	4	148	1	0	6
77	2	188	0	0	3	155	4	204	0	0	5
78	2	183	0	0	3						

id = identificação do animal; sire = touro; tempo = tempo até atingir 160kg (dias); sex = sexo do animal; censura = indicadora de censura (1 se falha e 0 se censura) e agedam = idade da vaca.

A.9 Dados do estudo de câncer de mama (breast.txt).

left	right	ther	cens		left	right	ther	cens
0	7	1	1		0	22	0	1
0	8	1	1		0	5	0	1
0	5	1	1		4	9	0	1
4	11	1	1		4	8	0	1
5	12	1	1		5	8	0	1
5	11	1	1		8	12	0	1
6	10	1	1		8	21	0	1
7	16	1	1		10	35	0	1
7	14	1	1		10	17	0	1
11	15	1	1		11	13	0	1
11	18	1	1		11	NA	0	0
15	NA	1	0		11	17	0	1
17	NA	1	0		11	NA	0	0
17	25	1	1		11	20	0	1
17	25	1	1		12	20	0	1
18	NA	1	0		13	NA	0	0
19	35	1	1		13	39	0	1
18	26	1	1		13	NA	0	0
22	NA	1	0		13	NA	0	0
24	NA	1	0		14	17	0	1
24	NA	1	0		14	19	0	1
25	37	1	1		15	22	0	1
26	40	1	1		16	24	0	1
27	34	1	1		16	20	0	1
32	NA	1	0		16	24	0	1
33	NA	1	0		16	60	0	1
34	NA	1	0		17	27	0	1
36	44	1	1		17	23	0	1
36	48	1	1		17	26	0	1
36	NA	1	0		18	25	0	1
36	NA	1	0		18	24	0	1
37	44	1	1		19	32	0	1
37	NA	1	0		21	NA	0	0
37	NA	1	0		22	32	0	1
37	NA	1	0		23	NA	0	0
38	NA	1	0		24	31	0	1
40	NA	1	0		24	30	0	1
45	NA	1	0		30	34	0	1
46	NA	1	0		30	36	0	1
46	NA	1	0		31	NA	0	0
46	NA	1	0		32	NA	0	0
46	NA	1	0		32	40	0	1
46	NA	1	0		34	NA	0	0
46	NA	1	0		34	NA	0	0
46	NA	1	0		35	NA	0	0
46	NA	1	0		35	39	0	1
					44	48	0	1
					48	NA	0	0

left = limite inferior do intervalo; right = limite superior do intervalo
cens = indicadora de censura (1 se falha e 0 se censura);
ther = tratamento (1 se radioterapia e 0 se radio + quimio)

APÊNDICE B

Comandos Utilizados no Pacote Estatístico R

B.1   Obtenção da Figura 4.2

B.2   Obtenção da Figura 4.3

B.3   Obtenção da Figura 4.4

B.4   Modelos - Seção 4.5.2

B.5   Obtenção da Figura 4.5

B.6   Obtenção da Figura 4.6

B.7   Obtenção da Figura 4.7

B.8   Obtenção da Figura 5.6

B.9   Obtenção da Figura 5.7

B.10   Obtenção da Figura 5.8

B.11   Obtenção da Figura 5.10

B.12   Resultados - Seção 6.6.1

B.13   Obtenção da Figura 8.6

B.14   Obtenção da Figura 8.7

Obs: disponíveis para download em: http://www.ufpr.br/~giolo/Livro

B.1 Obtenção da Figura 4.2

```
> temp<-c(65,156,100,134,16,108,121,4,39,143,56,26,22,1,1,5,65)
> cens<-rep(1,17)
> lwbc<-c(3.36,2.88,3.63,3.41,3.78,4.02,4.00,4.23,3.73,3.85,3.97,4.51,4.54,5,5,4.72,5)
> dados<-cbind(temp,cens,lwbc)
> require(survival)
> dados<-as.data.frame(dados)
> i<-order(dados$temp)
> dados<-dados[i,]
> ajust1<-survreg(Surv(dados$temp, dados$cens)~dados$lwbc, dist='exponential')
> x<-dados$lwbc
> t<-dados$temp
> bo<- ajust1$coefficients[1]
> b1<- ajust1$coefficients[2]
> res<- t*exp(-bo-b1*x)
> ekm <- survfit(Surv(res,dados$cens)~1,type=c("kaplan-meier"))
> summary(ekm)
> par(mfrow=c(1,2))
> plot(ekm, conf.int=F,lty=c(1,1),xlab="resíduos",ylab="S(e) estimada")
> res<-sort(res)
> exp1<-exp(-res)
> lines(res,exp1,lty=3)
> legend(2,0.8,lty=c(1,3),c("Kaplan-Meier","Exponencial(1)"),lwd=1,bty="n",cex=0.7)
> st<-ekm$surv
> t<-ekm$time
> sexp1<-exp(-t)
> plot(st,sexp1,xlab="S(e) - Kaplan-Meier", ylab= "S(e) - Exponencial(1)",pch=16)
```

B.2 Obtenção da Figura 4.3

```
> dados<-as.data.frame(cbind(temp,cens,lwbc))
> ajust1<-survreg(Surv(dados$temp, dados$cens)~dados$lwbc, dist='exponential')
> ajust1
> x1<-4.0
> temp1<-0:150
> ax1<-exp(ajust1$coefficients[1]+ajust1$coefficients[2]*x1)
> ste1<-exp(-(temp1/ax1))
> x1<-3.0
> temp2<-0:150
> ax2<-exp(ajust1$coefficients[1]+ajust1$coefficients[2]*x1)
> ste2<-exp(-(temp2/ax2))
> par(mfrow=c(1,1))
> plot(temp1,temp1*0,pch=" ",ylim=range(c(0,1)), xlim=range(c(0,150)),
```

Apêndice   341

```
> xlab="Tempos",ylab="S(t) estimada",bty="n")
> lines(temp1,ste1,lty=2)
> lines(temp2,ste2,lty=4)
> abline(v=100, lty=3)
> legend(10,0.3,lty=c(2,4),c("lwbc = 4.0","lwbc = 3.0"),lwd=1, bty="n")
```

B.3 Obtenção da Figura 4.4

```
> temp<-c(65,156,100,134,16,108,121,4,39,143,56,26,22,1,1,5,65,
          56,65,17,7,16,22,3,4,2,3,8,4,3,30,4,43)
> cens<-c(rep(1,17),rep(1,16))
> lwbc<-c(3.36,2.88,3.63,3.41,3.78,4.02,4,4.23,3.73,3.85,3.97,4.51,4.54,5,5,4.72,
          5,3.64,3.48,3.6,3.18,3.95,3.72,4,4.28,4.43,4.45,4.49,4.41,4.32,4.90,5,5)
> grupo<-c(rep(0,17),rep(1,16))
> require(survival)
> ekm1<-survfit(Surv(temp,cens)~grupo)
> summary(ekm1)
> st1<-ekm1[1]$surv
> time1<-ekm1[1]$time
> invst1<-qnorm(st1)
> st2<-ekm1[2]$surv
> time2<-ekm1[2]$time
> invst2<-qnorm(st2)
> par(mfrow=c(1,3))
> plot(time1, -log(st1),pch=16,xlab="tempos",ylab="-log(S(t))")
> points(time2, -log(st2))
> legend(100,0.6,pch=c(16,1),c("Ag+","Ag-"),bty="n")
> plot(log(time1),log(-log(st1)),pch=16,xlab="log(tempos)",ylab="log(-log(S(t)))")
> points(log(time2),log(-log(st2)))
> legend(3,-1.5,pch=c(16,1),c("Ag+","Ag-"),bty="n")
> plot(log(time1),invst1,pch=16,xlab="log(tempos)",ylab=expression(Phi^-1*(S(t))))
> points(log(time2),invst2)
> legend(0.5,-1,pch=c(16,1),c("Ag+","Ag-"),bty="n")
```

B.4 Modelos Ajustados na Seção 4.5.2

```
> dados<-as.data.frame(cbind(temp,cens,lwbc,grupo))
> attach(dados)
> require(survival)
> ajust1<-survreg(Surv(temp,cens)~1,dist='exponential')
> ajust1
> ajust2<-survreg(Surv(temp,cens)~lwbc,dist='exponential')
> ajust2
```

342   *Apêndice*

```
> ajust3<-survreg(Surv(temp,cens)~grupo,dist='exponential')
> ajust3
> ajust4<-survreg(Surv(temp,cens)~lwbc+grupo,dist='exponential')
> ajust4
> ajust5<-survreg(Surv(temp,cens)~lwbc+grupo+lwbc*grupo,dist='exponential')
> ajust5
> summary(ajust4)
```

B.5 Obtenção da Figura 4.5

```
> t<-temp
> x1<-lwbc
> x2<-grupo
> bo<-6.83
> b1<--0.7
> b2<--1.02
> res<- t*exp(-bo-b1*x1-b2*x2)
> ekm <- survfit(Surv(res,dados$cens)~1,type=c("kaplan-meier"))
> par(mfrow=c(1,2))
> plot(ekm, conf.int=F,lty=c(1,1),xlab="residuos",ylab="S(res) estimada")
> res<-sort(res)
> exp1<-exp(-res)
> lines(res,exp1,lty=3)
> legend(2,0.8,lty=c(1,3),c("Kaplan-Meier","Exponencial(1)"),lwd=1,bty="n",cex=0.8)
> st<-ekm$surv
> t<-ekm$time
> sexp1<-exp(-t)
> plot(st,sexp1,xlab="S(res): Kaplan-Meier", ylab= "S(res):Exponencial(1)",pch=16)
```

B.6 Obtenção da Figura 4.6

```
> x1<-4.0
> x2<-0.0
> temp1<-0:150
> ax1<-exp(6.83-0.70*x1-1.02*x2)
> ste1<-exp(-(temp1/ax1))
> x1<-3.0
> x2<-0.0
> temp2<-0:150
> ax2<-exp(6.83-0.70*x1-1.02*x2)
> ste2<-exp(-(temp2/ax2))
> par(mfrow=c(1,2))
> plot(temp1,temp1*0,pch=" ",ylim=range(c(0,1)), xlim=range(c(0,150)),xlab="Tempos",
```

Apêndice

343

```
                                        ylab="S(t) estimada",bty="n")
> lines(temp1,ste1,lty=1)
> lines(temp2,ste2,lty=2)
> legend(75,0.8,lty=c(1,2),c("lwbc = 4.0","lwbc = 3.0"),lwd=1, bty="n",cex=0.8)
> title("Ag+")
> x1<-4.0
> x2<-1.0
> temp1<-0:150
> ax1<-exp(6.83-0.70*x1-1.02*x2)
> ste1<-exp(-(temp1/ax1))
> x1<-3.0
> x2<-1.0
> temp2<-0:150
> ax2<-exp(6.83-0.70*x1-1.02*x2)
> ste2<-exp(-(temp2/ax2))
> plot(temp1,temp1*0,pch=" ",ylim=range(c(0,1)), xlim=range(c(0,150)),xlab="Tempos",
                                        ylab="S(t) estimada",bty="n")
> lines(temp1,ste1,lty=1)
> lines(temp2,ste2,lty=2)
> legend(75,0.8, lty=c(1,2),c("lwbc = 4.0","lwbc = 3.0"),lwd=1,bty="n",cex=0.8)
> title("Ag-")
```

B.7 Obtenção da Figura 4.7

```
> x1<-4.0
> x2<-0.0
> temp1<-0:150
> risco1<-1/(exp(6.83-0.70*x1-1.02*x2))
> risco1<-rep(risco1,151)
> x1<-3.0
> x2<-0.0
> temp2<-0:150
> risco2<-1/(exp(6.83-0.70*x1-1.02*x2))
> risco2<-rep(risco2,151)
> plot(temp1,temp1*0,pch=" ",ylim=range(c(0,0.1)), xlim=range(c(0,150)),xlab="Tempos",
                                        ylab="Risco estimado",bty="n")
> lines(temp1,risco1,lty=1)
> lines(temp2,risco2,lty=2)
> legend(100,0.08,lty=c(1,2),c("lwbc = 4.0","lwbc = 3.0"),lwd=1,bty="n",cex=0.8)
> title("Ag+")
> x1<-4.0
> x2<-1.0
> temp1<-0:150
> risco1<-1/(exp(6.83-0.70*x1-1.02*x2))
```

```
> risco1<-rep(risco1,151)
> x1<-3.0
> x2<-1.0
> temp2<-0:150
> risco2<-1/(exp(6.83-0.70*x1-1.02*x2))
> risco2<-rep(risco2,151)
> plot(temp1,temp1*0,pch=" ",ylim=range(c(0,0.1)),xlim=range(c(0,150)),xlab="Tempo",
                                         ylab="Risco estimado",bty="n")
> lines(temp1,risco1,lty=1)
> lines(temp2,risco2,lty=2)
> legend(100,0.08,lty=c(1,2),c("lwbc = 4.0","lwbc = 3.0"),lwd=1,bty="n",cex=0.8)
> title("Ag-")
```

B.8   Obtenção da Figura 5.6

```
> laringe<-read.table("http://www.ufpr.br/~giolo/Livro/ApendiceA/laringe.txt", h=T)
> attach(laringe)
> fit4<-coxph(Surv(tempos,cens) ~ factor(estagio) + idade + factor(estagio)*idade,
                                         data=laringe, x = T, method="breslow")
> Ht<-basehaz(fit4,centered=F)
> tempos<-Ht$time
> H0<-Ht$hazard
> S0<- exp(-H0)
> round(cbind(tempos,S0,H0),digits=5)
> tt<-sort(tempos)
> aux1<-as.matrix(tt)
> n<-nrow(aux1)
> aux2<-as.matrix(cbind(tempos,S0))
> S00<-rep(max(aux2[,2]),n)
  for(i in 1:n){
     if(tt[i]> min(aux2[,1])){
        i1<- aux2[,1]<= tt[i]
        S00[i]<-min(aux2[i1,2])}}
> ts0<-cbind(tt,S00)
> ts0
> b<-fit4$coefficients
> id<-50
> st1<- S00^(exp(b[4]*id))                 # S(t|x) estágio I    e idade = 50 anos
> st2<- S00^(exp(b[1]+((b[4]+b[5])*id)))   # S(t|x) estágio II   e idade = 50 anos
  st3<- S00^(exp(b[2]+((b[4]+b[6])*id)))   # S(t|x) estágio III  e idade = 50 anos
> st4<- S00^(exp(b[3]+((b[4]+b[7])*id)))   # S(t|x) estágio IV   e idade = 50 anos
> id<- 65
> st11<- S00^(exp(b[4]*id))                # S(t|x) estágio I    e idade = 65 anos
> st21<- S00^(exp(b[1]+((b[4]+b[5])*id)))  # S(t|x) estágio II   e idade = 65 anos
```

Apêndice 345

```
> st31<- S00^(exp(b[2]+((b[4]+b[6])*id))) # S(t|x) estágio III e idade = 65 anos
> st41<- S00^(exp(b[3]+((b[4]+b[7])*id))) # S(t|x) estágio IV  e idade = 65 anos
> par(mfrow=c(1,2))
> plot(tt,st1,type="s",ylim=range(c(0,1)),xlab="Tempos",ylab="S(t|x)",lty=1)
> lines(tt,st2,type="s",lty=2)
> lines(tt,st3,type="s",lty=3)
> lines(tt,st4,type="s",lty=4)
> legend(0,0.2,lty=c(1,2,3,4),c("estágio I","estágio II","estágio III",
                                "estágio IV"),lwd=1,bty="n",cex=0.7)
> title("Idade = 50 anos")
> plot(tt,st11,type="s",ylim=range(c(0,1)),xlab="Tempos",ylab="S(t|x)",lty=1)
> lines(tt,st21,type="s",lty=2)
> lines(tt,st31,type="s",lty=3)
> lines(tt,st41,type="s",lty=4)
> legend(0,0.2,lty=c(1,2,3,4),c("estágio I","estágio II","estágio III",
                                "estágio IV"),lwd=1,bty="n",cex=0.7)
> title("Idade = 65 anos")
```

B.9   Obtenção da Figura 5.7

```
> Ht1<- -log(st1)
> Ht2<- -log(st2)
> Ht3<- -log(st3)
> Ht4<- -log(st4)
> Ht11<- -log(st11)
> Ht21<- -log(st21)
> Ht31<- -log(st31)
> Ht41<- -log(st41)
> par(mfrow=c(1,2))
> plot(tt,Ht1,type="s",ylim=range(c(0,4)),xlab="Tempos",ylab="T.F.Acumulada",lty=1)
> lines(tt,Ht2,type="s",lty=2)
> lines(tt,Ht3,type="s",lty=3)
> lines(tt,Ht4,type="s",lty=4)
> legend(0.5,3.5, lty=c(1,2,3,4),c("estágio I","estágio II","estágio III",
                                   "estágio IV"), lwd=1,bty="n",cex=0.7)
> title("Idade = 50 anos")
> plot(tt,Ht11,type="s",ylim=range(c(0,4)),xlab="Tempos",ylab="T.F.Acumulada",lty=1)
> lines(tt,Ht21,type="s",lty=2)
> lines(tt,Ht31,type="s",lty=3)
> lines(tt,Ht41,type="s",lty=4)
> legend(0.5,3.5, lty=c(1,2,3,4),c("estadio I","estágio II","estágio III",
                                   "estágio IV"),lwd=1,bty="n",cex=0.7)
> title("Idade = 65 anos")
```

346 *Apêndice*

B.10 Obtenção da Figura 5.8

```
> desmame<-read.table("http://www.ufpr.br/~giolo/Livro/ApendiceA/desmame.txt",h=T)
> attach(desmame)
> require(survival)
> par(mfrow=c(2,2))
> fit1<-coxph(Surv(tempo[V1==0],cens[V1==0])~1,data=desmame,x=T,method="breslow")
> ss<- survfit(fit1)
> s0<-round(ss$surv,digits=5)
> H0<- -log(s0)
> plot(ss$time,log(H0),xlim=range(c(0,20)),xlab="Tempos",
        ylab=expression(log(Lambda[0]*(t))), bty="n",type="s")
> fit2<-coxph(Surv(tempo[V1==1],cens[V1==1])~1,data=desmame,x=T,method="breslow")
> ss<- survfit(fit2)
> s0<-round(ss$surv,digits=5)
> H0<- -log(s0)
> lines(ss$time,log(H0),type="s",lty=2)
> legend(10,-3,lty=c(2,1),c("V1 = 1 (Não)","V1 = 0 (Sim)"),lwd=1,bty="n",cex=0.7)
> title("V1: Experiência Amamentação")
```

Obs: análogo para as demais covariáveis.

B.11 Obtenção da Figura 5.10

```
> leucc<-read.table("http://www.ufpr.br/~giolo/Livro/ApendiceA/leucc.txt",h=T)
> attach(leucc)
> require(survival)
> par(mfrow=c(2,3))
> fit<-coxph(Surv(tempos[leuinic==1],cens[leuinic==1]) ~ 1, data=leucc, x = T,
                                                        method="breslow")
> ss<- survfit(fit)
> s0<-round(ss$surv,digits=5)
> H0<- -log(s0)
> plot(ss$time,log(H0), xlab="Tempos",ylim=range(c(-5,1)),
        ylab = expression(log(Lambda[0]* (t))), bty="n",type="s")
> fit<-coxph(Surv(tempos[leuinic==0],cens[leuinic==0]) ~ 1, data=leucc, x = T,
                                                        method="breslow")
> ss<- survfit(fit)
> s0<-round(ss$surv,digits=5)
> H0<- -log(s0)
> lines(ss$time,log(H0),type="s",lty=4)
> legend(1.5,-4,lty=c(4,1),c("leuini < 75","leuini > 75 "),lwd=1,bty="n",cex=0.8)
> title("LEUINI")
```

Obs: análogo para as demais covariáveis.

Apêndice 347

B.12 Resultados e Figuras - Seção 6.6.1

```
> hg2<-read.table("http://www.ufpr.br/~giolo/Livro/ApendiceA/hg2.txt",h=T)
> attach(hg2)
> require(survival)
> rendac<-ifelse(renda<4,1,2)
> alt<-ifelse(ialtura<120,1,2)
> fit3<-coxph(Surv(tempos,cens)~factor(raca)+factor(trauma)+factor(recemnas)+
             factor(rendac) + factor(trauma)*factor(recemnas)+ strata(alt),
             data=hg2,method="breslow")
> summary(fit3)
> fit4<-coxph(Surv(tempos,cens)~factor(raca)+factor(trauma)+factor(rendac)
             + strata(alt),data=hg2,method="breslow")
> summary(fit4)
> cox.zph(fit4,transform="identity")
> par(mfrow=c(1,3))
> plot(cox.zph(fit4))
> H0<-basehaz(fit4,centered=F)
> H0
> H01<-as.matrix(H0[1:14,1])
> H02<-as.matrix(H0[15:23,1])
> tempo1<-H0$time[1:14]
> S01<-exp(-H01)
> round(cbind(tempo1,S01,H01),digits=5)
> tempo2<- H0$time[15:23]
> S02<-exp(-H02)
> round(cbind(tempo2,S02,H02),digits=5)
> par(mfrow=c(1,2))
> plot(tempo2,H02,lty=4,type="s",xlab="Tempos",xlim=range(c(10,50)),
                                  ylab=expression(Lambda[0]*(t)))
> lines(tempo1,H01,type="s",lty=1)
> legend(10,25,lty=c(1,4),c("altura inicial<120cm","altura inicial>= 120cm"),
                                  lwd=1,bty="n",cex=0.8)
> plot(c(0,tempo2),c(1,S02),lty=1,type="s",xlab="Tempos",ylim=range(c(0,1)),
                                  xlim=range(c(10,50)),ylab="So(t)")
> lines(c(0,tempo1),c(1,S01),lty=4,type="s")
> legend(25,0.85,lty=c(1,4),c("altura inicial<120cm","altura inicial>=120cm"),
                                  lwd=1,bty="n",cex=0.8)
```

B.13 Obtenção da Figura 8.6

```
> mang1<-read.table("http://www.ufpr.br/~giolo/Livro/ApendiceA/dadmang.txt",h=T)
> attach(mang1)
> fit1<-glm(y~-1+int1+int2+int3+int4+int5+int6+int7+int8+int9+int10+int11+int12+
```

```
                factor(bloco,levels=5:1)+as.factor(copa),family=binomial(link="cloglog"))
> cf<-as.vector(fit1$coefficients[1:12])   #(gama_i)*
> gi<-exp(-exp(cf))                        #(gama_i)
> S0<-gi
>  for(i in 1:11){
    S0[i+1]<-prod(gi[1:(i+1)])}
> S0<-c(1,S0)                              # So(t)
> cf1<-fit1$coefficients[18:22]
> Sc1<-S0
> Sc2<-(S0)^exp(cf1[1])
> Sc3<-(S0)^exp(cf1[2])
> Sc4<-(S0)^exp(cf1[3])
> Sc5<-(S0)^exp(cf1[4])
> Sc6<-(S0)^exp(cf1[5])
> t<-c(0,2,3,4,10,12,14,15,16,17,18,19,21)
> cbind(t,Sc1,Sc2,Sc3,Sc4,Sc5,Sc6)
> plot(t,Sc1, type="s", lty = 1, ylim=range(c(0,1)),xlab="Tempo de Vida (anos)",
                                            ylab="Sobrevivência Estimada")
> points(t,Sc1,pch=21); lines(t,Sc2,type="s",lty=2)
> points(t,Sc2,pch=15); lines(t,Sc3,type="s",lty=3)
> points(t,Sc3,pch=14); lines(t,Sc4,type="s",lty=4)
> points(t,Sc4,pch=8) ; lines(t,Sc5,type="s",lty=5)
> points(t,Sc5,pch=16); lines(t,Sc6,type="s",lty=6)
> points(t,Sc6,pch=17)
> legend(1,0.5,lty=c(1,2,3,4,5,6),pch=c(21,15,14,8,16,17),
      c("Copa 1-Extrema","Copa 2-Oliveira","Copa 3-Pahiri", "Copa 4-Imperial",
        "Copa 5-Carlota", "Copa 6-Bourbon"), bty="n",cex=0.9)
> title("Modelo de Riscos Proporcionais")
```

B.14 Obtenção da Figura 8.7

```
> mang1<-read.table("http://www.ufpr.br/~giolo/Livro/ApendiceA/dadmang.txt",h=T)
> attach(mang1)
> fit2<-glm(y~-1+int1+int2+int3+int4+int5+int6+int7+int8+int9+int10+int11+int12+
        factor(bloco,levels=5:1)+as.factor(copa),family=binomial(link="logit"))
> cf<-fit2$coefficients[1:12]        #(gama_i)*
> gi<-exp(cf)                        #(gama_i)
> cf1<-fit2$coefficients[18:22]
> qi1<-(1/(1+gi))
> Slc1<-qi1
> for(i in 1:11){
    Slc1[i+1]<-prod(qi1[1:(i+1)])}
> Slc1<-c(1,Slc1)               # S(t) copa 1
> qi2<-(1/(1+gi*exp(cf1[1])))
```

Apêndice

349

```
> Slc2<-qi2
> for(i in 1:11){
    Slc2[i+1]<-prod(qi2[1:(i+1)])}
> Slc2<-c(1,Slc2)              # S(t) copa 2
> qi3<-(1/(1+gi*exp(cf1[2])))
> Slc3<-qi3
> for(i in 1:11){
    Slc3[i+1]<-prod(qi3[1:(i+1)])}
> Slc3<-c(1,Slc3)              # S(t) copa 3
> qi4<-(1/(1+gi*exp(cf1[3])))
> Slc4<-qi4
> for(i in 1:11){
    Slc4[i+1]<-prod(qi4[1:(i+1)])}
> Slc4<-c(1,Slc4)              # S(t) copa 4
> qi5<-(1/(1+gi*exp(cf1[4])))
> Slc5<-qi5
> for(i in 1:11){
    Slc5[i+1]<-prod(qi5[1:(i+1)])}
> Slc5<-c(1,Slc5)              # S(t) copa 5
> qi6<-(1/(1+gi*exp(cf1[5])))
> Slc6<-qi6
> for(i in 1:11){
    Slc6[i+1]<-prod(qi6[1:(i+1)])}
> Slc6<-c(1,Slc6)              # S(t) copa 6
> t<-c(0,2,3,4,10,12,14,15,16,17,18,19,21)
> cbind(t,Slc1,Slc2,Slc3,Slc4,Slc5,Slc6)
> plot(t,Slc1, type="s",lty=1,ylim=range(c(0,1)),xlab="Tempo de Vida (anos)",
                                        ylab="Sobrevivência Estimada")
> points(t,Slc1,pch=21); lines(t,Slc2,type="s",lty=2)
> points(t,Slc2,pch=15); lines(t,Slc3,type="s",lty=3)
> points(t,Slc3,pch=14); lines(t,Slc4,type="s",lty=4)
> points(t,Slc4,pch=8) ; lines(t,Slc5,type="s",lty=5)
> points(t,Slc5,pch=16); lines(t,Slc6,type="s",lty=6)
> points(t,Slc6,pch=17)
> legend(1,0.5,lty=c(1,2,3,4,5,6),pch=c(21,15,14,8,16,17),c("Copa 1-Extrema",
        "Copa 2-Oliveira","Copa 3-Pahiri", "Copa 4-Imperial","Copa 5-Carlota",
        "Copa 6-Bourbon"),bty="n",cex=0.9)
> title("Modelo Logístico")
```

350   Apêndice

APÊNDICE C

C.1 Comandos Utilizados no *Software SAS*

Ajuste de Diversos Modelos Gama Generalizados - Tabela 4.10

```
data desmame;
input id tempo cens V3 V2 V7 V11 V4 V1 V6 V10 V8 V9 V5;
V13=V1*V3;
V14=V1*V4;
V16=V1*V6;
V34=V3*V4;
V36=V3*V6;
V38=V3*V8;
V46=V4*V6;
V48=V4*V8;
V68=V6*V8;
cards;
1   6   1   0   0   0   1   0   0   0   1   1   1   0
5   8   1   0   0   0   1   1   1   1   1   1   1   1
...
153 9   0   1   1   0   1   0   0   1   1   1   0   0
;
proc lifereg;
model tempo*cens(0)= /distribution=gamma;
run;
proc lifereg;
model tempo*cens(0)=V1 /distribution=gamma;
run;
proc lifereg;
model tempo*cens(0)=V2 /distribution=gamma;
run;
proc lifereg;
model tempo*cens(0)= V1 V2 V3 V4 V6 V8 V9 /distribution=gamma;
run;
proc lifereg;
model tempo*cens(0)= V2 V3 V4 V6 V8 V9 /distribution=gamma;
run;
proc lifereg;
model tempo*cens(0))= V3 V4 V6 V8/distribution=gamma;
run;
proc lifereg;
model tempo*cens(0)= V3 V4 V6 V8 V34/distribution=gamma;
run;
```

Apêndice 351

APÊNDICE D

D.1 Método Iterativo de Newton-Raphson

O método iterativo de Newton-Raphson é um método numérico, usado para resolver um sistema de equações não-lineares, baseado na expansão de $U(\hat{\theta}_{(k)})$ em série de Taylor. Relembrando que a expansão em série de Taylor de 1ª ordem de uma função $f(x)$ em torno de x_0 é expressa por $f(x) = f(x_0) + f'(x_0)(x - x_0)$ segue, por analogia, e para $k = 1$, que:

$$U(\hat{\theta}_{(1)}) = U(\theta_{(0)}) + U'(\theta_{(0)})(\hat{\theta}_{(1)} - \theta_{(0)}).$$

Tomando-se, então, um valor inicial $\hat{\theta}_{(0)}$ para $\theta_{(0)}$ e igualando-se a expressão obtida a zero, obtém-se:

$$U(\hat{\theta}_{(0)}) \quad + \quad U'(\hat{\theta}_{(0)})(\hat{\theta}_{(1)}) - U'(\hat{\theta}_{(0)})\hat{\theta}_{(0)} = 0$$

$$\hat{\theta}_{(1)} \quad = \quad \hat{\theta}_{(0)} - \left[U'(\hat{\theta}_{(0)})\right]^{-1} U(\hat{\theta}_{(0)})$$

$$\hat{\theta}_{(1)} \quad = \quad \hat{\theta}_{(0)} - \left[\mathcal{F}(\hat{\theta}_{(0)})\right]^{-1} U(\hat{\theta}_{(0)}),$$

em que $U'(\hat{\theta}_{(0)}) = \dfrac{\partial^2 \log(\theta)}{\partial^2 \theta} \big|_{\theta = \hat{\theta}_{(0)}} = \mathcal{F}(\hat{\theta}_{(0)})$ e $[\mathcal{F}(\hat{\theta}_{(0)})]^{-1}$ é a inversa da matriz $\mathcal{F}(\hat{\theta}_{(0)})$.

Repetindo esse procedimento para $k = 2$, e tomando-se $\hat{\theta}_{(1)}$ obtido no passo anterior, obtém-se:

$$\hat{\theta}_{(2)} = \hat{\theta}_{(1)} - \left[\mathcal{F}(\hat{\theta}_{(1)})\right]^{-1} U(\hat{\theta}_{(1)}).$$

No $(k + 1)$-ésimo passo, a expressão para o método iterativo de Newton-Raphson será, portanto,

$$\hat{\theta}_{(k+1)} = \hat{\theta}_{(k)} - \left[\mathcal{F}(\hat{\theta}_{(k)})\right]^{-1} U(\hat{\theta}_{(k)}).$$

Um critério de parada (convergência) definido para esse procedimento iterativo é, por exemplo,

$$\frac{\mid \hat{\theta}_{(k)} \mid}{\mid \hat{\theta}_{(k+1)} \mid} < \epsilon,$$

em que ϵ é um valor tão pequeno quanto desejável (por exemplo, $\epsilon = 10^{-8}$).

Algumas observações importantes sobre este método iterativo são:

352 *Apêndice*

1. se a função de verossimilhança for unimodal, o método apresenta-se bastante eficiente com convergência sendo obtida em poucos passos;

2. se a função de verossimilhança for multimodal, o método não é muito eficiente, pois pode-se obter um máximo local em vez do máximo global;

3. se a função de verossimilhança apresentar um "platô", esse método, assim como tantos outros, apresentará problemas de convergência;

4. o método é muito sensível ao valor inicial, $\theta_{(0)}$, devendo este ser próximo de θ para que a convergência possa ser obtida.

Apêndice   353

APÊNDICE E

E.1 Algoritmo de Turnbull no R

1. Função Turnbull.R que deve ser lida no R para obtenção das estimativas
==

```
cria.tau <- function(data){
 l <- data$left
 r <- data$right
 tau <- sort(unique(c(l,r[is.finite(r)])))
 return(tau)
}

S.ini <- function(tau){
  m<-length(tau)
    ekm<-survfit(Surv(tau[1:m-1],rep(1,m-1))~1)
  So<-c(1,ekm$surv)
  p <- -diff(So)
  return(p)
}

cria.A <- function(data,tau){
  tau12 <- cbind(tau[-length(tau)],tau[-1])
  interv <- function(x,inf,sup) ifelse(x[1]>=inf & x[2]<=sup,1,0)
  A <- apply(tau12,1,interv,inf=data$left,sup=data$right)
  id.lin.zero <- which(apply(A==0, 1, all))
  if(length(id.lin.zero)>0) A <- A[-id.lin.zero, ]
  return(A)
}

Turnbull <- function(p, A, data, eps=1e-3,
                     iter.max=200, verbose=FALSE){
  n<-nrow(A)
  m<-ncol(A)
  Q<-matrix(1,m)
  iter <- 0
  repeat {
    iter <- iter + 1
    diff<- (Q-p)
    maxdiff<-max(abs(as.vector(diff)))
    if (verbose)
      print(maxdiff)
```

```
   if (maxdiff<eps | iter>=iter.max)
     break
   Q<-p
   C<-A%*%p
   p<-p*((t(A)%*%(1/C))/n)
}
   cat("Iterations = ", iter,"\n")
   cat("Max difference = ", maxdiff,"\n")
   cat("Convergence criteria: Max difference < 1e-3","\n")
dimnames(p)<-list(NULL,c("P Estimate"))
surv<-round(c(1,1-cumsum(p)),digits=5)
right <- data$right
 if(any(!(is.finite(right)))){
   t <- max(right[is.finite(right)])
   return(list(time=tau[tau<t],surv=surv[tau<t]))
}
else
   return(list(time=tau,surv=surv))
}
```

- **Respostas de Exercícios Selecionados**

Consultar http://www.ufpr.br/~giolo/Livro

Referências Bibliográficas

Aalen, O.O. (1978). Nonparametric Inference for a Family of Counting Processes. *Annals of Statistics*, **6**, 701-726.

Aalen, O.O. (1980). A Model for non-parametric Regression Analysis of Counting Processes. *Mathematical Statistics and Probability. Lecture Notes in Statistics*, **2**, 1-25. Springer, New York.

Aalen, O.O. (1989). A linear Regression Model for the Analysis of Lifetimes. *Statistics in Medicine*, **8**, 907-925.

Aalen, O.O., Johansen, S. (1978). An Empirical Transition Matrix for Non-homogeneous Markov Chains based on Censored Observations. *Scandinavian Journal of Statistics*, **5**, 141-150.

Aitkin, M. Anderson, D., Francis, B., Hinde, J. (1989). *Statistical Modelling in GLIM*. Claredon Press, Oxford.

Albuquerque, L.G., Fries, L.A. (1998). Selection for Reducing Ages of Marketing Units in Beef Cattle. In: World Congress Genetic applied to livestock Production, 6, 1998, Armide. *Proceedings...* Armide, **27**, 235-238.

Allison, P.D. (1984). *Event History Analysis*. Sage University Paper, **46**, London.

Andersen, P.K. (1982). Testing Goodness of fit for Cox's Regression and Life Model. *Biometrics*, **38**, 67-77.

Andersen, P.K., Borgan, Ø., Gill, R.D., Keiding, N. (1993). *Statistical Models Based on Counting Processes*. Springer-Verlag, New York.

Andersen, P.K., Gill, R. (1982). Cox's Regression Model for Counting Processes: A Large Sample Study. *Annals of Statistics*, **10**, 1100-1200.

356 *Referências Bibliográficas*

Andersen, P.K., Klein, J.P, Knudsen, K.M., Palacios, R.T. (1997). Estimation of Variance in Cox Model with Shared Gamma Frailty. *Biometrics*, **53**, 1475-1484.

Andersen, P.K., Vaeth, M. (1989). Simple Parametric and Nonparametric Models for Excess and Relative Mortality. *Biometrics*, **45**, 523-535.

Bailar III, J.C., Mosteller, F. (1992). *Medical Uses of Statistics*. 2nd edition, NEJM Book, Boston.

Barlow, W.E., Prentice, R.A. (1988). Residuals for Relative Risk Regression. *Biometrika*, **75**, 65-74.

Bendel, R.B., Afifi, A.A. (1977). Comparison of Stopping Rules in Forward Regression. *Journal of American Statistical Association*, **72**, 46-53.

Birnbaum, Z.W., Saunders, S.C. (1958). A Statistical Model for Life-Length of Materials. *Journal of American Statistical Association*, **53**, 151-160.

Bohoris, G.A. (1994). Comparison of the Cumulative-Hazard and Kaplan-Meier Estimators of the Survivor Function. *IEEE Transactions on Reliability*, **43**, 230-232.

Bolfarine, H., Rodrigues, J., Achcar, J.A. (1991). Análise de Sobrevivência. *II Escola de Modelos de Regressão*. IM-UFRJ, Rio de Janeiro.

Breslow, N.E. (1970). Generalized Kruskal-Wallis for Comparing K Samples Subject to Unequal Patterns of Censorship. *Biometrika*, **57**, 579-594.

Breslow, N.E. (1972). Discussion of Professor Cox's paper. *Journal of the Royal Statistical Society B*, **34**, 216-217.

Breslow, N.E., Crowley, J. (1974). A Large Sample Study of the Life Table and Product Limit Estimates under Random Censorship. *Annals of Statistics*, **2**, 437-453.

Breslow, N.E., Day, N.E. (1980). *Statistical Methods in Cancer Research: The analysis of case-control studies*. IARC Scientific Publications, Lyon.

Breslow, N.E., Day, N.E. (1987). *Statistical Methods in Cancer Research: The design and analysis of cohort studies*. IARC Scientific Publications, Lyon.

Referências Bibliográficas

Bretagnolle, J., Huber-Carol, C. (1988). Effects of Omitting Covariates in Cox's Model for Survival Data. *Scandinavian Journal of Statistics*, **15**, 125-138.

Brookmeyer, R., Crowley, J. (1982). A Confidence Interval for the Median Survival Time. *Biometrics*, **38**, 29-41.

Brown, B.W., Flood, M.M. (1947). Tumbler mortality. *Journal of American Statistical Association*, **42**, 562-574.

Carvalho, M.S., Andreozzi, V.L., Codeço, C.T., Barbosa, M.T.S., Shimakura, S.E. (2005). *Análise de Sobrevida: Teoria e Aplicações em Saúde*. Rio de Janeiro: Editora Fiocruz.

Chalita, L.V.A.S., Colosimo, E. A., Demétrio, C. B. G., Barbin, D., Simão, S. (1999). Modelos de Regressão para Dados de Sobrevivência Agrupados Aplicados a um Estudo Agronômico. *Revista de Matemática e Estatística*, **17**, 193-207.

Chalita, L.V.A.S., Colosimo,E.A., Demétrio, C.B.G. (2002). Likelihood Approximations and Discrete Models for Tied Survival Data, *Communications in Statistics - Theory and Methods*, **31**, 1215-1229.

Clayton, D.G. (1978). A Model for Association in Bivariate Life Tables and its Application in Epidemiological Studies of Familial Tendency in Chronic Disease Incidence. *Biometrika*, **65**, 141-151.

Collett, D. (2003). *Modelling Binary Data*. Chapman and Hall, Boca Raton.

Collett, D. (2003a). *Modelling Survival Data in Medical Research*, 2ed., Chapman and Hall, London.

Colosimo, E. A. (1991). *Some Issues Related to the Stratified Proportional Hazards Model*. Tese de doutorado, University of Wisconsin-Madison.

Colosimo, E. A. (1997). A Note on the Stratified Proportional Hazards Model. *International Journal of Math. Statist. Sciences*, **6**, 201-209.

Colosimo, E. A. (2001). Análise de Sobrevivência Aplicada. *46a. Reunião da RBRAS e 9o. SEAGRO*. ESALQ/USP, Piraciba-SP.

Colosimo, E. A., Chalita, L.V.A.S., Demétrio, C.G.B (2000). Tests of Proportional Hazards and Proportional Odds Models for Grouped Survival Data. *Biometrics*, **56**, 1233-1240.

Colosimo, E.A., Ho, L.L. (1999). A Practical Approach to Interval Estimation for the Weibull Mean Lifetime, *Quality Engineering*, **12**, 161-167.

Colosimo, E.A., Nogueira, M.L.G., Rocha, N.R.M. e Viana, M.B. (1992). Comparação de Modelos de Sobrevivência Aplicados a um Estudo de Leucemia em Crianças. *Revista Brasileira de Estatística*, **53**, 5-13.

Colosimo, E.A., Vieira, A.M.C. (1996). O Modelo de Regressão de Cox com Covariável Dependente do Tempo: Uma Aplicação Envolvendo Pacientes Infectados pelo HIV. *Revista Brasileira de Estatística*, **54/ 57**, 139-152.

Colosimo, E.A., Ferreira, F.F., Oliveira, M. D. e Souza, C. B. (2002). Empirical Comparisons between Kaplan-Meier e Nelson-Aalen Survival Functions Estimators. *Journal of Statistical Computation and Simulation*, **72**, 299-308.

Commenges, D., Andersen, P.K. (1995). Score Test of Homogeneity for Survival Data. *Lifetime Data Analysis*, **1**, 145-156.

Congdon, P. (2001). *Bayesian Statistical Modelling*. New York: John Wiley & Sons.

Constanza, M.C., Afifi, A.A. (1979). Comparisons of Stopping Rules in Forward Stepwise Discriminant Analysis. *Journal of the American Statistical Association*, **74**, 777-785.

Cordeiro, G.M. (1992). A Teoria da Verossimilhança. Associação Brasileira de Estatística, Rio de Janeiro, 10º *SINAPE*.

Cox, D.R. (1972). Regression Models and Life Tables (with discussion). *Journal Royal Statistical Society, B*, **34**, 187-202.

Cox, D.R. (1975). Partial Likelihood. *Biometrika*, **62**, 269-76.

Cox, D.R. (1979). A Note on the Graphical Analysis of Survival Data. *Biometrika*, **66**, 188-190.

Cox, D.R., Hinkley, D.V. (1974). *Theoretical Statistics*. Chapman and Hall, London.

Cox, D.R., Snell, E.J. (1968). A General Definition of Residuals. *Journal of the Royal Statistical Society B*, **30**, 248-275.

Referências Bibliográficas

Cox, D.R., Snell, E.J. (1981). *Applied Statistics*, Science Paperbacks. Chapman and Hall, London.

Crowley, J, Hu, M. (1977). Covariance Analysis of Heart Transplant Survival Data. *Journal of the American Statistical Association*, **72**, 27-36.

Crowley, J., Storer, B.E. (1983). Contribuição à discussão do artigo de Aitkin et al. *Journal of the American Statistical Association*, **78**, 277-81.

Dempster, A., Laird, N., Rubin D. (1977). Maximum Likelihood from Incomplete Data via the EM-algorithm. *Journal of the Royal Statistical Society B*, **39**, 1-38.

Dorey, F.J., Little, R.J., Schenker, N. (1993). Multiple Imputation for Threshold-crossing Data with Interval Censoring. *Statistics in Medicine*, 12, 1589-1603.

Draper, N.R., Smith, H. (1998). *Applied Regression Analysis*, John Wiley and Sons, New York.

Ebeling, C.E. (1997). *An Introduction to Reliability and Maintainability Engineering*, McGraw Hill, New York.

Efron, B. (1977). The Efficiency of Cox's Likelihood Function for Censored Data. *Journal of the American Statistical Association*, **72**, 557-565.

Elandt-Johnson, R.C. e Johnson, N.L. (1980). *Survival Models and Data Analysis*, John Wiley and Sons, New York.

Farewell, V.T. e Prentice, R.L. (1980). The Approximation of Partial Likelihood with Emphasis on Case-Control Studies. *Biometrika*, **67**, 273-279.

Fleming, T.R. e Harrington, D.P. (1991). *Counting Processes and Survival Analysis*. John Wiley and Sons, New York.

Fleming, T.R., O´Fallon, J.R., O´Brien, P.C., Harrington, D.P. (1980). Modified Kolmogorov-Smirnov Test Procedures with Application to Arbitrarily Right Censored Data. *Biometrics*, **36**, 607-626.

Freitas, M.A. e Colosimo, E.A. (1997). *Confiabilidade: análise de tempo de falha e testes acelerados*. Fundação Cristiano Ottoni, Belo Horizonte.

Friedman, L.M., Furbecg, C., DeMets, D.L. (1998). *Fundamentals of Clinical Trials*. Springer-Verlag, New York.

Referências Bibliográficas

Gehan, E.A. (1965). A Generalized Wilcoxon Test for Comparing Arbitrarily Singly-Censored Samples. *Biometrika*, **52**, 203-223.

Giolo, S.R., Henderson R., Demétrio C.G.B. (2003). Um Critério para a Seleção de Touros Nelore usando Modelos de Sobrevivência. *Revista de Matemática e Estatística*, **21**, 3, 115-123.

Giolo, S.R. (2004). Turnbull's nonparametric estimator for interval censored data. *Relatório Técnico, Departamento de Estatística, Universidade Federal do Paraná*. Disponível: www.est.ufpr.br/rt

Giolo, S.R., Colosimo, E.A., Demétrio, C.G.B. (2009). Different Approaches for Modeling Grouped Survival Data: A Mango Tree Study, *Journal of Agricultural, Biological, and Environmental Statistics*, **14**, 2, 154-169.

Glidden, D.V. (1999). Checking the Adequacy of the Gamma Frailty Model for Multivariate Failures Times. *Biometrika*, **86**, 381-393.

Gonçalves, D.U. (1995). Incidência, marcadores de prognóstico e fatores de risco relacionados às manifestações otorrinolaringológicas em pacientes infectados pelo HIV. Tese de Mestrado, *Faculdade de Medicina, UFMG*.

Grambsch, P.M., Therneau, T.M. (1994). Proportional Hazards Tests and Diagnostics based on Weighted Residuals. *Biometrika*, **81**, 3, 515-526.

Gregory, P.B., Knauer, M.C., Kempson, R.L., Miller, R. (1976). Steroid Therapy in Severe Viral Hepatitis. *The New England Journal of Medicine*, **13**, 681-687.

Harrington, D.P., Fleming, T.R. (1982). A Class of Rank Test Procedures for Censored Survival Data. *Biometrika*, **69**, 133-143.

Henderson, R., Omar, P. (1999). Effects of frailty on marginal regression estimates in survival analysis. *Journal Royal Statistical Society, B*, **61**, 367-379.

Henschel, V., Heiss, C., Mansmann, U. (2004). The intcox Package. cran.r-project.org/doc/packages/intcox.pdf. (15 maio 2005).

Hertz-Piccioto, I., Rockhill, B. (1997). Validity and efficiency of approximation methods for tied survival times in Cox regression. *Biometrics*, **53**, 1151-1156.

Referências Bibliográficas

Hosmer, D.W., Lemeshow, S. (2000). *Applied Logistic Regression*. John Wiley and Sons, New York, 2nd edition.

Hosmer, D.W., Lemeshow, S. (1999). *Applied Survival Analysis*, John Wiley and Sons, New York.

Houggard, P. (1984). Life-table methods for heterogeneous populations: distributions describing the heterogeneity. *Biometrika*, **71**, 75-83.

Hougaard, P. (1986a). Survival models for heterogeneous populations derived from stable distributions. *Biometrika*, **73**, 2, 387-396.

Hougaard, P. (1986b). A Class of Multivariate Failure Time Distributions. *Biometrika*, **73**, 3, 671-678.

Hougaard, P. (2000). em Analysis of Multivariate Survival Data. New York: Springer-Verlag.

Huffer, F.W., McKeague, I.W. (1987). Survival analysis using additive risk models. *Technical Report 396, Department of Statistics, Stanford University*

Ibrahim, J.G., Chen, M.H. e Sinha, D. (2001). *Bayesian Survival Analysis*. New York: Springer-Verlag.

Jacobson, L.P., Kirby, S.P., Polk, S. Saah, A. J., Kingsley, L. A., Schrager, L. K. (1993). Changes in Survival after Acquired Immunodeficiency Syndrome (AIDS): 1984-1991. *American Journal of Epidemiology*, **138**, 952-964.

Jensen, F., Petersen, N.E. (1982). *Burn-in: An Engineering Approach to the Design and Analysis of Burn-in Procedures*. John Wiley and Sons, New York.

Johansen, S. (1983). An extension of Cox's regression model. *International Statistical Review*, **51**, 165-174.

Jonhson, N.L., Kotz, S. (1970). *Distributions in Statistics: Continuous Distributions*. John Wiley and Sons, New York.

Kalbfleisch, J.D., Lawless, J.F. (1992). Some Useful Statistical Methods for Truncated Data. *Journal of Quality and Technology*, **24**, 145-152.

Kalbfleisch, J.D., Prentice, R.L. (1973). Marginal Likelihoods based on Cox´s Regression and Life Models. *Biometrika*. **60**, 267-279.

362   *Referências Bibliográficas*

Kalbfleisch, J.D., Prentice, R.L. (2002). *The Statistical Analysis of Failure Time Data*. John Wiley and Sons, New York, 2nd edition.

Kaplan, E.L., Meier, P. (1958). Nonparametric estimation from incomplete observations. *Journal of the American Statistical Association*, **53**, 457-81.

Kim, M.Y., De Gruttola, V.G., Lagakos, S.W. (1993). Analyzing doubly censored data with covariates, with application of AIDS. *Biometrics*, **49**, 13-22.

Klein, J.P. (1991). Small-sample moments of some estimators of the variance of the Kaplan-Meier and Nelson-Aalen Estimators. *Scandinavian Journal of Statistics*, **18**, 333-340.

Klein, J.P. (1992). Semiparametric estimation of random effects using Cox model based on the EM algorithm. *Biometrics*, **48**, 795-806.

Klein, J.P., Moeschberger, M.L. (2003). *Survival Analysis: Thechniques for Censored and Truncated Data*. Springer-Verlag, New York, 2nd edition.

Lagakos, S.W., Schoenfeld, D. (1984). Properties of proportional hazards score tests under misspecified regression models. *Biometrics*, **40**, 1037-1048.

Lancaster, T. (1979). Econometric methods for the duration of unemployment. *Econometrica*, **47**, 939-956.

Lancaster, T., Nickell, S. (1980). The analysis of re-employment probabilities for the unemployment (with discussion). *Journal Royal Statistical Society A*, **143**, 141-165.

Latham, G.A. (1996). Accelerating the EM algorithm by smoothing - a special case. *Applied Mathematical Letters*, **9**, 47-53.

Latta, R.B. (1981). A Monte Carlo study of some two-sample rank tests with censored data. *Journal of the American Statistical Association*, **76**, 713-719.

Lawless, J.F. (2003). *Statistical Models and Methods for Lifetime Data*. John Wiley and Sons, New York, 2nd edition.

Lee, E.T., Wang, J.W. (2003). *Statistical Methods for Survival Data Analysis*. John Wiley and Sons, New Jersey, 3rd edition.

Lee, E.T., Weissfeld, L.A. (1998). Assessment of covariates effects in Aalen's additive hazard model. *Statistics in Medicine*, **17**, 983-998.

Referências Bibliográficas

Liang, K.Y, Self, S., Bandeen-Roche, K. J., Zeger, S. L. (1995). Some recent developments for regression analysis of multivariate failure time data. *Lifetime Data Analysis*, **1**, 403-415.

Lindsey, J.C., Ryan, L.M. (1998). Tutorial in Biostatistics: methods for interval-censored data. *Statistics in Medicine*, **17**, 219-238.

Louzada-Neto, F., Mazucheli, J., Achcar, J.A. (2002). Introdução à Análise de Sobrevivência e Confiabilidade. *Minicurso: III Jornada Regional de Estatística e II Semana da Estatística*, Universidade Estadual de Maringá, Maringá.

Mantel, N. (1966). Evaluation of survival data and two new rank order statistics arising in its consideration. *Cancer Chemotherapy Reports*, **50**, 163-170.

Mantel, N., Haenszel, W. (1959). Statistical Aspects of the Analysis of Data from Retrospective Studies of Disease. *J. Nat.Cancer Inst.*, **22**, 719-748.

Mau, J. (1986). On a Graphical Method for the Detection of Time-dependent Effects of Covariates in Survival Data. *Applied Statistics*, **35**, 245-255.

Mau, J. (1988). A Comparison of Counting Process Models for Complicated Life Histories. *Applied Stochastic Models and Data Analysis*, **4**, 283-298.

McCullagh, P., Nelder, J. A. (1989). *Generalized Linear Models*, Chapman and Hall, London.

McKeague, I.W. (1986). Estimation for a Semimartingale Regression Model using the Method of Sieves. *Annals of Statistics*, **14**, 579-589.

McKeague, I.W., Utikal, K.J. (1988). Goodness-of-fit Tests for Additive Hazards and Proportional Hazards Models. *Technical Report M-793m Department of Statistics, Florida State University*.

Meeker, W.Q., Escobar, L.A. (1998). *Statistical Methods for Reliability Data*, John Wiley and Sons, New York.

Meier, P. (1975) Estimation of a Distribution Function from Incomplete Observations. *Perspectives in Probability and Statistics*, J. Gani, Ed. Sheffield, England: Applied Probability Trust.

Mickey, J., Greenland, S. (1989). A Study of the Impact of Confounder Selection Criteria on Effect Estimation. *American J. of Epidemiology*, **129**, 125-137.

Nelson, W. (1972). Theory and Applications of Hazard Plotting for Censored Failure Data. *Technometrics*, **14**, 945-965.

Nelson, W. (1990a), *Accelerated Life Testing: Statistical Models, Data Analysis and Test Plans*. John Wiley and Sons, New York.

Nelson, W. (1990b). Hazard Plotting of Left Truncated Data. *Journal of Quality and Technology*, **20**, 220-238.

Neuhaus, J.M., Hauck, W.W., Kalbfleish, J.D. (1992). The Effects of Mixture Distribution Misspecification when fitting Mixed-effects Logistic Models. *Biometrics*, **79**, 4, 755-762.

Nielsen, G.G., Gill, R.D, Andersen, P.K, Sørensen, T.I.A. (1992). A Counting Process Approach to Maximum Likelihood Estimation in Frailty Models. *Scandinavian Journal of Statistics*, **19**, 25-43.

Oakes, D.A. (1992). Frailty Models for Multiple Event Times. In *Survival Analysis: State of the Art* (eds., J.P. Klein e P.K. Goel), Kluver Academic Publishers, Dordrech, 371-379.

Odell P.M., Anderson, K.M., D'Agostinho, R.B. (1992). Maximum Likelihood Estimation for Interval-Censored Data using a Weibull-based Accelerated Failure Time Model. *Biometrics*, **48**, 951-959.

Oliveira, V.R.B., Colosimo, E.A. (2004). Comparison of Methods to Estimate the Time-to-Failure Distribution in Degradation Tests. *Quality and Reliability Engineering International*, **20**, 363-373.

Pan, W. (1999). Extending the iterative convex minorant algorithm to the Cox model for interval-censored data. *Journal of Computational and Graphical Statistics*, **78**, 109-120.

Pérez-Escamilla, R., Lutter, C., Segall, A. M., Rivera, A., Trevino-Siller, S., Snaghvi, T. (1985). Exclusive breast-feeding duration is associated with attitudinal, socioeconomic and biocultural determinants in three latin American countries. *Journal of Nutrition*, **125**, 2972-2984.

Petersen, J.H. (1998). An Additive Frailty Model for Correlated Life Times. *Biometrics*, **54**, 646-661.

Referências Bibliográficas

Peto, R. (1972). Contribuição à discussão do artigo de D. R. Cox. *Journal of the Royal Statistical Society B*, **34**, 205-207.

Peto, R., Peto, J. (1972). Asymptotically Efficient Rank Invariant Test Procedures. *Journal of the Royal Statistical Society A*, **135**, 185-206.

Pickles, A., Crouchley, R. (1994). Generalizations and Applications of Frailty Models or Survival Analysis and Event Data. *Statist. Meth. Med. Res.*, **3**, 263-278.

Pickles, A., Crouchley, R. (1995). A Comparison of Frailty Models for Multivariate Survival Data. *Statistics in Medicine*, **14**, 1447-1461.

Pocock, S.J. (1983). *Clinical Trials: A Practical Approach*. John Wiley and Sons, New York.

Prentice, R.L. (1978). Linear Rank Tests with Right Censored Data. *Biometrika*, **65**, 167-179.

Prentice, R.L., Gloeckler, L.A. (1978). Regression Analysis of Grouped Survival Data with Application to Breast Cancer Data. *Biometrics*, **34**, 57-67.

Prentice, R.L., Kalbfleisch J.D., Peterson A.V. Jr, Flournoy N., Farewell V.T., Breslow N.E. (1978). The Analysis of Failure Times in the Presence of Competing Risks. *Biometrics*, **34**, 541-554.

Prentice R.L., Williams, B.J, Peterson, A.V. (1981). On the Regression Analysis of Multivariate Failure Time Data. *Biometrika*, **68**, 373-379.

R Development Core Team (2010). R: A language and environment for statistical computing. R Foundation for Statistical Computing, Vienna, Austria. ISBN 3-900051-00-3, URL http://www.r-project.org.

Ramlau-Hansen, H. (1983). Smoothing Counting Process Intensities by means of Kernel Functions. *Annals of Statistics*, **11**, 453-466.

Recommendations for Prevention of HIV Transmission in Health-Care Settings Centers for Disease Control and Prevention, MMWR, 1987, **36**, (SU-02):001.

Rothman, K.J., Greenland, S. (1998). *Modern Epidemiology*. Lippincott-Raven, Philadelphia.

Rücker G., Messerer D. (1988). Remission Duration: an example of interval-censored observation. *Statistics in Medicine*, **7**, 1139-1145.

Schoenfeld, D.A. (1980). Chi-squared Goodness of fit Tests for the Proportional Hazards Regression Model. *Biometrika*, **67**, 145-153.

Schoenfeld, D. (1982). Partial Residuals for the Proportional Hazard Regression Model. *Biometrika*, **69**, 239-241.

Seber, G.A.F. (1977). *Linear Regression Analysis*. John Wiley and Wiley, New York.

Stacy, E.W. (1962). A Generalization of the Gamma Distribution. *Ann. Math. Stat.*, **33**, 1187-1192.

Stigler, S.M. (1994). Citation Patterns in the Journals of Statistics and Probability. *Statistical Science*, **9**, 94-108.

Storer, B.E., Crowley, J. (1985). A Diagnostic for Cox Regression and General Conditional Likelihoods. *Journal of the Am. Stat. Association*, **80**, 139-147.

Storer, B.E., Wacholder, S., Breslow, N.E. (1983). Maximum Likelihood fitting of General Risk Models to Stratified Data. *Applied Statistics*, **32**, 177-181.

Struthers, C.A., Kalbfleisch, J.D. (1986). Misspecified Proportional Hazards Models. *Biometrika*, **73**, 363-369.

Sun, J. (1996). A Nonparametric Test for Interval-Censored Failure Time Data with Application to AIDS Studies. *Statistics in Medicine*, **15**, 1387-1395.

Tarone, R.E., Ware, J.H. (1977). On Distribution-free Tests for for Equality for Survival Distributions. *Biometrika*, **64**, 156-160.

Tsiatis, A.A. (1981). A Large Sample Study of Cox's Regression Model. *Annals of Statistics*, **9**, 93-108.

Therneau, T.M., Grambsch, P.M. (2000). *Modeling Survival Data: Extending the Cox Model*. Springer-Verlag, New York.

Turnbull, B.W. (1974). The Empirical Distribution Function with arbitrarily Grouped, Censored and Truncated Data. *Journal of the American Statistical Association*, **69**, 169-173.

Referências Bibliográficas

Turnbull, B.W. (1976). Nonparametric Estimation of a Survivorship Function with doubly Censored Data. *J. R. Statist. Soc. B*, **38**, 290-295.

Vaupel, J.W., Manton, K.G., Stallard, E. (1979). The Impact of Heterogeneity in Individual Frailty on the Dynamics of Mortality. *Demography*, **16**, 439-454.

Vaupel, J.W, Yashin, A.I. (1983). The Deviant Dynamics of Death in Heterogeneous Populations. *RR-83-1*, Luxembourg, Austria: International Institute for Applied Systems Analysis.

Viana, M.B., Murao, M., Ramos, G., Oliveira, H.M., Carvalho, R.I., Bastos, M., Colosimo, E.A., Silvestrini, W.S. (1994). Malnutrition as a Prognostic Factor in Lymphoblastic Leukaemia: a Multivariate Analysis. *Archives of Disease in Childhood*, **71**, 304-310.

Zeger, S., Liang, K.Y., Albert, P. (1988). Models for Longitudinal Data: a generalized estimating equation approach, *Biometrics*, **44**, 1049-1060.

Wald, A. (1943). Tests of Statistical Hypotheses concerning Several Parameters when the Number of Observations is Large. *Trans. Amer. Math. Soc.*, **54**, 426-482.

Wei, L.J. (1984). Testing Goodness of Fit for Proportional Hazards Model with Censored Observations. *J. Am. Statist. Assoc.*, **79**, 649-652.

Wei, L.J. (1992). The Accelerated Failure Time Model: a useful alternative to the Cox regression. *statistics in Medicine*, **11**, 1871-1879.

Wei, L.J., Lin, D.Y, Weissfeld, L. (1989). Regression Analysis of multivariate incomplete failure time data by modeling marginal distributions. *Journal American Statistical Association*, **84**, 1065-1073.

Weibull, W. (1939). A Statistical Theory of the Strength of Materials. *Ingeniors Vetenskaps Akademien Handlingar*, n.151: The Phenomenon of Rupture in Solid, 293-297

Weibull, W. (1951). A Statistical Distribution of Wide Applicability. *Journal of Applied Mechanics*, **18**, 293-297.

Weibull, W. (1954). A Statistical Representation of Fatigue Failure in Solids. *Royal Institute of Technology.*

Índice Remissivo

algoritmo
- de Klein, 297
- de Newton-Raphson, 90
- de Nielsen et al, 294
- de Turnbull, 248
- do minorante convexo, 259

aproximação
- de Breslow, 265
- de Efron, 267

aproximações para
- verossimilhança parcial, 264

censura
- à direita, 9
- à esquerda, 9
- aleatória, 9
- do tipo I, 8
- do tipo II, 8
- intervalar, 10, 245

covariáveis
- dependentes do tempo, 202

dados
- discretos ou grupados, 264
- truncados, 11

dados de sobrevivência
- intervalar, 246
- multivariados, 282

distribuição
- de Weibull, 72
- do valor extremo, 74

- exponencial, 70
- gama, 79
- gama generalizada, 80
- log-logística, 77
- log-normal, 75
- logística, 78

estimador
- de Breslow, 165
- de Kaplan-Meier, 34
- da tabela de vida, 45
- de Nelson-Aalen, 43

estudos
- caso-controle, 4
- clínico aleatorizado, 4
- coorte, 4
- descritivo, 4

eventos
- múltiplos, 304
- recorrentes, 282, 305

fórmula de Greenwood, 41

fragilidade, 283

fragilidade gama, 292

função de
- regressão acumulada, 230
- sobrevivência, 20
- taxa de falha, 22
- taxa de falha acumulada, 23
- verossimilhança, 84, 120, 255
- verossimilhança parcial, 160

intervalos de confiança, 91

máxima verossimilhança, 84
método de
  máxima verossimilhança, 84
método delta, 92
modelo
  aditivo de Aalen, 227
  PWP, 308
  WLW, 307
  Andersen-Gill, 305
  logístico, 270
modelo de
  taxas de falha proporcionais, 155, 269
  tempo de vida acelerado, 122
modelo de Cox
  estratificado, 204
  para dados intervalares, 258
modelo de fragilidade
  aditivo, 288
  compartilhado, 285
  dependente do tempo, 290
  estratificado, 287
  gama, 292
  multiplicativo, 288
modelo de regressão
  de Cox, 156
  discreto, 268
  exponencial, 118
  Weibull, 121

razão
  de taxas de falha, 163
  de tempos medianos, 128
resíduos
  de Cox-Snell, 124, 166
  de Schoenfeld, 167

deviance, 127, 173
dfbetas, 174
jackknife, 173
martingal, 126, 173
padronizados, 125
padronizados de Schoenfeld, 168

seleção
  de covariáveis, 145
  de modelos, 100
sobrevivência
  intervalar, 245
  multivariada, 281

taxas de falha proporcionais, 157, 166
tempo
  de falha, 6
  médio de vida, 24, 50
teste
  de Tarone-Ware, 61
  de Wald, 93
  de Wilcoxon, 61
  Escore, 94
  da razão de verossimilhanças, 94, 100
  de logrank, 55
testes de Harrington-Fleming, 63
testes de hipóteses, 93

variância robusta, 305
verossimilhança
  parcial, 160
  penalizada, 299
vida média residual, 24, 51

ABE - PROJETO FISHER
LIVROS JÁ PUBLICADOS

Neste livro são descritos modelos e procedimentos para a análise de séries temporais que ocorrem nestes diversos campos, bem como são discutidos exemplos de aplicações a séries reais. O livro traz um roteiro que sugere como utilizá-lo em diversos tipos de cursos. O texto é adequado a estudantes de várias áreas do conhecimento: estatística, matemática, engenharia, economia, finanças, oceanografia, meteorologia.

ISBN: 978-85-212-0389-6
Páginas: 564
Ano de Publicação: 2006
Formato: 17x24 cm
Peso: 0,893 kg

Conteúdo

Prefácio
Roteiros de Utilização
1 Preliminar
2 Modelos para Séries Temporais
3 Tendência e Sazonalidade
4 Modelos de Suavização Exponencial
5 Modelos ARIMA
6 Identificação de Modelos ARIMA
7 Estimação de Modelos ARIMA
8 Diagnóstico de Modelos ARIMA
9 Previsão Com Modelos ARIMA
10 Modelos Sazonais
11 Processos com Memória Longa
12 Análise de Intervenção
13 Modelos de Espaço de Estados
14 Modelos Não-lineares
15 Análise de Fourier
16 Análise Espectral
Apêndice A: Equações de Diferenças
Apêndice B: Raízes Unitárias
Apêndice C: Punção de Autocorrelação Estendida
Apêndice D: Testes de Normalidade e Linearidade
Apêndice E: Distribuições Normais Multivariadas
Apêndice F: Teste para Memória Longa

ABE - PROJETO FISHER
LIVROS JÁ PUBLICADOS

Este é um livro de técnicas de amostragem e optou-se por apresentar um curso de inferência para populações finitas, ressaltando a importância e conseqüências do plano amostral sobre as principais propriedades dos estimadores. Embora se destine principalmente a alunos de Bacharelado em Estatística, este livro pode ser usado para cursos de outras áreas do conhecimento que envolvam seleção probabilísticas de amostras, exigindo-se pelo menos um curso de Estatística Básica.

ISBN: 85-212-0367-5
Páginas: 292
Ano de Publicação: 2005
Formato: 17x24 cm
Peso: 0,472 kg

Conteúdo

Prefácio
1 Noções básicas
2 Definições e notações básicas
3 Amostragem aleatória simples
4 Amostragem estratificada
5 Estimadores do tipo razão
6 Estimadores do tipo regressão
7 Amostragem por conglomerados em um estágio
8 Amostragem em dois estágios
9 Estimação com probabilidades desiguais
10 Resultados assintóticos
11 Exercícios complementares
A Relação de palavras-chave
B Tópicos para um levantamento amostral
Referências bibliográficas